STEM CELLS AND AGING

干细胞与衰老

[印度] Surajit Pathak Antara Banerjee | **主编**

杨怡 晋亮 | **主译**

夏炜 | **主审**

李晶 罗展鹏 潘毅

齐林嵩 钱琳翰 田艳丽 | **副主译**

王师平 杨庆琪 张雅君

电子工业出版社

Publishing House of Electronics Industry

北京 · BEIJING

Stem Cells and Aging

Surajit Pathak, Antara Banerjee

ISBN: 9780128200711

Copyright © 2021 Elsevier Inc. All rights reserved

Authorized Chinese translation published by Publishing House Of Electronics Industry CO.,LTD

《干细胞与衰老》（杨怡，晋亮 主译）

ISBN: 978-7-121-48770-5

版权贸易合同登记号　图字：01-2021-6685

图书在版编目（CIP）数据

干细胞与衰老 ／（印）苏拉吉特·帕塔克
(Surajit Pathak)，（印）安塔拉·班纳吉
(Antara Banerjee) 主编；杨怡，晋亮主译. -- 北京：
电子工业出版社，2024. 10. -- ISBN 978-7-121-48770
-5

Ⅰ. Q24；R339.3

中国国家版本馆CIP数据核字第202468Q6Z2号

责任编辑：郝喜娟

印　　刷：山东华立印务有限公司
装　　订：山东华立印务有限公司
出版发行：电子工业出版社
　　　　　北京市海淀区万寿路 173 信箱　邮编：100036
开　　本：787×1092　1/16　印张：20.75　字数：365 千字
版　　次：2024 年 10 月第 1 版
印　　次：2024 年 10 月第 1 次印刷
定　　价：168.00 元

凡所购买电子工业出版社图书有缺损问题，请向购买书店调换。若书店售缺，请与本社发行部联系，联系及邮购电话：(010) 88254888，88258888。

质量投诉请发邮件至zlts@phei.com.cn，盗版侵权举报请发邮件至dbqq@phei.com.cn。

本书咨询联系方式：haoxijuan@phei.com.cn

目录

C O N T E N T S

047 | 第三章
干细胞衰老与创面愈合

056 | 第四章
干细胞与衰老的多组学应用：从研究到临床

064 | 第五章
影响干细胞自我更新和分化的信号通路

083 | 第六章
免疫、干细胞和衰老

122 ｜ 第九章
骨骼肌细胞衰老和干细胞

144 | 第十章
心肌细胞的老化与稳定性

154 ｜第十一章
影响干细胞自我更新和分化的信号通路——心肌细胞的特殊性

166 ｜第十二章
衰老心脏中的血管生成——心脏干细胞治疗

232 | 第十七章
生物标记物在干细胞衰老中的作用及其在治疗过程中的意义

251 | 第十八章
基于替代性基质细胞的老化治疗和再生

第一章

干细胞衰老理论

Anisur Rahman Khuda-Bukhsh, Sreemanti Das, Asmita Samadder

1. 简介

衰老是自然发生在所有生物体的一个持续和不可避免的过程。然而，使用现代工具和技术可能会在一定程度上延缓衰老。迄今为止，有关抗衰老过程的研发如火如荼，这吸引了全球范围内热衷美容和时尚领域的研究人员的强烈兴趣。与传统常规使用的抗衰老疗法相比，干细胞已被证明是一种颇具前景的抗衰替代品。脂肪干细胞、间充质干细胞和骨髓间充质干细胞不仅具有使衰老皮肤再现年轻光彩的能力，还能减缓整体衰老的速度。干细胞所具有的增殖与分化潜能，可以帮助不同组织和器官进行再生和修复；再生和修复过程又相应地去调节各种生长因子和细胞因子的分泌，维持与再生相关的组织微环境，形成良性循环。先进的干细胞技术即使应用于老年人也可以提高组织的再生和修复能力，从而延缓衰老过程，治疗与年龄相关的疾病。

2. 干细胞

干细胞是一组可进行自我更新和分化的未分化细胞。在所有多细胞生物体中，组织内稳态和器官功能都会随着时间和年龄的增加而逐渐下降。而这些成体干细胞亚群则起着维持人体组织系统功能的重要作用，如血细胞、肠上皮细胞。随着年龄的增长，这些组织萎缩，稳态下降，相应干细胞修复受损细胞的能力也随年龄的增加而下降。干细胞可以通过不对称分裂产生两个子细胞，一些子细胞与母细胞完全相同，但母细胞则经历不同的命运。这些干细胞可维持未分化状态，并启动干细胞群的自我更新。第二组子细胞开始分化，产生祖细胞和终末分化细胞[1]。

3. 干细胞类型

成体干细胞遍布全身的各个组织和器官，因为自我更新的细胞池注定要在整个生命周期中补充死亡的细胞，恢复受损的组织[2]。随着年龄的增长，干细胞的功能也会衰退。这一事实证明，细胞/组织的再生能力随着年龄的增长而下降，老年人的创面愈合速度比儿童慢。例如，骨折时，老年人的愈合时间要比年轻人长得多[3]。有大量证据表明，成体干细胞在成体期的退化，可能在与衰老相关的几种疾病的启动过程中都发挥着重要作用[4]。以下部分将提到一些与衰老相关的各种干细胞类型。

3.1 胚胎干细胞

胚胎干细胞是多能干细胞，可分化为三个胚层[5]。近年来，胚胎干细胞已被用于各种疾病的治疗。但这些多能干细胞在移植后存在一定程度的生长失控风险，其致瘤可能仍然存在[6]。因此，在多能干细胞移植后，仍需要密切观察细胞的生物学行为。虽然新细胞在其相应的谱系中能够自我更新和分化，但许多生理变化都会影响这些干细胞和祖细胞的功能。这些可以分化成几种不同细胞类型的细胞，被称为成体干细胞，具有多潜能性。

3.2 间充质干细胞

从小鼠骨髓中分离的细胞经培养可表现出塑料黏附性，形成纺锤形集落，这些细胞被称为集落形成单位成纤维细胞[7]。由于它们具有分化成源自中胚层特定细胞的能力，因此被称为间充质干细胞。间充质干细胞也被称为多能干细胞，存在于从小鼠到人类的不同来源的成熟组织中。它们具有可再生性、多能性，并易于获取，可在体外培养扩增，具有良好的基因组稳定性和较少的伦理问题，使得它在细胞治疗、再生医学和组织修复方面具有重要意义[8]。

自首次描述骨髓来源的人间充质干细胞以来[9, 10]，人们几乎从所有组织中都分离出了人间充质干细胞，包括血管周围区域[11]。可既没有一个准确的定义，也没有一个定量的测定方法可以鉴定混合细胞群中的间充质干细胞。国际细胞治疗学会已经提出了界定间充质干细胞的最低标准。这些细胞应该满足如下条件：① 具有塑料黏附性。② 拥有特定的细胞表面标记物，如 CD73、CD90、CD105；缺乏 CD14、CD34、CD45 和人类白细胞抗原 -DR 的表达。③ 在体外具有分化成脂肪细胞、软骨细胞和成骨细胞的能力[12]。尽管各种组织来源的间充质干细胞存在一些差异，但以上特征对所有间充质干细胞都适用。

3.3 成体干细胞

各种成熟组织和器官中都存在成体干细胞，如大脑、胰腺、骨髓、皮肤和肝脏，包括从多能细胞到单能细胞，并最终指向基于其所在组织的后代限制性单向多样性[13]。

4. 衰老

衰老是指机体生理功能逐渐衰退的过程。但事实证明，永生化是可以在细胞水平实现的，这一事实告诉我们，衰老并不是不可避免的。关于衰老，有各种各样的观点。实际上，衰老可以被定义为死亡概率随时间的增加而增加的过程。然而，运动员可以在一个压缩的时间尺度上定义衰老，这个时间尺度大多比他们的生育年龄短。进化生物学家还没有描绘出在生殖后发生的事件，从基因进化角度来看，生殖后的群体对任何物种的基因库几乎都没有任何贡献。

衰老对人类影响深远。公共卫生和医学的进步极大地增加了人们的平均寿命，以至于大多数人的生育年龄只占他们总寿命的一小部分。在这样的社会中，人口的平均年龄正在迅速增长，这对医疗保健计划和经济结构调整提出了新的要求，以便适应比传统退休年龄更高龄的人口群体。随着寿命的延长，人们对影响保持年轻态和延年益寿的负面因素越来越感兴趣，这些影响既有真实存在的，也有主观感受到的。对永葆青春的向往在推动发达国家经济发展中发挥着重要作用；化妆品行业的强劲增长，整容手术的需求增加，以及人们对死后冷冻保存的兴趣日益增多，都是人们狂热追求永葆青春的证据。越来越多的人试图重新定义寿命的极限，而且在追求寿命延长的同时，努力采取措施保证生活质量。

在过去的几年里，人们已经发现了一些导致衰老的原因。衰老的主要原因包括表观遗传改变、端粒缩短、线粒体功能障碍和干细胞衰竭。其中，干细胞因其自身的更新和增殖特性，成为细胞治疗的最大潜在来源之一，这引起了人们的关注[14, 15]。在不同的干细胞谱系中，间充质干细胞被认为有助于维持组织再生和稳态。因此，在衰老过程中，干细胞功能逐渐下降被认为是促进衰老的原因之一[16]。

鉴于干细胞具有广泛的自我更新能力，它们在衰老过程中可能发挥的作用已被深入研究。众所周知，生殖干细胞可持续繁殖，从一代分化到另一代。因此，一个原始的小的干细胞群可以产生超过原始供体寿命的成熟后代[17]，由此衍生了干细胞在衰老中是否具有特殊作用的相关疑问。然而，人类的一些与衰老相关的致命性疾病（如帕金森病、阿尔茨海默病）的病因却显然与干细胞无关。此外，已知与干细胞减少相关的疾病，如再生障碍性贫血或骨髓衰竭，却相对罕见，且并不存在年龄依赖性[18]。有实验对移植的幼犬和老年犬的骨髓进行比较研究（大型动物模型），结果并未发现干细胞功能随年龄增加而下降[19]。无论干细胞在多大程度上参与了特定疾病的发病过程，凡是探讨有关衰老的话题，都不可避免地会提及干细胞概念。

同时，也有许多证据支持干细胞衰老理论。越来越多的证据表明，衰老过程的确会对干细胞产生不利影响。随着干细胞老化，它们的再生能力下降，分化为各种细胞类型的能力也发生了改变。因此，衰老诱导的干细胞功能下降可能在各种衰老相关疾病的病理生理学中发挥关键作用。与之对应，既往许多文献也揭示，与年龄有关的生理改变在干细胞群中发挥重要作用。虽然干细胞确实能够通过一系列的小鼠受体连续传代，但它们不是永生的[20, 21]。尽管祖细胞数量可以长期完全恢复，成熟血细胞数量也能恢复至正常，但在未经处理动物中，干细胞数量只能恢复到总数量的一小部分[22]。需要重申的是，干细胞数量不能完全恢复，也恰好证明干细胞具有广泛的自我更新能力，导致干细胞无法完全再生的情况是极少的。这可能与移植过程相关的外部因素相关，特别是与骨髓基质成分及其被膜的再结合，包括它们产生的细胞因子和细胞外基质有关。基于上述因素，为了使移植获得成功，每次移植都必须连续移植更多的骨髓细胞。最近，有报道指出，细胞凋亡机制参与了造血干细胞的年龄相关性变化，而衰老过程对机体的正常复制产生影响，从而导致细胞凋亡的增加。p53 介导的凋亡途径可导致细胞凋亡，从而将受损干细胞从细胞池中移除。这些受损干细胞因为有潜在的功能失调或致瘤特性，因此被阻止增殖。同时，抗凋亡基因 Bcl-2 的过表达显著增加了稳态条件下小鼠造血干细胞的数量，增强了其移植潜力。这些结果表明了细胞凋亡在生理性调节造血干细胞数量上的重要性，并提示这一机制可能是抗衰老的一个靶点。

干细胞还参与组织修复。众所周知，组织修复能力会随着年龄的增长而衰退。已有研究表明，骨髓源性内皮祖细胞通过促进再内皮化和新生血管的形成，在维持内皮功能中发挥作用[23, 24]。肌肉组织中也有类似情况。肌肉干细胞通常是静息的，当需要修复时，如损伤发生时，才开始迁移。随着年龄的增长，肌卫星细胞的数量似乎没有太大的变化[25]。然而，它们的修复能力，如分化能力大大降低。就此而言，肌卫星细胞至少在干细胞的一个主要特征上发生了与年龄相关的改变。

总之，除了表皮干细胞，成体干细胞会发生与年龄相关的变化。这里所说的变化主要是指功能上的下降，但上文提到，可以观察到干细胞数量的下降。因此，在衰老机体中观察到的干细胞缺陷的分子机制仍是未来研究中有待阐明的问题。

5. 干细胞衰老的理论

干细胞衰老的理论将从以下四个方面进行讨论。

5.1 衰老的自由基理论

线粒体是哺乳动物细胞内无处不在的细胞器，是存储细胞腺苷三磷酸（ATP）的主要场所，在各种细胞生物学过程中发挥着重要作用。当线粒体产生大部分细胞能量时，有三个主要原因可以引起线粒体功能障碍，即衰老相关活性氧的产生、Ca^{2+}稳态的破坏和细胞凋亡的增加。这三个过程直接参与衰老相关疾病[26]。大量文献表明，线粒体功能障碍与干细胞衰老有直接关系[27, 28]。因此，在一些细胞系中，线粒体功能障碍会导致呼吸链功能障碍，这可能是线粒体DNA突变积累的结果。一些环境因素，如日晒，接触化学物质、重金属及其他污染物，或不健康的生活方式，如吸烟、饮酒和营养不良，都会产生活性氧[9]，而活性氧又会影响各种机体内在条件，如遗传、新陈代谢和传代时间，这会导致机体修复功能缓慢或形成缺陷[29]。如果活性氧的生成超过体内内源性抗氧化防御阈值，就会导致氧化应激或损伤[30]。因此，氧化应激是由活性氧所诱发的。这些不稳定的分子会破坏或"氧化"体内的细胞，就像苹果切片暴露在空气中会被氧化成棕色一样。由细胞内线粒体呼吸链产生的大多数活性氧是由超氧阴离子、过氧化氢和羟自由基组成。在抗氧化剂中，超氧化物歧化酶（SOD）、过氧化氢酶、过氧化物还原酶、硫氧还蛋白和谷胱甘肽系统是众所周知的抗氧化酶。核转录因子红系 2 相关因子 2（Nrf2）被认为是这些基因的主要调控因子。新的证据表明，氧化应激在诱导干细胞衰老和各种疾病进展中起着关键作用。细胞氧化还原状态显著影响干细胞稳态。氧化应激可启动内源性抗氧化应激机制，进而产生适应性反应，而内源性抗氧化应激机制又可以显著调节机体氧化应激水平。在轻度应激条件下，细胞主要通过调控凋亡相关基因表达、抗氧化酶活性和防御性信号传递途径来满足抗氧化需求。相反，持续和强烈的氧化应激抑制干细胞增殖，促进了细胞的过早衰老。Oh 等人[31]在衰老自由基理论中提出，活性氧可能导致随着年龄增长的干细胞功能障碍。该理论认为，在衰老细胞中，累积的细胞损伤和线粒体完整性下降可导致活性氧生成增多，而活性氧生成增多又引起恶性循环，进一步破坏细胞大分子，破坏线粒体氧化磷酸化，导致最终的细胞分解。到目前为止，氧化损伤在衰老过程中的作用仍然不明确，部分原因是抗氧化防御机制的有效性和延长细胞功能或寿命之间缺乏明确的相关性。现有几项证据可证实活性氧的生成可能促进了干细胞的衰老。一些研究表明，小鼠体内低活性氧水平造血干细胞的比例随着年龄的增加而下降。此外，在小鼠的造血干细胞和神经干细胞中，细胞内过高的活性氧含量会导致细胞异常增殖、恶变和损害干细胞的自我更新能力[31]。条件敲除小鼠造血系统胰岛素和胰岛素样生长因子 1（IGF1）信号通路下游的转录因子 FoxO1、FoxO3 和 FoxO4，可以引起造血干细胞中的活性氧蓄积显著增加。条件敲除第 10 号染色体上缺失与张力蛋白同源的磷酸酶（PTEN）基因和 Akt 激酶导致小鼠造血干细胞长期再生能力下降，表明 PTEN/Akt/ 哺乳动物雷帕霉素靶蛋白（mTOR, FoxO 的上游）信号通路能够感知和控制活性氧，并调节造血干细胞的自我更新和存活[3]。研究表明，Wnt/β 联蛋白通路参与了由微环境变化引起的干细胞衰老过程[32]。

5.2　端粒缩短理论

端粒是哺乳动物染色体 DNA 的末端，具有丰富的 G 序列。这些序列的重要性在于保护染色体的末端不受损害和降解。因此，端粒在维持染色体稳定性方面起着至关重要的作用。端粒酶是一种 DNA 聚合酶，是一种核糖核蛋白复合体。端粒长度的调节主要是由端粒酶完成的。此外，富含 G 的序列与一个蛋白质复合物相连接，每个蛋白质复合物在调节端粒长度方面都有独特的作用。

端粒理论是干细胞衰老最重要的理论之一。衰老就是建立在端粒缩短机制上的，这是细胞老化的一个重要的生物标记物[33]。根据端粒理论，衰老是不可逆的，端粒酶活性会导致程序性细胞周期阻滞，细胞分裂的总数不能超过 Hayflick 极限。根据以往的研究，端粒酶活性和端粒长度的维持与胚胎干细胞和生殖系细胞的永生有关[34]。在小鼠生命后期过表达端粒酶逆转录酶（TERT），端粒酶的亚基会增加癌症发病率，因此增加端粒长度有助于小鼠晚期生存[35]。这种活性有助于防止高度增殖细胞（包括大多数肿瘤细胞和生殖系细胞）复制依赖的细胞衰老和端粒长度的缩短[36]。具有多系分化潜能和自我更新能力的干细胞具有快速的细胞扩增能力，因此，在细胞复制过程中，它需要一种机制来维持端粒的长度[37]。相反，一些作者报道，在造血干细胞和非造血干细胞来源的乳腺上皮、肾脏、皮肤组织以及间充质干细胞中，检测到低水平的端粒酶活性。由于干细胞和祖细胞在体内平衡和组织修复中发挥着重要作用，因此这些细胞的衰老被认为是衰老过程中的一个重要因素。尽管有大量证据表明端粒在衰老过程中发挥作用，但对于端粒较长、寿命较短的物种（如小鼠）而言，端粒的缩短对它们有多大影响尚不清楚。例如，缺乏端粒酶 RNA 的实验室小鼠在五代中都没有出现不良的表型影响。因此，对这些细胞衰老的机制需要进一步深入的研究。

5.3 DNA 损伤累积和突变理论

造血干细胞在整个生命周期内维持组织的稳态。因此，对干细胞来说，保持基因组的完整性至关重要。导致干细胞衰老的主要因素之一是 DNA 损伤。干细胞衰老的 DNA 损伤理论认为，DNA 修复系统和细胞周期调节机制存在与年龄相关的变化。这是由于随着年龄的增长，DNA 突变增加，导致干细胞功能下降。早些时候，与这一理论相关的研究表明，缺乏与 DNA 损伤修复相关的一组蛋白的小鼠出现了干细胞功能的下降。随后导致干细胞库的整体损耗[38-40]。DNA 损伤有多种类型，如 DNA 氧化损伤、DNA 水解损伤、紫外线和其他辐射损伤。DNA 损伤的内源性机制主要包括复制重组错误、自发性水解，以及如活性氧等作为细胞代谢的副产物而形成的其他活性代谢物。这些会形成许多碱基位点，导致碱基脱氨、8- 氧鸟嘌呤损伤、碱基氧化和单 / 双链 DNA 断裂。早期的文献表明，参与 DNA 修复系统的蛋白质产生突变会引起过早衰老的症状[41]。DNA 损伤也可以由外源性因素引起，如来自太阳的紫外线辐射、有害的化学物质、X 射线和伽马射线，以及引起碱基修饰的化疗药物，这些碱基修饰随后在 DNA 链之间形成交联、二聚体以及单双链断裂。一些研究表明，着色性干皮病 D 组基因缺陷并不会导致造血干细胞随着年龄的增长而耗竭，但会严重影响造血干细胞的增殖潜能[42]。一些研究也表明，DNA 修复途径——非同源末端连接的损伤导致造血干细胞库随着年龄的增长而逐渐耗竭。人类造血干细胞和祖细胞中，在衰老过程中会发生 DNA 损伤，这种 DNA 损伤的蓄积与端粒长度无关[43]。大量的研究表明，在衰老过程中，血清的组分也会发生改变。Conboy 等人[44]发现，与年龄相关的肌肉干细胞活性的下降可以由随年龄变化的系统因素所调节。Naito 等人[45]鉴定出在衰老小鼠血清中，作为 Wnt 信号的经典激活因子补体 C1q 是上调的；他们还证明 C1q 可以结合卷曲蛋白（Wnt 的受体）并激活典型的 Wnt 通路。Zhang 等人[46]也证实 Wnt/β 联蛋白信号诱导间充质干细胞衰老，导致 DNA 损伤。因此，经典的 Wnt 信号通路的激活可能会影响衰老组织中的干细胞室和间充质祖细胞。

5.4　表观遗传性改变理论

造血干细胞是一种能够通过自我更新和分化产生成熟骨髓和淋巴细胞的细胞亚群[47]。衰老是一种退行性变化，一些表观遗传改变如 DNA 甲基化、组蛋白修饰和非编码 RNA 的表达，与衰老密切相关。多个使用人淋巴细胞[48]和血细胞组织[49, 50]的实验研究证实,DNA甲基化随着年龄的增长而减少，而某些基因如雌激素受体[51]、IGF2[52]、p14ARF[53]，被发现是高甲基化的状态。衰老过程也降低了沉默信息调节因子（SIRT1）的水平，这是一种哺乳动物的组蛋白脱乙酰酶（HDAC），可以分别在赖氨酸 16 和 9 位点脱乙酰化 H4 和 H3[54]，在 DNA 修复和转录抑制中发挥作用。研究还证实，小鼠 SIRT6 的减少与衰老相关，并伴有皮下脂肪显著减少，小鼠出现生长迟缓，甚至过早死亡[55]。通过在快速老化小鼠 8 模型的脑组织中获取的实验数据证实，能够引起组蛋白修饰的组蛋白甲基转移酶的转录调控在衰老过程中发生了改变。H4K20me 和 H3K36me3 位点[56]的甲基化显著降低，证实上述表观遗传调控假说。另外，衰老大鼠的肾、肝组织中 H4K20me3 位点含量丰富[57]。而且，衰老的造血干细胞中 H3K27me3 位点甲基化明显增加[58]。因此，甲基化 / 去甲基化的组蛋白通过激活或抑制转录来开启 / 关闭基因，参与衰老性疾病的发生。更多研究表明，衰老会上调 microRNA 的表达 [59]。因此，表观遗传错误通过调节与年龄相关的基因缺陷或功能障碍来影响衰老过程。

　　本章简要介绍了干细胞衰老的不同理论，人类胚胎干细胞研究和衰老、造血干细胞衰老、干细胞和神经退行性变性疾病、衰老和神经干细胞、衰老和心肌细胞稳定性或再生潜能、骨骼肌细胞衰老和干细胞领域的进展、衰老诱导的干细胞功能障碍的治疗方法等将在后续章节中进行更详细的阐述，可以让读者全面地了解在衰老过程中与干细胞相关的各种热点话题。

扫码查询
原文文献

第二章

人类胚胎干细胞研究进展与衰老

Anjali P. Patni, Joel P. Joseph, D. Macrin, Arikketh Devi

1. 简介

干细胞研究在细胞治疗和再生医学方面具有广阔的前景，从而引起了全世界科学家的探究兴趣。无数关于胚胎和成体干细胞的研究已经确认了干细胞在组织更新、再生和治疗中的作用。1981 年，Evans[1] 和 Gail Martin 分别对小鼠囊胚进行了研究，从小鼠胚胎中收集到第一批多能细胞。这些细胞后来被 Gail Martin 命名为胚胎干细胞[2]。囊胚是哺乳动物胚胎发生的一个阶段，由内细胞团组成[3]，随后形成胚胎和外部滋养层，后者随后产生胚外膜和胎盘[4, 5]。滋养层包围着内细胞团和囊胚腔。来自胚胎的干细胞从囊胚的内细胞团中提取，是多潜能的。这些干细胞具有非特化、自我更新和分化为外胚层、中胚层和内胚层任何细胞的能力，但胎盘和胚外膜除外[6-9]。虽然胚胎干细胞和成体干细胞都是多功能的，但比较而言，成体干细胞只能分化成更少的细胞类型。而且，胚胎干细胞在适当的条件下还可以在体外无限分化。

非人源的灵长类动物细胞的分离，特别是小鼠胚胎干细胞，人们花了超过 17 年的时间，才摸索出从灵长类动物囊胚中提取胚胎干细胞的可行道路[10]。1998 年，Thomson 课题组[11] 成为第一个从囊胚中提取人胚胎干细胞的课题组。传统上，人胚胎干细胞是通过显微外科的方法从囊胚期的着床前胚胎中分离内细胞团来获得的[12]。人胚胎干细胞培养基由形态各异的细胞亚群组成，由人胚胎干细胞自发分化的成纤维细胞样细胞通常围绕在其周围[13]。人胚胎干细胞可以长时间自我更新，分裂并增殖成不同的细胞类型，从而在不同条件下产生新的细胞系[14]。此外，来自不同实验室的人胚胎干细胞研究已经确定了人胚胎干细胞的两种主要状态，即原始态和始发态，这与体内着床前和着床后囊胚的细胞阶段相对应。虽然处于上述状态的细胞都表达相似的多能性标记物（如Oct4、Sox2和Nanog），但它们各自在形态、对生长因子的依赖、发育潜力、代谢和转录组方面也有很多不同。Buecker等人[12]不仅证实了Oct4在维持原始态中具有重要作用，而且发现将Oct4重新定位到新的增强子位点后，它在干细胞从原始态转变为多能始发态后的作用方式也有所变化。这项工作还分析了各种基因组和生化参数，以确定始发态多能性的关键候选基因。

过去几十年中，关于人胚胎干细胞的研究表明，这些细胞可以在人类的再生治疗中发挥重要作用[15]。在探讨人胚胎干细胞的治疗价值之前，一些基本内容步骤需要再次明确，那就是优化培养条件和维持人胚胎干细胞在体外长时间处于未分化状态，这需要对影响自我更新、多能性、凋亡和细胞分化的分子途径有详细的了解。此外，在次优条件下，人胚胎干细胞可以缓慢适应长期的培养，存活率和增殖能力也可有所提高[16]。在干细胞研究中，谱系限制性祖细胞系分离是人胚胎干细胞向有丝分裂后细胞分化的最显著特征[17, 18]。此外，由于具有无限分化的潜力，人胚胎干细胞几乎可以源源不断地供应不同的细胞亚群[19]。

随着对胚胎干细胞培养及增殖的认识不断深入，发现多种因素[20]可影响人胚胎干细胞在培养增殖分化中均一性的维持[21, 22]，人胚胎干细胞的功能受细胞周期活性[23]、衰老[24]、休眠[25]、不同细胞因子信号[26]和多种信号通路表达[27]等内在因素控制；其次是外部因素，包括从其周围生态微环境中获得的信号[28]。然而，胚胎干细胞的内在因素主要受衰老过程的调控[29, 30]。

大众认为，衰老可使他/她们的容貌每况愈下；哲学家则认为，衰老是死亡和灵魂的解放；科学家渴望通过揭示衰老背后的分子机制来了解其复杂性。从古至今，衰老一直是一个有争议的话题。衰老是一个退化的过程，它引起身体不同器官系统的功能障碍，最终导致个体的死亡。

衰老是多种疾病的主要风险因素，如癌症、心血管疾病、糖尿病、痴呆、特发性肺纤维化、关节炎、骨质疏松症、神经病变、脑卒中、肥胖、青光眼和神经退行性变性疾病。虽然已有部分研究尝试阐明抗衰老基因和干细胞在衰老过程中的重要性，但这些研究大多局限于成体干细胞，如造血干细胞和间充质干细胞。关于人胚胎干细胞和衰老的研究非常有限。对人胚胎干细胞寿命的重要分子通路的了解，是设计治疗策略的首要因素，旨在优化整个衰老过程中的器官健康和功能。本章重点介绍了这一领域的一些进展，评估了人胚胎干细胞的调节机制，并讨论了衰老对干细胞和微环境的影响。我们还概述了一些年龄相关性变化的潜在影响，以及如何使用人胚胎干细胞进行治疗。

2. 人胚胎干细胞的特性

大多数人胚胎干细胞的潜能来源于对具有革命性意义的小鼠模型的评估分析[31]。人胚胎干细胞成熟于平坦致密的细胞克隆，其形态清晰，核质比增加，核仁突出，通常拥有 30～48 小时的群体倍增率[32, 33]。在有牛血清或动物源血清的情况下，人胚胎干细胞需要在小鼠胚胎成纤维滋养细胞上培养和收获[11]。这些滋养细胞构成了一种可存活的、黏附性生长抵抗的和具有生物活性的细胞群，可作为培养基的基质，支持其他低密度或克隆模式的细胞亚群的生长[34]。后来，由于使用异种（非人类细胞）来源的滋养细胞和成分用于人胚胎干细胞系培养；因此，人来源的滋养细胞的使用减少[35]，但导致异种危害和免疫排斥，最终使其不适合临床移植[36]。然而，为了抵消异种来源滋养细胞的影响，我们使用条件培养基作为培养人胚胎干细胞系的替代方案。从小鼠肉瘤 Engelbreth-Holm-Swarm 细胞中分离出来的基质凝胶，是一种动态的、未明确的基底膜、细胞蛋白和生长因子的混合物，它是人胚胎干细胞培养条件的主要来源[37, 38]。之前的一些实验室操作指南记录了使用基质凝胶与含人胚胎干细胞的人包皮成纤维滋养细胞联合进行培养的操作[39]。无异种技术进一步建立和促进了非常健康的人胚胎干细胞的培养[40, 41]。此外，体外培养人胚胎干细胞是一个具有挑战性的过程，应该通过评估其多能性来确定遗传稳定性和基因组的完整性。

在人体，有关影响囊胚谱系发育方向的生化过程已被明确[42]。成纤维细胞生长因子（FGF）、BMP4、转化生成因子β（TGF-β）、IGF 等的外部信号通路以及 Oct4、Y 染色体性别决定区高迁移率族蛋白 2（Sox2）和 Nanog 等为核心因子的内在网络之间相互协调作用，稳定了人胚胎干细胞的多潜能状态。人胚胎干细胞相关多能性标记物的表达还涉及细胞表面标记物，如阶段特异性胚胎抗原（SSEA1、

SSEA3、SSEA4）和许多其他已知的因子，它们在延长人胚胎干细胞自我更新过程和维持细胞未分化状态中发挥关键作用（表2.1）。在适当的培养条件下，具有自我更新能力的小鼠外胚层干细胞和人胚胎干细胞的多能状态被命名为始发态，表明这些细胞在发育上与原始态人胚胎干细胞相比，更加受限或有更少的潜能。根据所处的生长条件不同，原始态和始发态的多能状态人胚胎干细胞可进一步分为转基因依赖型和非转基因依赖型[104]。传统的内细胞团来源的人胚胎干细胞保留了大量的始发态多能特性：① 原始态多能标记物的低表达；② 发育基因三甲基化 H3K27 的积累；③ 转录因子 E3 细胞核定位缺失；④ 抑制 MEK/ERK 通路导致多能性丧失；⑤ 胚胎干细胞系早期 X 失活失败[105]。

表2.1　参与人胚胎干细胞自我更新和谱系特异性分化的关键转录调控回路

序号	转录因子	转录因子家族	生物学机制	资料
主要核心因子				
1	OCT4（POU5F1）	38kDa 蛋白，属于 POU（PIT/OCT/UNC）转录因子家族	在胚胎发育的早期阶段，OCT4 的 POU 结构域可能通过形成异源二聚体与启动子结合或增强其靶基因的调控因子活性来参与决定细胞命运	[43, 44]
2	SOX2	34kDa 蛋白，属于 SOX 转录因子家族	SOX2 与 OCT4 形成复合物，募集其他核因子启动多能相关的基因表达，从而限制了与分化相关基因的表达	[45]
3	Nanog	34kDa 蛋白，属于 Nanog 同源框转录因子家族	Nanog 与细胞因子信号转导及转录激活蛋白3（STAT3）协同作用，促进未分化细胞的自我更新和维持多能性，并在胚胎干细胞的特异性分化中发挥关键作用	[46, 47]
自我更新启动子				
1	c-Myc	48kDa 蛋白，属于 MYC 原癌基因 bHLH 转录因子家族	c-Myc 水平升高对提高缺氧介导的重编程效率至关重要，这对人胚胎干细胞的自我更新和多能态的维持很重要	[48]
2	TBX3	79kDa 蛋白，属于 T-box 转录因子家族	T框蛋白3（TBX3）通过抑制细胞周期调节因子的表达促进人胚胎干细胞的增殖，维持人胚胎干细胞的始发态	[49]
3	KLF	这组蛋白属于锌指 Krüppel 样转录因子家族	过表达 Krüppel 样因子4（KLF4）容易发生肿瘤。KLF4 有助于端粒酶活性的维持，且 KLF 蛋白表达较低，在人胚胎干细胞分化后逐渐升高。而且在人胚胎干细胞的始发态和原始态中均有表达	[50, 51]

序号	转录因子	转录因子家族	生物学机制	资料
4	GDF3	26kDa蛋白，属于TGF-β超家族	在人胚胎干细胞中，生长分化因子3（GDF3）通过调节骨形态生成蛋白（BMP）信号通路维持多能性特征	[52]
5	SSEA3/4	43kDa蛋白，属于Src家族激酶和小G蛋白质家族	在分化后可丢失，由分布在内细胞团的人胚胎干细胞多能细胞表达，与碳水化合物相关的细胞表面抗原糖脂分子	[53, 54]
6	TRA1-60/80	200kDa糖蛋白，属于唾液黏蛋白质家族	T细胞受体α（TRA）是硫酸角质素分子，可识别未分化人胚胎干细胞、胚胎癌细胞和胚胎生殖细胞糖蛋白部分上的碳水化合物表位	[55, 56]
7	ZFP42（Rex1）	132kDa蛋白，属于Krüppel C2H2型锌指蛋白质家族	锌指蛋白（ZFP42）在自我更新和细胞的多能性维持中至关重要，因为它促进增殖和细胞存活，同时限制分化、凋亡和细胞周期阻滞，以维持人胚胎干细胞的细胞功能	[57]
8	DICER1	218kDa蛋白，属于解旋酶家族，Dicer亚家族	dsRNA核糖核酸酶（DICER1）通过断裂前体miRNA的发夹结构，形成成熟的miRNA，在人胚胎干细胞中发挥促生存功能，将其除将引起死亡受体介导的凋亡和自我更新的失败	[58]
9	TFCP2L1	该蛋白属于Grh/CP2转录因子家族	在人胚胎干细胞的始发态和原始态下，转录因子CP2样蛋白1（TFCP2L1）促进多能性的维持并延迟分化，而抑制TFCP2L1则可立即中断自我更新，并与信号通路Wnt/β联蛋白联合诱导谱系特异性分化	[59]
10	LEFTY2	41kDa糖蛋白，属于TGF-β超家族	左右决定因子（LEFTY）通过蛋白水解和糖基化过程在胚胎模式和维持自我更新中发挥作用，并参与人胚胎干细胞的分化	[60]
11	hTERT	127kDa蛋白，属于端粒酶逆转录酶亚家族	端粒酶中心元件人端粒酶逆转录酶（hTERT）在人胚胎干细胞培养中高表达，并受Wnt/β联蛋白信号通路调控	[61]
12	PRDM14	64kDa蛋白，属于V类SAM结合甲基转移酶超家族	PR结构域锌指蛋白14（PRDM14）通过募集多梳抑制复合物2（PRC2）抑制H3K27me3的修饰来维持自我更新，而H3K27me3能抑制始发态人胚胎干细胞中与分化相关的标记基因的表达	[62, 63]
13	DPPA5	13kDa蛋白，属于KHDC1家族	在始发态和原始态人胚胎干细胞中发育多能相关蛋白（DPPA5）通过转录后机制调控Nanog的流动，促进干性和重编程	[64, 65]
原始态人胚胎干细胞启动子				
1	ESRRβ	48kDa蛋白，属于核激素受体3亚家族	雌激素相关受体β（ESRRβ）在人胚胎干细胞始发态重新编程到原始态过程中起重要作用	[66]

序号	转录因子	转录因子家族	生物学机制	资料
2	TFAP2C	49kDa蛋白，属于AP-2家族	转录因子AP-2γ（TFAP2C）通过向多能性相关因子开放近端增强子来维持人胚胎干细胞的多能性，并在从始发态向原始态转变期间抑制神经外胚层分化	[67]
3	DPPA3	17kDa蛋白，属于KHDC1家族	DPPA3在早期胚胎发生和维持原始态人胚胎干细胞多能性方面发挥作用	[68, 69]
4	XIST	哺乳动物X染色体上的非编码RNA转录本	目前正在研究中的间接标记物，如H3K27me3阳性细胞数量下降，甚至X染色体失活特异转录因子（XIST）染色或XIST启动子甲基化的出现与原始态人胚胎干细胞再激活的相关性	[70]

谱系特异性分化标记物

外胚层谱系

序号	转录因子	转录因子家族	生物学机制	资料
1	NES	177kDa蛋白，属于中间丝家族	神经上皮干细胞蛋白（NES）与重要的干细胞功能相关，包括自我更新、增殖和分化，尤其是神经谱系分化	[71, 72]
2	β微管蛋白Ⅲ（Tuj-1）	50kDa蛋白，属于微管蛋白质家族	人脑从干细胞库发育出健康的神经元。在一些研究中，β微管蛋白Ⅲ阳性被用于鉴别神经元	[73]
3	Pax6	46kDa蛋白，属于配对同源框家族	配对框6（Pax6）通过抑制人胚胎干细胞多能基因的表达促进神经外胚层基因的激活，从而发挥神经诱导作用	[74, 75]

视网膜分化标记物

序号	转录因子	转录因子家族	生物学机制	资料
1	OTX2	31kDa蛋白，属于配对同源框家族bicoid亚家族	正齿同源框2（OTX2）基因在眼和脑发育中发挥着重要作用，如将眼的感觉输入到大脑的神经（视神经），并通过Notch信号通路介导人胚胎干细胞中的视网膜胶质细胞分化	[76]
2	CRX	32kDa蛋白，属于配对同源框家族	锥杆同源框蛋白（CRX）基因为位于眼睛内的感光前体蛋白的发育提供指令，该蛋白位于眼睛后部，被称为视网膜	[76, 77]
3	LHX2	44kDa蛋白，属于LIM结构域大蛋白质家族	一种视野标记物，LIM同源框蛋白2（LHX2）通过下游表观遗传调节因子调控新皮层区域，使分子特性保留在皮层板神经元中，在人胚胎干细胞来源的视网膜神经元的长期生存和分化中发挥作用	[78, 79]

神经分化标记物

序号	转录因子	转录因子家族	生物学机制	资料
1	Musashi1（MSI1）	39kDa蛋白，属于Musashi家族	Musashi1是一种在细胞周期中高表达的RNA结合蛋白，在神经祖细胞（如神经干细胞）中调控靶mRNA翻译方面具有多功能性	[80, 81]

序号	转录因子	转录因子家族	生物学机制	资料
2	SOX1	39kDa 蛋白，属于 SOX 转录因子家族	SOX1通过抑制原神经蛋白的产生和阻止神经元分化来维持神经细胞的未分化状态，在神经元生长中发挥作用	[82]
3	CXCR4	属于 G 蛋白偶联受体1家族	基质细胞衍生因子1（SDF-1）通过激活CXC趋化因子受体4（CXCR4）在人胚胎干细胞的神经诱导中起关键作用，并可能介导海马成熟神经元的存活	[83]

中胚层谱系

序号	转录因子	转录因子家族	生物学机制	资料
1	Brachyury（T）	47kDa 蛋白，属于 T-box 蛋白质家族	Brachyury蛋白结合回文结构位点（称为T位点），当结合到位点时，会触发中胚层形成和分化所必需的基因转录的调节机制	[84, 85]
2	MIXL1	24kDa 蛋白，属于配对同源框家族	MIXL1 同系物是BMP4诱导的人胚胎干细胞中间腹侧中胚层构型和分化必需的蛋白	[86，87]

心肌细胞分化标记物

序号	转录因子	转录因子家族	生物学机制	资料
1	Nkx2.5	35kDa 蛋白，属于 NK-2 同源框家族	Nkx2.5是早期心脏标记物。Nkx2.5与GATA4协同通过转录激活心房肽参与人胚胎干细胞心肌谱系的形成和分化	[88]
2	GATA4	44kD 蛋白，属于锌指结构转录因子家族	GATA 结合蛋白4转录因子（GATA4）是早期心脏标记物。它在心肌细胞牵张反应中与Nkx2.5相互作用，并且与心脏特异性结构域内的BMP一致序列连接，帮助启动由BMP调节的心脏特异性基因表达	[88, 89]
3	TNNT2	36kDa 蛋白，属于肌钙蛋白 T 家族	心肌肌钙蛋白T（TNNT2）是晚期心脏标记物。在整个发育过程中，TNNT2可变的N端通过影响肌动球蛋白ATP酶活性和肌丝生长的高钙反应来调节心肌和骨骼肌的收缩力	[90, 91]
4	MYH6	224kDa 蛋白，属于肌球蛋白质家族	肌球蛋白重链6（MYH6）是晚期心脏标记物，与心肌收缩相关	[90, 92]

内胚层谱系

序号	转录因子	转录因子家族	生物学机制	资料
1	SOX17	44kDa 蛋白，属于 SOX 转录因子家族	SOX17激活人胚胎干细胞分化系统，促进内胚层发育和内胚层来源的器官发育	[93, 94]
2	GATA6	60kDa 蛋白，属于锌指结构转录因子家族	GATA 结合蛋白6（GATA6）直接调控内胚层基因的表达，是多能干细胞发育成内胚层的关键调控因子	[95]
3	Wnt3	39kDa 蛋白，属于 Wnt 家族	最近的研究发现，作为一个生物标记物，Wnt3能够评估人胚胎干细胞的内胚层分化能力	[96]

胰岛素分泌细胞分化标记物

序号	转录因子	转录因子家族	生物学机制	资料
1	FoxA2（HNF-3B）	48kDa 蛋白，属于 FoxA 亚家族	在哺乳动物中，内胚层的腹侧层在FoxA2的作用下发育。据报道，它是一种在源于人胚胎干细胞的胰腺细胞分化中起着关键作用的转录因子	[97, 98]

序号	转录因子	转录因子家族	生物学机制	资料
2	PDX1	30kDa 蛋白，属于 Antp（触角足突变）同源框家族	胰腺/十二指肠同源框蛋白1（PDX1）参与将人胚胎干细胞诱导成胰岛素分泌细胞，并作为胰腺转录因子表达一组与胰腺 β 细胞生长、合成和释放相关的基因，用以调控血糖	[97, 99]
3	NKX6.1	37kDa 蛋白，属于 NK 同源框家族	转录因子NKX6.1与胰岛素基因启动子区不同的富含A/T的DNA序列区域结合，在从人胚胎干细胞分化为胰腺祖细胞的过程中，对产生功能成熟的 β 胰岛细胞具有重要作用	[100, 101]
4	SOX9	56kDa 蛋白，属于 SOX家族	SOX9通过在早期人胚胎干细胞中与FGF、激活素A和BMP信号的相互作用促进其存活，并通过调节Notch效应因子HES1促进内胚层和胰腺谱系细胞分化	[102, 103]

3. 参与人胚胎干细胞调控的信号通路

胚胎干细胞因其多能性而表现出不同的细胞状态，这些不同的细胞、代谢和表观遗传状态受到周围微环境的调节[106]。囊胚内细胞团导致初始内胚层形成，进而在植入前不久可形成内脏和顶叶的卵黄囊和外胚层[107]。随着着床期时间的推移，外胚层成为身体所有组织的前体，包括生殖系统[108]。在任何谱系分化之前，着床前的外胚层都代表着一种多能性的原始状态，而着床后的外胚层则代表一种可能源于人胚胎干细胞的始发多能状态[33, 109]。人胚胎干细胞的特征和组织培养标准与小鼠胚胎干细胞截然不同[110]。通过研究人类着床前胚胎从第 3 天到第 7 天的胚胎发育阶段的转录谱，确定了滋养外胚层、原始内胚层和外胚层之间的首个分化谱系[111]。

胚胎干细胞的分子特性依赖于 Oct4、Nanog、Sox2 等转录因子调控网络，以及 FGF 和 BMP 等生长因子[112]。已经确定了许多与多能性相关的信号通路，即 LIF/STAT3 通路、Wnt/β 联蛋白通路、FGF/MAPK/ERK 通路、TGF-β/SMAD 通路和蛋白激酶（PKC）通路[113, 114]。研究发现，人胚胎干细胞能够积极适应生理信号的放大，这些信号机制可通过 FGF、TGF-β、BMP 和 Wnt 等途径更显著地促进植入后期原肠胚形成[115]。

3.1 LIF 信号通路

白血病抑制因子（LIF）是一种 IL-6 超家族的细胞因子，在细胞培养中被用来维持小鼠胚胎干细胞处于未分化状态。LIF 与糖蛋白 130（gp130）受体结合，在细胞内部激活 Janus 激酶（JAK）并使 STAT3 磷酸化。LIF 至少能激活小鼠胚胎干细胞中三个独立的信号通路：JAK/STAT3 通路、PI3K/Akt 通路和 SHP2/MAPK 通路。但 LIF/STAT3 不能促进人胚胎干细胞的自我更新。在正常的囊胚生长过程中，人胚胎干细胞没有出现滞育，对 LIF/STAT3 不反应，这一现象支持这一观点。有趣的是，STAT3 过度激活具有将人胚胎干细胞多种特征的外胚层干细胞转化为原始态多能性的作用，从而引发 LIF/STAT3 激活上调 [70, 116]。人囊胚内细胞团表达 TFCP2L1，该因子在人胚胎干细胞分离过程中减少；而在原始态人胚胎干细胞生产过程中，如果在培养基中加入 Klf2-Klf4 或 Klf4-Oct4，则会逐渐增多 [117, 118]。作为 LIF/STAT3 的下游，Tfcp2l1 可能在维持原始多能性中起重要作用 [119]。

3.2　Wnt 信号通路

在胚胎阶段，Wnt 信号影响关键的发育过程 [120]。它可调节成年哺乳动物组织中干细胞的维持和自我更新 [121]。Wnt 配体是自分泌和旁分泌细胞信号分子，属于保守分泌糖蛋白质家族 [122]。Wnt 配体的缺失促使糖原合成酶激酶 3（GSK3）形成降解复合物，由酪蛋白激酶 1（CK1）、腺瘤性结肠息肉（APC）蛋白和 Axis 抑制蛋白（Axin）组成，可以磷酸化 β 联蛋白，诱导泛素化和蛋白酶体介导的 β 联蛋白的降解 [123]。相反，随着 Wnt 配体的激活，信号被发送到卷曲蛋白（Fzd）和低密度脂蛋白受体相关蛋白 5/6（LRP5/6），以破坏降解复合物的形成，促进 β 联蛋白在细胞质中的蓄积。过量的 β 联蛋白进入细胞核，与 T 细胞因子（TCF）/淋巴增强因子（LEF）相互作用，与共同基序结合，启动特定基因的转录激活，这些基因分别为 Axin2[124]、CDX1[125] 和 T[126]。

在胚胎干细胞中，LIF 的关键效应因子 STAT3 和 Oct4 的激活因子是通过 β 联蛋白机制进行调控的。这些发现与核心因子和黏附分子之间潜在的功能连续性或反馈调节有关。Wnt 信号通过剂量依赖来促进胚胎干细胞的自我更新，从而抑制胚胎干细胞向小鼠外胚层干细胞分化 [127]。与始发态细胞相比，Wnt/β 联蛋白信号通路对原始态细胞产生不同的影响 [128]。Wnt 蛋白刺激小鼠胚胎干细胞的自我更新，促进原始态的维持。然而，典型的 Wnt/β 联蛋白系统在人胚胎干细胞中的确切作用尚不清楚。RNA 分析显示，H7 人胚胎干细胞中存在 19 个 Wnt 基因和 10 个 Fzd 受体，其中包括 LRP5 和 LRP6 共受体 [129]。在人胚胎干细胞中使用多种靶向 Wnt/β 联蛋白信号通路组分的小分子，为 Wnt/β 联蛋白信号通路的作用研究提供了新的视角 [130]。利用 Wnt3A 或 GSK3 抑制剂 BIO[131] 激活 Wnt/β 联蛋白通路只能短期促进多能人胚胎干细胞生长，并不能持续促其扩增 [132]。抑制 porcupine（一种酶）或通过稳定 Axin1/2 以阻止 β 联蛋白核转位，从而阻断信号进而可以促进人胚胎干细胞的自我更新和增殖，说明这种酶在 Wnt 配体分泌中具有重要作用。近来的一项研究发现，Wnt 触发自分泌或旁分泌信号以促进原始态人胚胎干细胞的自我更新，其中 Wnt/β 联蛋白信号被发现积极参与了原始态人胚胎干细胞的多能性维持，但在始发态人胚胎干细胞中无此现象 [133]。目前关于人胚胎干细胞自我更新和早期分化的研究表明，转录因子 Bach1 直接靶向泛素特异性蛋白酶 7，从而通过分别触发信号通路 Wnt/β 联蛋白和 Nodal/SMAD2/SMAD3，使 PRC2 结合基因启动子区，从而干扰中胚层基因的表达 [134]。

3.3 在人胚胎干细胞中 FGF 信号通路及其与其他通路的相互作用

生长因子如 FGF 和胞外信号调节激酶（ERK）有助于维持人胚胎干细胞的多能性。FGF 及其酪氨酸激酶介导的 FGF 受体（FGFR1、FGFR2、FGFR3 和 FGFR4）之间的相互作用可参与许多发育过程，如增殖、生存、迁移和分化 [135]。ERK 与促分裂原活化的蛋白质激酶（MAPK）家族相对应，其中 ERK/MAPK 通路通过三级激酶级联反应促进 Raf 蛋白激酶、MEK 和 ERK 家族成员的磷酸化 [136]。激活的 ERK 转移到细胞核，在细胞核中磷酸化下游分子，参与细胞生长、增殖和分化 [137]。对人胚胎干细胞来源的细胞系进行转录分析时发现，FGF2 信号通路的激活可以通过上调 MAPK/ERK 通路中的几个关键组分来维持人胚胎干细胞的生存能力 [138]。FGF/ERK 信号通过促进从原始态到始发态的转变来稳定始发态细胞，并阻止始发态细胞返回原始态 [135, 139]。Goke 等人 [140] 探索了在整个基因组中 ERK 激活的功能和机制，对 ERK2 靶点进行了分类，并强调了为保持人胚胎干细胞的多能状态而需要的刺激自我更新和内在分化抑制的细胞外信号。

多项研究表明，细胞生存通路磷脂酰肌醇 3 激酶（PI3K）信号在小鼠胚胎干细胞的增殖和抑制凋亡中发挥重要作用 [141]。胰岛素和胰岛素样生长因子（如 IGF1 和 IGF2）与胰岛素受体家族成员（如 IGF1R 和 IGF2R）[142] 结合激活 PI3K 和 Akt，进而上调下游底物，如 FOXO1[143] 和 mTOR[144] 信号，促进人胚胎干细胞的自我更新和增殖。同样，通过激活 PI3K/Akt 通路降低 FOXO3a 表达可促进人胚胎干细胞的多能性维持[145, 146]。该研究还揭示在两个人胚胎干细胞系（H1 和 H9）中，PI3K/Akt 信号通路、MEK/ERK 和 FGF 信号通路存在相互作用，提示 ERK1/2 和 PI3K/Akt 级联信号通路都是 FGF 通路的下游靶点，协同调控人胚胎干细胞的自我更新和未分化状态[147]。然而，PI3K 的抑制剂抑制人胚胎干细胞的自我更新并促进其多能性标记物的丢失，继而促进其谱系特异性分化[148, 149]。此外，外源性 FGF2 刺激有助于下游蛋白的酪氨酸磷酸化，如 PI3K、MAPK 和 Src 家族的其他成员[150]。

此外，已有研究表明，在人胚胎干细胞中，通过同时抑制 MEK/ERK 信号通路和激活 BMP4 通路，是诱导多能干细胞并将人胚胎干细胞分化为稳定的 CD34+ 祖细胞的有效手段[151]。众所周知，BMP 在人胚胎干细胞的胚胎外谱系分化中发挥至关重要的作用[86]。TGF-β 超家族由两种主要的配体信号组成：① BMP 和 GDF 配体信号，通过 ALK1、ALK2、ALK3 和 ALK6 型受体激活 SMAD1/5/8；② TGF-β/ 激活素 /nodal 配体信号，通过 ALK4、ALK5 和 ALK7 激活 SMAD2/3[152]。之前一项关于 TGF-β 超家族作用的研究也已确定 TGF-β 和 Wnt 信号之间的相互作用对维持人胚胎干细胞的未分化状态至关重要[153]。而且，FGF2 增强了 BMP4 介导的人胚胎干细胞向中胚层分化的作用，通过 MEK/ERK 途径维持 Nanog 表达水平，表现为 T 的表达上调[154]。来源于始发态多能性细胞群的人胚胎干细胞主要依赖于激活素 /Nodal 和 FGF 信号[155]。FGF2 也通过与 TGF-β /SMAD2 信号通路的相互作用促进了 Nanog 基因引导的人胚胎干细胞多能性维持[156, 157]。TGF-β /SMAD2、BMP/SMAD1 和 FGF/ERK 三种信号通路的具体作用是促进人胚胎干细胞的自我更新，通过表达神经外胚层命运决定因子 Pax6 来抑制这些信号通路，进而促进神经外胚层发育[158]。

在胚胎干细胞培养中，使用作为信号通路抑制剂或激活剂的小分子，可以调节胚胎干细胞促进自我更新和抑制分化的关键信号通路[159]。Van der Jeughet 等人[160] 评估了小分子抑制剂（PD0325901 和 CHIR99021）对人胚胎干细胞培养基中 FGF/MEK/ERK 和 GSK3β 通路的协同作用，在人的内细胞团中通过增多 OCT3/4 高表达和 NANOG 阳性的细胞来增强人胚胎干细胞的多能性。一项研究证明，小分子和生长因子的混合制剂（2i/LIF/basic/FGF/ 抗坏血酸 /forskolin）通过 PI3K/Akt/mTOR 激活 FGF 信号通路，促进始发态人胚胎干细胞向原始多能态转化，使人胚胎干细胞实现无偏倚谱系特异性分化[161]。相反，抑制 BMP、Wnt、MEK/ERK、PI3K/Akt 和 TGF-β 等通路可能会阻碍人胚胎干细胞的自身更新能力，并促进其谱系特异性分化（图 2.1）。

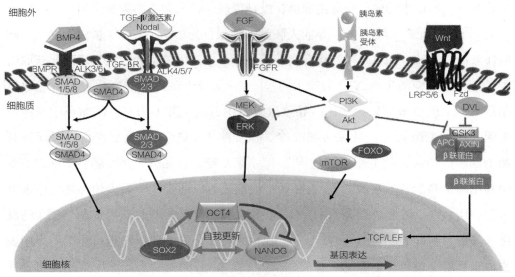

图2.1　参与人胚胎干细胞自我更新和分化的信号通路

4. 人胚胎干细胞的代谢和表观遗传调控

在发育过程中，包括细胞分化、多能性和涉及复杂表观遗传过程的谱系特异性分化在内的变化是人胚胎干细胞功能维持的重要标志。代谢和表观遗传过程的相互作用决定了生理状态、表观遗传和胚胎干细胞存活之间的联系[162]。氧是干细胞微环境内的另一个重要因素[163]。最近的一项发现揭示了氧在调节细胞内代谢活动中的作用，该代谢活动决定了碳去向，并影响了人胚胎干细胞中甲基转移酶和去甲基化酶的活性[164]。胚胎干细胞主要通过有氧糖酵解辅助生物合成[165]。小鼠胚胎干胞通过氧化磷酸化来满足能量需求，而线粒体呼吸能力非常弱的人胚胎干细胞主要依赖糖酵解供能[166]。生理氧条件下，缺氧诱导因子（HIF）主要包括葡萄糖转运体 1 和丙酮酸脱氢酶激酶，前者促进葡萄糖往细胞内转运，后者阻止线粒体中丙酮酸脱氢酶（PDH）将丙酮酸转化成乙酰辅酶 A[167]。

人胚胎干细胞中的代谢是一个糖酵解依赖的过程，该过程将大部分葡萄糖转化为乳酸，并迅速产生 ATP[168]。由此衍生的还原型烟酰胺腺嘌呤二核苷酸磷酸

（NADPH）通过氧化戊糖磷酸途径代谢，这有助于产生代谢产物，促进核苷酸和脂质的生物合成，同时伴随稳定的抗氧化消耗，以维持多能性和起始分化之间的平衡[169]。此外，线粒体内膜中存在的解偶联蛋白2（UCP2）通过将线粒体氧化过程中葡萄糖代谢衍生的碳部分分流回氧化戊糖磷酸途径来调节丙酮酸代谢[170]。Zhang等人[171]研究发现，维A酸诱导的人胚胎干细胞分化影响了UCP2蛋白的生成，同时伴随糖酵解减少和氧化磷酸化升高。人胚胎干细胞限制了通过氧化磷酸化获取丙酮酸衍生的柠檬酸生成ATP的能力[172]。这种限制性的丙酮酸氧化过程可能通过稳定活性氧的生成而发挥作用，导致过量使用谷氨酰胺作为三羧酸循环中间体的来源，通过糖酵解促进烟酰胺腺嘌呤二核苷酸（NAD$^+$）的重复使用，以促进胚胎干细胞的快速自我更新和增殖[173]。除了葡萄糖，谷氨酰胺是人胚胎干细胞培养中利用率最高的营养来源[172]。人胚胎干细胞还可以通过一个强大的谷氨酰胺水解过程利用ATP、谷胱甘肽和NADPH。谷氨酰胺衍生的谷胱甘肽可抑制OCT4的氧化和降解，帮助OCT4结合DNA[174]。谷氨酰胺在小鼠胚胎干细胞培养中的应用表明，它有助于维持α-酮戊二酸的数量水平[175]。在始发态人胚胎干细胞分化过程中，α-酮戊二酸的富集增强了神经外胚层或内胚层基因的表达，这表明α-酮戊二酸水平的升高可能促进始发态的分化[176]。这些发现表明，营养物质的供应可以显著影响代谢途径和细胞环境。

碳代谢（糖酵解和三羧酸循环）的中间代谢物主要作为表观遗传酶修饰物发挥作用[177]。表观遗传的组成和功能依赖于表观遗传启动子活性，可以控制染色质排列、DNA甲基化和组蛋白修饰。此外，PRC2可能通过调节，影响甲基化和人胚胎干细胞谱系分化方向的PRC2底物的数量，作为识别人胚胎干细胞原始态和始发态的分子标记物[178, 179]。同样，人胚胎干细胞培养需要高水平的蛋氨酸[180]。蛋氨酸腺苷转移酶使得蛋氨酸转化成S-腺苷基甲硫氨酸（SAM）[181]。SAM是维持和控制人胚胎干细胞未分化状态的重要调控因子[182]。蛋氨酸消耗导致SAM水平急剧下降，H3K4me3三甲基化标记减少，影响NANOG的表达，最终引发人胚胎干细胞分化[182]。在人胚胎干细胞原始态向始发态转变过程中，由于H3K27me3抑制标记物烟酰胺n-甲基转移酶的表达增加，使得表观遗传环境发生转变，调节了SAM的水平[183, 184]。在人胚胎干细胞中除了乳酸，乙酰辅酶A也可以被糖酵解催化[185]。在三羧酸循环中，糖原产生的乙酰辅酶A作为组蛋白乙酰转移酶（HAT）的辅助因子，可以微调组蛋白乙酰化，维持人胚胎干细胞的自我更新[185]。这一观察说明了进化细胞的多能性代谢需求，而分化意味着需要将染色质代谢与多能性联系起来。了解代谢物的存在／缺失在多大程度上影响干细胞群体的分化是很有意义的。

5. 用于研究的人类胚胎干细胞系的来源和规则

人胚胎干细胞产生于早期胚胎的过渡时期。在此阶段，细胞快速分裂导致细胞类型的多样性迅速增加[186]。人胚胎干细胞分离和治疗方法的同步进展为细胞移植的实施提供了可能性，例如，可通过将体细胞核转移至去核的卵细胞，从囊胚期提取多能细胞[187]。此外，也由于人胚胎干细胞培养过程缺乏表观遗传灵活性，因此，对治疗用途的新的人胚胎种系需求日益旺盛[188]。然而，人类胚胎一直是政治和道德辩论的主题[189]，关于人胚胎干细胞胚胎的有创性获取的争议，也涉及研究人员在不受伦理限制的情况下进行研究究竟是否可行[190]。

在某些欧洲和亚洲国家，使用政府资金生产新的人胚胎干细胞或从多余的胚胎中提取人胚胎干细胞都是非法的，因为这将导致人类胚胎的损失[191]。鉴于人胚胎干细胞研究的性质是自然科学范畴，相关立法工作正在迅速推进[192]。2009 年 3 月 9 日，美国总统发布了关于减少涉及人胚胎干细胞的伦理科学工作障碍的行政命令。在该命令中，美国机构审查委员会的管理部门概述了监管人胚胎干细胞相关工作所需的核心伦理原则[193]。国际干细胞研究学会积极推进干细胞知识和研究的合作与分享，并鼓励学界在干细胞和健康科学所有领域提高相关认知[194]。

为确保人胚胎干细胞的产生不仅仅依赖于胚胎，研究人员采取更多方法获取该细胞。包括采用特定方法创造的不影响人类胚胎发育能力的未经转基因的人胚胎干细胞。从胚胎中分离出的单个卵裂球可用于产生胚胎干细胞，称为单卵裂球活检。这是 Geens 及其同事开发的一种技术[195]。单卵裂球和孤雌胚胎内细胞团也被其他科学家提取和研究[196]。由于这些细胞拥有人类淋巴细胞抗原等位基因的纯合子，可能有助于避免在人胚胎干细胞移植治疗中发生免疫排斥，并且由供体卵母细胞人工受精产生的孤雌胚胎是非常理想的来源，这些存活的胚胎既未发育，也未被破坏[197]。因此，源自卵裂球的人胚胎干细胞绕过了伦理分歧，因为单个卵裂球的消除可能不会影响其余卵裂球形成健康胚胎的能力。现在，无数来自不同胚胎来源的人胚胎干细胞系在世界各地的基础临床科学研究中被使用[198]。

人胚胎干细胞来源的细胞系具有以下特征：① 干细胞多能性标记物的表达；②人类淋巴细胞抗原分型；③ G 带核型分析；④ 体外 / 体内分化与类胚体形成检测；⑤ 畸胎瘤检测；⑥ 比较基因组杂交阵列检测[199]。这些方法有助于成功保存人胚胎干细胞系，并有资格在干细胞库中用于治疗。目前，有一些临床试验采用的是在良好生产规范指导下生成的人胚胎干细胞系[199, 200]。

6. 人胚胎干细胞和衰老

正常情况下，机体在应对损伤的反应中，一些组织可能会在固有细胞群的帮助下扩张和再生。在包括趋化因子、细胞相互作用和信号分子间复杂的相互作用的驱动下，组织固有细胞会迁移到损伤部位。然而，随着多细胞生物体衰老递进，组织和器官的功能下降。对于某些器官系统而言，即使在衰老早期，内源性修复过程也会变得缓慢，这源于固有细胞库的数量缺乏或功能抑制[201]。衰老与细胞再生能力的下降有关，这导致关节、血管和其他生理器官的功能与年轻时不同。衰老周期受到细胞形态、生长和分化过程中变化的影响。鉴于来自老年患者的干细胞在培养过程中与来自年轻供体的干细胞发育特点不同，据此推测大多数衰老转变是固有的。此外，干细胞被安排在一个独特的微环境中，这使得它们可以保持在一个未分化和自我更新的状态。干细胞存活的生理和分子动力学是体内平衡调节的基础，如果是不适应的调整，可能会在生命的晚期导致严重的后果。衰老周期对干细胞的生长发育有双重影响。多种因素可能导致与年龄相关的干细胞功能障碍，是多种年龄相关性疾病发生的根本原因。许多因素会引起干细胞的衰老，包括内在因素和外在因素，即干细胞数量的减少和增殖能力的减弱[202]，端粒缩短[203]，线粒体功能障碍[204]，表观遗传修饰改变[205]，DNA 氧化损伤[206]，突变的积累[207]，通常伴随慢性炎症相关的细胞外基质向更多纤维化模式的重塑[208]，都加剧了这些过程。干细胞是生物治疗的关键模块之一，在退行性疾病的重组中发挥着重要作用。到目前为止，成体干细胞已被广泛开发，用于组织工程的实验室测试和临床应用。然而，成体干细胞表现出了一定的局限性，如生长和分化能力较弱，体外培养过程中功能特征的持续恶化，体内植入后形成畸胎瘤，以及随后发生细胞健康与衰老相关的变化[209-212]。衰老周期降低了干细胞的功能，也影响了再生能力、自我更新能力以及与外部信号的相互作用。相反，人胚胎干细胞被允许不受限制的替代 / 修复细胞。人胚胎干细胞可以在生殖层激活具有限制性分化能力的种系特异性祖细胞，这降低了在体内植入时畸胎瘤形成的可能性。关于再生和稳态随年龄变化的研究是有限的。了解衰老过程在人胚胎干细胞功能中的作用是至关重要的，这不仅有助于识别衰老相关疾病的病理生理学，而且有助于创造新的基于干细胞的治疗衰老相关疾病的疗法（图2.2）。

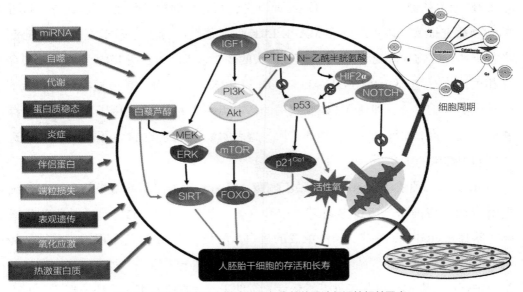

图2.2　促进人胚胎干细胞存活和长寿的信号途径调控相关因素

6.1　人胚胎干细胞中的衰老调控通路

衰老过程受到许多信号通路的影响。研究发现了一些细胞质中调控人胚胎干细胞衰老和延长寿命的信号通路，包括 IGF1 信号通路、p53 信号通路、mTOR 信号通路、PI3K/Akt 信号通路、Notch 信号通路和 MEK/ERK 信号通路。IGF1 信号通路是影响进化过程的最被公认的衰老标识[213]。例如，胰岛素受体活性及其下游成员活性受损可促进人类寿命延长，胰岛素和 IGF 都是维持人胚胎干细胞生存必不可少的[39, 40]。为了实现人胚胎干细胞的自我更新和长寿，IGF 和胰岛素受体触发 PI3K/Akt 的内源性信号级联反应，使 Akt 磷酸化 FoxO 蛋白的保守区域[214, 215]。此外，通过中和半胱氨酸－天冬氨酸蛋白酶剪切和衰老，PI3K/Akt 的激活对于刺激人胚胎干细胞的自我更新和维持多能性发挥关键作用，这会进一步促进人胚胎干细胞中 mTOR、FoxO1、核糖体 S6 激酶和 GSK3β 的激活[142, 214]。个别研究认为，mTOR 信号通路成分通过抑制凋亡促进人胚胎干细胞的生存和自我更新[144, 216]。PTEN 可能通过负性调控 PI3K 信号级联反应来抑制 Akt 功能，从而促进细胞衰老 [217, 218]。在人胚胎干细胞中，PTEN 缺失可以促进衰老，原因是 p53 翻译水平升高，促进细胞自我更新 [219]、生存和增殖 [220]，并通过提高 p-S6 水平触发 Akt/mTOR 信号通路，而不影响 GSK3 的功能 [221]。在人胚胎干细胞来源的神经干细胞中，PTEN 通过调节 ERK 相关核糖体 S6 激酶信号通路促进多巴胺介导的神经分化 [222]。此外，最近的一项研究证实，PI3K/Akt 和 MAPK/ERK 信号通路与低生存率相关 [223]。在应激条件下，长寿物种表现出 ERK 磷酸化模式的改变，进一步表明 ERK 与长寿之间存在相关性 [224]。包括 IGF1/PI3K/Akt/mTOR 和 ERK 在内的几个信号通路共同参与了早期人类胚胎发育，即使在 FGF2 缺失的情况下，当 PI3K 激活因子和激活素 A 存在时，人胚胎干细胞也可以在体外扩增，这表明信号通路交叉相互作用可能会促进人胚胎干细胞的生存 [225]。

SIRT 是一种依赖于 NAD$^+$ 的脱乙酰酶，是另一种通过延缓端粒损失来阻止细胞衰老的长寿因子。通过参与多个信号分子，如 FoxO 和 p53，包括某些信号通路（胰岛素 /IGF1 和腺苷一磷酸触发的蛋白激酶信号），来维持基因组完整性，促进 DNA 的全程修复 [226-229]。p53 通路由肿瘤抑制蛋白 p53 组成，被认为是一种基因组保护蛋白，在多种应激条件下被触发，有助于 p53 在应激细胞中快速聚集，加速活性氧的生成，从而影响细胞寿命 [230]。SIRT1（一种Ⅲ类组蛋白脱乙酰酶）和蛋白酶体途径之间的直接联系通过增强 p53 赖氨酸残基的乙酰化而使 p53 失活，从而促进细胞寿命，这有效地抑制了人胚胎干细胞中 DNA 损伤诱导的程序性细胞死亡 [44, 231]。最近的一项研究证实，ERK 信号在细胞存活过程中是一种有效的白藜芦醇诱导因子，可激活 SIRT [232]。同样，膳食抗氧化剂白藜芦醇激活的 SIRT1 通过调节 MEK/ERK 信号通路增强细胞存活能力 [233]。另一个保守的通路，即 Notch 信号通路，与多个炎症和缺氧相关的通路相互作用，导致年龄相关性退化 [234]。研究表明，长寿调节因子 SIRT1 在内皮细胞中的表达可增强 Notch 信号，抑制血管舒张反应引起的衰老损伤 [235]。正常供氧条件下，Notch 信号不被人胚胎干细胞扩增所需要，但可以促进谱系分化，这与缺氧条件下培养的人胚胎干细胞不同，缺氧条件下人胚胎干细胞可以通过激活 Notch 信号而延迟分化，实现长期自我更新 [236-238]。因此，进一步深入探索必要的调控途径有助于明确并提高人胚胎干细胞存活率的遗传与环境，推动细胞治疗应用范围的发展。

6.2　促进人胚胎干细胞衰老和老化的因素

在组织器官发育和再生中，人胚胎干细胞的作用可能与增殖、分化和分泌功能有关，可产生各种生长因子和细胞因子，以调节组织微环境。

6.2.1　端粒损耗

端粒是位于染色体末端 5～20 kb 的富含鸟嘌呤的小重复序列，通过提供染色体结构的基因组稳定性来保护 DNA 免受末端片段化和染色体融合的影响[239]，由端粒酶全酶组成。端粒酶全酶是一簇由端粒酶逆转录酶和端粒酶 RNA 组成的核糖核蛋白，后者是端粒生长的框架[240]。端粒酶逆转录酶是组装活性端粒酶复合体不可或缺的元素。端粒酶与端粒合成的关系不仅与胚胎干细胞和种系细胞的指数增长能力有关[241]，而且与肿瘤细胞也密切相关[242]。端粒长度的稳定性下降及端粒酶逆转录酶表达的减少是导致衰老的条件之一，而端粒进行性变短会导致细胞活力的丧失和衰老[243]。端粒的长度与人胚胎干细胞的发育密切相关，因为短的端粒会降低人胚胎干细胞的增殖速率，改变端粒的表观遗传特征[244]。未分化状态的人胚胎干细胞出现端粒酶活性升高伴随端粒酶逆转录酶表达[245]。然而，当人胚胎干细胞分化为特定的细胞谱系时，端粒酶活性降低[203]。在不同的氧含量微环境下，转录后端粒酶逆转录酶调控模式可能通过表达端粒酶的组外异构体而发挥重要作用，促进人胚胎干细胞的生存、自我更新和分化功能[246]。某些因子，如多腺苷二磷酸核糖聚合酶（PARP1）、KLF4、FGF2 也参与调节与人胚胎干细胞分化和衰老相关的端粒酶逆转录酶表达[247, 248]。高迁移率族蛋白[249]，如 HMGB1（刺激因子）[250] 和 HMGB2（抑制因子）[251]，参与一系列细胞过程，如 DNA 损伤修复、复制、增殖、分化、细胞迁移和炎症，也参与了人胚胎干细胞端粒酶活性的调节[252]。最近一项关于细胞培养对年轻和衰老的人胚胎干细胞群体生长和分化的长期影响的研究表明，长期持续培养可通过增加人胚胎干细胞群体的线粒体膜容量、改变线粒体形态和活性氧含量而对线粒体功能产生负面影响[204]。

6.2.2　氧化应激

细胞抗氧化系统包括数种途径，细胞通过激活内源性抗氧化酶清除活性氧，如 SOD、谷胱甘肽过氧化物酶及其他非酶分子（如维生素 C）。在应激条件下，早衰因子会被激活，可以通过抑制细胞周期进展来影响细胞微环境。值得注意的是，细胞代谢过程或外部因素产生的未清理的氧化应激和随后的活性氧主要导致干细胞衰老和其他疾病[253]。大部分细胞质活性氧来自线粒体超氧化物自由基，但对人胚胎干细胞基因组遗传一致性的影响很小[254]。早期对活性氧的反应使人胚胎干细胞中线粒体 DNA 的拷贝数最小化[255]，并激活抗氧化防御机制[256]，该机制下调了谷胱甘肽还原酶、谷胱甘肽 S-转移酶、谷胱甘肽过氧化物酶 2、MAPK26、SOD2、热激蛋白质 1B 的表达，同时升高了热激蛋白质 1 的表达[257-259]。最近，一项研究证实了转录因子 FoxM1 和 FoxH1 在人胚胎干细胞中作为活性基因的作用[260]。此外，FoxM1 调控人胚胎干细胞的增殖和氧化应激防御，FoxH1 参与了 Oct4 在人胚胎干细胞中的 Nodal 信号、发育模式调节和多能性调控中的作用[261, 262]。

6.2.3 自噬作用

转录因子 Nrf2 是干细胞中抗氧化机制的调节因子[263]，维持人胚胎干细胞和其他细胞的自我更新并协调细胞应答[264]。自噬是清除受损细胞的过程，在调节 Nrf2 功能和细胞衰老中发挥重要作用[265]。纤毛介导的自噬 Nrf2 轴的同步化细胞调节机制，以及细胞周期增殖的转变促使人胚胎干细胞向早期神经外胚层谱系分化[266]。许多研究结果表明，靶向自噬的抗氧化剂的临床应用可用于克服细胞衰老[267, 268]。N-乙酰半胱氨酸（一种抗氧化剂）通过调节亨廷顿相互作用蛋白 2α 对 p53 活性的抑制，改善了人胚胎干细胞的特性并维持了细胞内稳态，因为 p53 活性的耗尽会将人胚胎干细胞从静息状态切换到正常状态[269]。N-乙酰半胱氨酸也可以通过清除毒性应激时产生的活性氧来阻断细胞凋亡，挽救 Nrf2 信号通路的功能[270]。一项关于 ATP 结合盒（ABC）转运体（ABCG2）的研究表明，ABCG2 在物理应激、药物和紫外线辐射下对人胚胎干细胞具有保护作用，且在细胞中 ABCG2 的不均匀表达会引起相对较低的自噬活性[271, 272]。

6.2.4 人胚胎干细胞在衰老过程中的蛋白稳态

在哺乳动物细胞中，大多数蛋白质倾向于折叠成明确的三维结构，在其生命周期内维持稳定的蛋白质组状态，以实现其生物学功能[273]。近年研究表明，细胞衰老的特征是蛋白稳态的逐渐丧失，并伴有错误折叠蛋白的聚集[274]。蛋白质稳态系统包括三个主要过程：① 蛋白质合成；② 蛋白质结构的维持；③ 通过泛素-蛋白酶体系统或通过溶酶体自噬调节细胞内蛋白的降解。蛋白稳态对于维持人胚胎干细胞的未分化状态至关重要[275]。转录因子FoxO家族通过维持蛋白质稳态，激活伴侣蛋白编码基因，清除细胞内错误折叠的蛋白，从而促进长寿和干细胞功能[276]。FoxO1通过与OCT4和SOX2标记物的调控区域结合来调节活性氧的产生，从而在人胚胎干细胞多能性维持中发挥至关重要的作用[277]。同样，抗氧化剂白藜芦醇通过上调FoxO3A/SIRT1促进成骨分化，但限制来自人胚胎干细胞的间充质祖细胞的脂肪分化[278]。FoxO4增强了人胚胎干细胞的蛋白酶体活性，导致受损蛋白降解，降低其神经分化能力[279, 280]。

6.2.5　热激蛋白质及其伴侣蛋白在衰老中的作用

热激蛋白质（HSP）是进化过程中保守的蛋白质，在生长和衰老的机体中保护细胞和组织免受应激损伤。根据分子量，热激蛋白质可分为三大组。Ⅰ组是由HSP60、HSP70、HSP90和HSP110家族组成的高分子量HSP。Ⅱ组由那些在葡萄糖缺乏条件下诱导表达并被归类为"次要HSP"的蛋白组成，如葡萄糖调节蛋白（GRP）。Ⅲ组是由低分子量HSP包含至少10个12～30kDa蛋白的成员（HSPB1～B10）组成。这些广泛存在的蛋白质通过触发细胞凋亡和促进正常代谢来管理应激。在短期或长期的压力实践中，HSP的缺失或功能失活是致命的。如果热激蛋白质的比例高于正常范围，炎症和细胞衰老的改变就会出现。HSP作为健康和疾病的灵活调解分子的作用正变得显而易见。热激蛋白质是众所周知的分子伴侣，当蛋白质变老时，它会重新编程细胞蛋白质的构象状态并进行转运。干细胞的自我更新、分化、长寿和衰老等特性受到各种内在因素和外在因素的密切影响，提示HSP在其调控中发挥着重要作用。HSP60被鉴定为1组线粒体伴侣蛋白，被称为HSPD1，在细胞应激中起作用，HSP60可作为细胞凋亡的诱导或抑制因子。HSP60的缺失引发线粒体异常，也被认为参与了细胞衰老过程。最新的研究也证明了HSP60在小鼠胚胎干细胞缺陷中的作用，该缺陷通过下调表达来限制细胞的增殖和自我更新，从而启动小鼠胚胎干细胞的分化[281]。含有gp130受体的LIF通过磷酸化STAT3刺激JAK/STAT通路。此外，研究表明，STAT3组成一个庞大的伴侣蛋白和共伴侣蛋白复合物，帮助保持人胚胎干细胞的自我更新特性[282]。然而，HSP60和STAT3在调控人胚胎干细胞干性和衰老中的作用尚需进一步研究。HSP70蛋白质家族在应激条件下大量表达。由于其具有抗凋亡的特性，HSP70在人胚胎干细胞来源的细胞中可以引发早衰表型[259]。HSP70通过激活由表观遗传组蛋白脱乙酰酶调控的c-Jun氨基端激酶（JNK）和PI3K/Akt通路，协助人胚胎干细胞的早期分化[283]。HSP70通过调控伴侣介导的自噬在多种与衰老相关的神经退行性变性疾病中发挥保护作用；此外，它在神经元组织中的表达随着年龄的增长而降低，这在干细胞衰老研究中具有重要意义[284]。在人胚胎干细胞中，在应激条件下通过激活热休克因子1，MAPK过度活化，而HSP90释放附在OCT4启动子区域的热休克因子1有助于抑制MAPK[285]。HSP90不仅影响STAT3的行为，还影响OCT4和NANOG水平，这对维持人类和小鼠胚胎干细胞的多能性至关重要[286]。HSP90与OCT4和NANOG结合在一个细胞复合物中，并保护它们免受蛋白酶体降解。人胚胎干细胞内的错误折叠蛋白聚集会影响机体的衰老周期，因为这些蛋白转移到祖细胞时，分裂不均匀会影响生长[287]。同样，人胚胎干细胞通过增加8个含有T复合蛋白的伴侣蛋白亚基之一的表达，促进了T复合蛋白环复合物伴侣蛋白的最佳组装，在整个存在过程中，它有助于维持平衡的蛋白质组状态[288]。

6.2.6 人胚胎干细胞的代谢和表观遗传改变与衰老

与年龄相关的干细胞再生能力下降是代谢和表观遗传变化的最好描述[289-291]。早期证据表明，基础细胞代谢可以改变表观遗传条件，并可能影响种群衰老过程[292]。人胚胎干细胞在细胞代谢、表观遗传变化、基因表达和发育等方面具有明确的特征[290]。组蛋白尾部的翻译后修饰是重要的表观遗传调控因素，年轻的人胚胎干细胞群体在早期传代中显示了由蛋氨酸和SAM代谢信号调节的最少甲基化错误[180, 293]。SIRT是一种组蛋白脱乙酰酶，在调控人胚胎干细胞的谱系特异性分化中表现出一种鲜明的特征。SIRT1抑制不仅促进人胚胎干细胞中的神经元分化，而且通过细胞外基质基因和软骨转录因子的表达促进软骨分化[294, 295]。

同一来源的增殖细胞比不增殖细胞具有更高的代谢率，可促进生物合成。同样，受损大分子在细胞内沉积，通过损伤细胞功能在衰老过程中起关键作用[205]。例如，在培养的细胞（如人胚胎肾细胞系或人胚胎干细胞）中不对称分布的降解蛋白的积累表明，有更多不健康的受损蛋白存在的细胞增殖能力会下降[296]。人胚胎干细胞也表现出不可逆的有氧糖酵解[297]。人胚胎干细胞的分化延迟了细胞分裂的速度，降低了有氧糖酵解的速度，并使线粒体的呼吸能力得到充分利用，从而向氧化磷酸化过渡[298, 299]。一般来说，人胚胎干细胞的两种状态即原始态和始发态在体外已经稳定[300]。与始发态人胚胎干细胞相比，原始态人胚胎干细胞具有更高的糖酵解和活性线粒体。在原始态人胚胎干细胞中，ATP 主要通过有氧糖酵解而不是线粒体氧化磷酸化产生。目前基于转录组分析的研究已经开始通过确定染色体、表观遗传和代谢变化来探索原始态和始发态胚胎干细胞之间的差异。研究表明，人胚胎干细胞线粒体的呼吸能力较低，但线粒体内容物相对更加复杂[301]。尽管人胚胎干细胞可以根据培养条件改变其脂肪酸代谢，但在相同的培养基中可以观察到原始态和始发态人胚胎干细胞系之间线粒体的过渡。值得注意的是，RNA 结合蛋白 Lin28通过调节人胚胎干细胞中线粒体功能、组织和单碳代谢，推动原始态和始发态多能性之间的转变[302]。一些研究报道了 X 染色体失活状态和 XIST 表达对人胚胎干细胞分化模式影响的表观遗传改变[303]。最近的一项研究报告称，始发态人胚胎干细胞中没有 X 染色体失活的启动和 XIST 的表达，但原始态人胚胎干细胞中 X 连锁基因表达的增强导致了分化条件下的细胞大量死亡[304, 305]。早期的研究也表明，低氧张力影响葡萄糖代谢、乳酸生成率、氨基酸周转和摄氧量，提示在人胚胎干细胞的自我更新潜能中发挥作用[306]。同样，高糖环境可能通过 FoxO3/β 联蛋白复合物介导对氧化应激增加的适应性反应，这一复合物促进 p21^{Cip1} 表达，触发活性氧去除，最终影响人胚胎干细胞的增殖[307]。HIF 在人胚胎干细胞增殖管理中的作用也强调了始发态代谢的重要性[308, 309]。最近一项关于促炎基因——下游调控元件拮抗分子在人胚胎干细胞衰老过程中的作用的研究表明，提示其通过磷酸化环磷酸腺苷反应元件结合蛋白（CREB）133 位丝氨酸残基，激活环磷酸腺苷反应元件来控制人胚胎干细胞的多能性和分化[310]。

6.2.7　人胚胎干细胞衰老中 microRNA 的作用

microRNA（miRNA）是短单链非编码 RNA，通过基因表达的翻译或表观遗传调节来调控细胞命运，参与细胞周期进程[311]、凋亡[312]、众多信号通路[313]、衰老过程和疾病过程[314]。miRNA 参与了干细胞的调控、功能、维持和分化过程，有可能进一步推动干细胞未来在再生医学中的治疗应用[315, 316]。在胚胎阶段，进化 miRNA 的表达几乎不明显；但在机体发育过程中会逐渐显现出来[317]。miRNA 因其本身的复杂性可在生物过程的多种细胞衰老信号网络中发挥不可或缺的作用[318]。最近的一项研究确认了 RNA 外泌体核酸酶复合物调节了人胚胎干细胞的分化，提示 RNA 衰变通路对维持多能性具有重要意义[319]。miRNA 的功能是维持未分化和分化状态[320, 321]。miR-302 通过抑制细胞周期蛋白 D1 的表达来抑制细胞周期 G_1 期和刺激 S 期，以此维持人胚胎干细胞的干性[322]。同样，DNA 损伤修复机制促使 miR-302 负调控人胚胎干细胞周期调控中的 p21 活性[323]。同样，Oct4 和 miR-302 通过调控人胚胎干细胞神经分化过程中必需基因 NR2F2（核受体亚家族 2，F 组，成员 2）的活性协同发挥作用[324]。此外，miR-145 的增强表达负调控人胚胎干细胞分化时的多能性标记物如 Oct4、Sox2 和 Klf4[325]。同样，Yoo 等人[326]证实，miR-6086 和 miR-6087 通过抑制来自人胚胎干细胞的内皮细胞中 CDH5 和内皮素的表达来抑制分化。也有研究报道了在衰老过程中异源慢性 let-7 miRNA 参与干细胞的发育过程[327]。此外，在一个复杂的多能性网络中，成熟的 let-7 miRNA 在人胚胎干细胞分化过程中精细调节 miRNA 抑制蛋白 Lin28 与 Oct4 和 Sox2 之间的相互作用[328-330]。最近的一项研究显示，miR-363-3p 通过靶向 Notch1 和早衰素 1 受体阻断 Notch 诱导的分化，从而在原始态和始发态人胚胎干细胞中保持多能性[331]。此外，人胚胎干细胞来源的 mmu-miR-291a-3p 成熟序列已被证明通过 TGF-β 受体 2/p21 途径改善人真皮成纤维细胞衰老表型，从而改善衰老小鼠创伤修复机制，提示其具有抗衰老作用[332]。

6.3 人胚胎干细胞分泌的有益分子

胚胎发生后，人胚胎干细胞经历了自我更新、分化和复制的多个阶段。该过程由多种外分泌和旁分泌因素的非同步参与，但上述阶段的调节机制仍然是未知的。在进一步发育过程中，人胚胎干细胞产生多种因子，如生长因子、生长激素和酶，促进发育细胞的分化和复制。在过去的十年中，研究人员试图去了解和探索应用这些由胚胎干细胞分泌的有益旁分泌因子治疗人类疾病的可能性。

6.3.1 生长因子在干细胞增殖和维持中的作用

IGF 以外的生长因子也在细胞增殖和分化中发挥作用。碱性成纤维细胞生长因子（bFGF）已被用于在体外无饲养层培养的胚胎干细胞中[37]。bFGF 可增强人胚胎干细胞来源的间充质干细胞的脂肪细胞分化[333]。众所周知，bFGF 通过影响来自胚胎干细胞的间充质干细胞的氧化应激，协同促进这些细胞的增殖和维持[334]。FGF 通过多种分子机制促进三大类干细胞的增殖、自我更新和维持：胚胎干细胞、造血干细胞和神经干细胞[335]。

IGF 尤其是 IGF2，在胚胎干细胞的细胞代谢和有丝分裂等多个过程中发挥着关键作用[336, 337]。在体外和体内的功能实验表明，IGF 的分泌与培养的胚胎细胞的增殖、分化和凋亡等基本细胞功能有关。胰岛素和 IGF 与多个水平的细胞和系统衰老有关。这两种因子都参与了干细胞和正常细胞的细胞周期、代谢和表观遗传学等多种功能调节。在哺乳动物中，胰岛素和 IGF 结合不同的受体发挥作用。然而，它们在下游信号和通路中广泛重叠，难以区分[338]。基因组分析发现，从胚胎发生的早期阶段到最后成熟阶段，均可以检测到 IGF 多肽和转录本[339]。目前，IGF1 的治疗被证实对多种退行性疾病有益，如肌萎缩侧索硬化、视网膜色素上皮病变和年龄相关性黄斑变性[340-342]。

胚胎胰岛素与 IGF 在胎儿发育中起协同作用。它也可以直接影响脂肪祖细胞等体细胞的增殖[343]。

胚胎生长因子涉及并控制胚胎干细胞的基本特征，如增殖、分化和胚胎祖细胞的成熟[344]。胚胎干细胞分泌三种主要的生长因子：EGF、TGF 和 FGF。体外分析发现，EGF（表皮生长因子）与 STAT、ERK、Akt、MAPK 等多种信号通路相互作用。在长期培养的脂肪干细胞中，EGF 通过防止衰老和终末分化来维持增殖和多能性[345]。EGF 通过 ERK/Akt 信号通路增加毛囊来源间充质干细胞的增殖，并系统上调细胞周期蛋白 D1，下调 p16[346]。EGF 通过促进多个器官创面愈合，增强血管内皮生长因子（VEGF）和肝细胞生长因子（HGF）等有益因子的分泌，从而提高多能基质细胞旁分泌活性[347]。

TGF 是一个超家族蛋白，可通过驱动组织形态发生和器官发生，在胚胎和体细胞分化中发挥作用[348]。在胚胎发生阶段，TGF 主要通过 Sma 和 Mad 相关蛋白（SMAD）信号通路发挥作用[344]。TGF 超家族的成员利用丝氨酸/苏氨酸激酶受体启动 1 型和 2 型受体的异四聚体复合物的生物合成[349]。TGF-β 是一种多效性细胞因子，参与多种胚胎功能，如再生、稳态和增殖。在人胚胎干细胞中，TGF 成员通过其他信号通路调控的动态平衡来维持异质性[350]。一般来说，TGF-β 是一种与阿尔茨海默病等退行性疾病相关的有效生长抑制剂[351, 352]。TGF-β 超家族的其他成员，如激活素和 Nodal，是广为报道的形态发生因子，参与了胚胎干细胞分化为所有三种胚层细胞类型的过程[353]。

FGF 有助于增殖相关的功能，如自我更新、多能性和衰老。FGF 家族由 22 个已知的 FGFR 激活。FGF 功能的调节是通过 MAPK、PI3K 和 STAT 等多个通路调控的，这些通路又与 Wnt、维 A 酸和 TGF-β 通路相互作用[354]。

6.3.2　胚胎胆碱酯酶

胆碱酯酶在发育中的重要作用是形态发生。乙酰胆碱的生物合成是在不同发育阶段通过表达与乙酰胆碱结合的毒蕈碱细胞表面受体启动的。胆碱酯酶特别是乙酰胆碱酯酶（AChE），是人类胚胎干细胞神经元发育的起始酶。Paraoanu 等人[355, 356]的实验证明，人胚胎干细胞表达包括乙酰胆碱在内的所有胆碱能成分。AChE 的表达随着神经元分化的进行而逐渐增加。在成人中，人脑 AChE 信号系统维持着情绪和焦虑等行为特征。癫痫发作和癫痫持续状态可以通过改变个体的行为而引起大脑中胆碱酯酶的抑制。AChE 等胆碱酯酶功能的恢复被认为是恢复脑功能的第一步[357]。研究还发现，AChE 的作用发挥与脑源性神经营养因子的水平是同步的，脑源性神经营养因子是神经再生的关键分子[358]。

6.3.3　糖皮质激素在成体干细胞库发育和保存中的作用

糖皮质激素主要在器官发生等发育后期发挥作用。除了一过性的细胞效应，如增殖和分化，胚胎糖皮质激素还可诱导长期的胎儿发育。此外，它们还与下丘脑－垂体－肾上腺轴的发育有关，这是肺和肝脏等复杂器官发育所必需的。下丘脑－垂体－肾上腺轴的中断可影响大脑发育，导致慢性疾病易感性增高的长期影响[359-361]。在成年人中，糖皮质激素参与了人体休息和精神压力自我平衡的生理过程。其功能需通过特定的转录因子和受体来实现和维持的。

糖皮质激素是成体神经干细胞的主要效应因子。在胚胎干细胞中，糖皮质激素通过泛素作用调节细胞周期蛋白 D1 的降解，从而抑制其增殖[362]。在成体神经元干细胞中，由昼夜节律控制的糖皮质激素的超分泌使其保持静止状态并阻止其激活[363]。在成体间充质干细胞中，糖皮质激素可诱导软骨细胞分化[364]。糖皮质激素主要与成年哺乳动物的大脑和神经元衰老有关，这同样依赖于 11β-羟基类固醇脱氢酶（11β-HSD）介导的代谢过程[365]。

6.4 人胚胎干细胞的应用现状

6.4.1 人胚胎干细胞在组织再生中的作用

人胚胎干细胞具有分化为任何胚层组织的能力，因此成了组织再生的潜在来源。多个研究小组已经研究了人胚胎干细胞分化为三个不同胚层细胞谱系的能力——神经元细胞、软骨细胞[366]、脂肪细胞[367]、心肌细胞[368, 369]、肝细胞[370, 371]、造血祖细胞[372]和β细胞[373, 374]。除了分化能力，归巢（细胞与基质细胞相互作用并重新填充它们被移植微环境的能力）是成功组织再生的一个重要标准[375]。这个过程中，在分化中使用的细胞因子起着至关重要的作用。人胚胎干细胞与成熟细胞或组织共培养可促使其向所需的谱系分化[375, 376]。例如，Van Vranken 等人[376]发现，人胚胎干细胞与小鼠胚胎肺间充质共培养可增强人胚胎干细胞向肺细胞的分化。

因此，人胚胎干细胞已被探索作为一种工程组织的来源，可以在体内再现一个或多个相应组织的功能。人们已经在探索使用人胚胎干细胞，或从其来源的祖细胞使组织更好地再生为组织工程途径使用。例如，Marolt 等人[377]在 3D 支架上培养了取自人胚胎干细胞的间充质祖细胞，促进了生物反应器中大而紧凑的骨结构的形成。在免疫缺陷小鼠体内，骨植入物经过工程处理，维持了骨基质并使其 8 周成熟。换句话说，组织工程骨结构经历了成熟、血管化和重塑的过程。此外，植入物没有形成畸胎瘤，这是未分化人胚胎干细胞植入物的特征。人胚胎干细胞在神经组织工程中也有相应应用[377]。一些研究小组已经获得了多巴胺能神经元（在帕金森病中退化的神经元），并将它们移植到帕金森病大鼠模型中改善了疾病状况[378]。Cho 等人[379]还开发了一种从人胚胎干细胞大规模生产多巴胺能神经元的有效方案，使科学更接近于符合监管标准的应用。Song 等人[380]将胚胎干细胞分化为神经祖细胞，并将其移植到亨廷顿病大鼠模型中，发现其症状有改善。类似的方法应用于脊髓损伤模型也显示出很好的治疗结果。Rossi 等人[381]在大鼠脊髓损伤模型中证实，来自人胚胎干细胞的运动神经元可以促进其功能的恢复。这种方法在治疗以运动神经元丧失为特征的运动神经元疾病方面也很有前景。因此，人胚胎干细胞是衰老和神经退行性变性疾病中组织再生的潜在来源，为开展相关治疗提供了新思路。

6.4.2　人胚胎干细胞在年龄相关性疾病中的作用

衰老过程带来的身体功能下降在各种疾病的病理生理学中都发挥着至关重要的作用[382]。对抗和治疗老龄化相关疾病的需求正逐渐成为卫生保健部门的关注重点[383]。组织修复治疗可能依赖于人胚胎干细胞来源的组织祖细胞的体内移植。若上述方法有效，则可以成功地将人胚胎干细胞来源的组织祖细胞功能性移植到宿主组织上[384]。在过去的几十年里，人胚胎干细胞已经成为一种再生医学的主要来源[385]。一些研究已经在促进人胚胎干细胞分化为胰腺 β 细胞、成骨细胞、心肌细胞、脂肪细胞和神经细胞方面取得了积极的结果[386]。因此，人胚胎干细胞的多能性和自我更新特性在发育生物学、基因组学基因治疗、组织工程和转基因过程以及免疫遗传疾病、肿瘤、青少年糖尿病、神经退行性变性疾病、脊髓损伤和眼相关疾病的治疗方法等领域具有广泛的应用价值[387]。

黄斑变性

在一些退行性疾病中，包括涉及大脑和眼睛的疾病，人胚胎干细胞被认为具有潜在的治疗作用[388]。神经外胚层来源的视网膜色素上皮通过各种机制支持其上覆的光感受器细胞的功能和存活，包括视觉色素的循环和视紫红质外段的吞噬[389, 390]。年龄相关性黄斑变性是一种多因素导致的疾病，以视网膜色素上皮变性和中心视力进行性退化为特征[391]。临床分为早期（中等大小视网膜水肿或视网膜色素改变）和晚期（新生血管和萎缩）阶段[392]。主要有两种类型，干型（萎缩性）和湿型（新生血管或渗出性）。由细胞应激源，即二维 A 酸吡啶乙醇胺（A2E）介导的基因缺陷，增强了可能的有毒代谢物在视网膜色素上皮中的沉积，触发细胞降解，潜在的细胞死亡和进行性中枢萎缩[393, 394]。儿童和青壮年黄斑变性最严重的原因是 stargardt 病[395]。该病起因于 ABCA4（ATP 结合盒，亚家族 A，成员 4）基因变异，该基因与一系列疾病症状和视力受损有关[396]。

目前尚无明确的视网膜再生疗法。用人胚胎干细胞再生视网膜色素上皮可增加覆盖在上面的感光细胞的存活率，并在一定时间内维持视力稳定[397]。视网膜色素上皮是从无血清环境中在烟酰胺和激活素 A 作用下的人胚胎干细胞分化而来[398]。在动物黄斑变性模型移植中，从人胚胎干细胞中提取的色素细胞显示了视网膜色素上皮的形态和功能特征[399]。萎缩性老年性黄斑变性的关键特征与 stargardt 病相同，包括进行性萎缩，也可从人胚胎干细胞来源的视网膜色素上皮的视网膜下治疗中获益[400]。最近的临床试验显示，在患有萎缩性年龄相关性黄斑变性和stargardt黄斑营养不良的患者中，人胚胎干细胞在移植后可存活长达37个月，提示这是一种潜在安全的新细胞来源，可用于由组织丢失或功能障碍引起的可修复视网膜疾病的早期治疗[401]。一项类似的人胚胎干细胞来源的视网膜色素上皮移植研究表明，晚期stargardt病患者出现了视网膜下色素沉着[402, 403]。临床试验的启动将进一步引导人胚胎干细胞的研究，以治疗退行性疾病，在干细胞生物学和老年治疗领域期待着巨大的成功。

神经退行性变性疾病

衰老可从多个方面影响大脑的功能，如神经元和代谢修饰、错误折叠蛋白积累、升高的氧化应激、自噬、线粒体功能受损、活性氧介导的DNA损伤、RNA介导的毒性和自我修复能力降低等[404]。心理衰老异常是通过特定神经回路的各种系统和功能改变导致认知障碍[405]，感觉运动反应减弱，并显著增强神经退行性变性疾病的易损性[406]。这包括帕金森病[407]、肌萎缩侧索硬化[408]、额颞痴呆[409]、亨廷顿病[410]和阿尔茨海默病[411]。许多分子通路，包括Nrf2、SIRT、IGF、mTOR、活性氧信号和TGF-β，代表了神经退行性变性疾病中涉及的衰老过程的病因学特征[412, 413]。患病的可能性和流行病学概率很难确定，因为在绝大多数病例中没有一个确定的遗传因素[414]。

近几十年来，由人间充质干细胞和人胚胎干细胞组成的干细胞治疗作为与衰老相关的中枢神经系统疾病的一种潜在临床替代治疗方案发展迅速[415]。来自人胚胎干细胞的神经元干细胞成功植入脊髓损伤部位，并通过增强过氧化物酶体增殖物激活受体γ共激活物1α（PGC-1α）呼吸亚单位表达和线粒体生物合成激活脊髓运动神经元[416-418]。人胚胎干细胞可用于治疗多种功能性退行性疾病，如帕金森病。帕金森病的特征是选择性消耗多巴胺能神经元，导致中脑黑纹状体的退化[419]，因此，在帕金森病治疗中，可以引导人胚胎干细胞分化为多巴胺能表型，以替代退化细胞[420]。由于C9orf72基因表达导致重复延伸，使得用于核运输的Ran鸟嘌呤核苷酸交换因子的定位缺陷，这一发现使得我们对肌萎缩侧索硬化和额颞痴呆的认识发生了革命性改变[421, 422]。同样，肌萎缩侧索硬化和额颞痴呆患者的FUS蛋白突变显示低复杂性FUS蛋白的核浆定位被破坏，无法建立神经肌肉连接[423, 424]。因此，这表明这两种因素可以在核孔水平产生作用，以促进蛋白质定位异常、神经元功能障碍，最终引起神经变性。将人胚胎干细胞来源的运动神经元前体移植至肌萎缩侧索硬化运动神经元功能障碍动物模型中，证明了通过获得运动神经元特异性神经营养强化来救活垂死的运动神经元的能力，这可能是治疗肌萎缩侧索硬化的有效技术手段[425]。有一些临床试验（表 2.2）探讨了在肌萎缩侧索硬化早期将人胚胎干细胞中提取的星形胶质细胞（称为 AstroRx）注入脊髓的治疗情况[426, 427]。目前几乎没有任何方法可以治愈这种疾病。同样，目前的研究描述了从人胚胎干细胞中提取的脑器官模型的应用，可能会解决神经退行性变性疾病的临床问题[428, 429]。涉及人胚胎干细胞的临床前试验可能有助于对抗神经退行性变性疾病，但动物实验和人体研究之间的微弱相关性值得注意。

表2.2 已发表和正在进行的使用人胚胎干细胞来源细胞的临床试验总结

序号	临床应用	适应证	研究题目	治疗方法	阶段	NCT 编号	状态
1	与年龄相关的心血管疾病	缺血性心脏病	严重心力衰竭的人胚胎干细胞来源的祖细胞移植	人胚胎干细胞来源的祖细胞	I	NCT02057900	完成
2	与年龄相关的眼病	年龄相关性黄斑变性	人胚胎干细胞来源的视网膜色素上皮治疗黄斑变性疾病的安全性监测研究	人胚胎干细胞来源的视网膜色素上皮	I / II	NCT03167203	邀请募集中
		干性老年性黄斑变性	人胚胎干细胞来源的视网膜色素上皮治疗干性老年性黄斑变性疾病	视网膜色素上皮移植	I / II	NCT03046407	募集中
		干性黄斑变性、地图样萎缩	人胚胎干细胞来源的视网膜色素上皮在晚期干性年龄相关性黄斑变性视网膜下植入的研究	CPCB-RPE1	I / II	NCT02590692	进行中，停止募集
		干性老年性黄斑变性	视网膜色素上皮下移植治疗老年性黄斑变性疾病	视网膜色素上皮移植	I / II	NCT02755428	募集中
		干性老年性黄斑变性	探索人胚胎干细胞来源的视网膜色素上皮在晚期干性年龄相关性黄斑变性患者视网膜下移植的安全性和耐受性的一项 I / IIa 期、开放标记、单中心前瞻性研究	MA09-hRPE	I / II	NCT01674829	进行中，停止募集

序号	临床应用	适应证	研究题目	治疗方法	阶段	NCT编号	状态
		干性老年性黄斑变性	人胚胎干细胞来源的视网膜色素上皮在晚期干性老年性黄斑变性患者视网膜下移植的安全性和耐受性	MA09-hRPE	I / II	NCT01344993	已完成
		老年性黄斑变性	OpRegen治疗晚期干性老年性黄斑变性的安全性和有效性研究	OpRegen	I / II	NCT02286089	募集中
		老年性黄斑变性	年龄相关性黄斑变性患者视网膜下移植人胚胎干细胞来源的视网膜色素上皮的长期随访研究	MA09-hRPE		NCT02463344	已完成
		老年性黄斑变性	急性湿性老年性黄斑变性患者视网膜色素上皮植入的研究	PF-05206388	I	NCT01691261	进行中,停止募集
		老年性黄斑变性	B4711001患者视网膜色素上皮安全性研究			NCT03102138	进行中,停止募集
		干性老年性黄斑变性	hESC-RPE体细胞核移植在晚期干性年龄相关性黄斑变性患者视网膜下移植的安全性和耐受性研究	hESC-RPE体细胞核移植	I	NCT03305029	未知状态
		stargardt病	人胚胎干细胞来源的视网膜色素上皮视网膜下移植治疗stargardt病患者的安全性和耐受性的随访研究	hESC-RPE		NCT02941991	已完成
		stargardt病	人胚胎干细胞来源的视网膜色素上皮视网膜下移植治疗stargardt病患者的安全性和耐受性研究	MA09-hRPE	I / II	NCT01469832	已完成
		stargardt病	stargardt病患者视网膜下移植人胚胎干细胞来源的视网膜色素上皮研究	MA09-hRPE	I / II	NCT01345006	已完成
		stargardt病	人胚胎干细胞来源的视网膜色素上皮视网膜下移植在stargardt病患者中的安全性和耐受性研究	MA09-hRPE	I	NCT01625559	未知状态

序号	临床应用	适应证	研究题目	治疗方法	阶段	NCT编号	状态
		stargardt病	stargardt病患者视网膜下移植人胚胎干细胞来源的视网膜色素上皮的长期随访	MA09-hRPE		NCT02445612	已完成
		黄斑变性，stargardt病	人胚胎干细胞来源的视网膜色素上皮视网膜下移植治疗黄斑变性疾病的临床研究	视网膜下移植	I / II	NCT02749734	未知状态
		黄斑变性，stargardt病	视网膜外变性的干细胞治疗	悬浮注射hESC-RPE注入种植在底物中的hESC-RPE	I / II	NCT02903576	未知状态
		黄斑变性，stargardt病	人胚胎干细胞来源的视网膜色素上皮视网膜下移植治疗黄斑变性疾病的临床研究	视网膜下移植	I / II	NCT02749734	未知状态
		近视黄斑变性	来自干细胞的视网膜细胞对近视黄斑变性的研究	MA09-hRPE	I / II	NCT02122159	撤销
		视网膜色素变性	临床人胚胎干细胞来源的视网膜色素上皮视网膜下移植治疗视网膜色素变性的安全性和有效性	视网膜色素上皮移植	I	NCT03944239	募集中
		视网膜色素变性	人胚胎干细胞来源的视网膜色素上皮移植治疗单基因突变视网膜色素变性患者的干预研究	人胚胎干细胞来源视网膜色素上皮	I / II	NCT03963154	募集中
3	神经退行性变性疾病	肌萎缩侧索硬化	患者星形胶质细胞移植评价的研究	AstroRx		NCT03482050	募集中
		帕金森病	人胚胎干细胞来源的神经前体细胞治疗帕金森病的安全性和有效性研究	神经前体细胞移植，药物：左旋多巴	I / II	NCT03119636	募集中
		神经退行性变性疾病	神经系统疾病患者捐赠体细胞诱导多能干细胞的发育研究			NCT00874783	募集中

序号	临床应用	适应证	研究题目	治疗方法	阶段	NCT编号	状态
4	半月板退行性改变	半月板损伤	人胚胎干细胞来源的间充质干细胞样细胞治疗半月板损伤的安全性观察	人胚胎干细胞来源的间充质干细胞样细胞	I	NCT03839238	进行中，停止募集
5	子宫退行性改变	子宫内粘连	人胚胎干细胞来源的间充质细胞治疗中、重度宫腔粘连的临床安全性研究	注射干细胞制备液，注射干细胞	I	NCT04232592	募集未开始
6	慢性退行性疾病	1型糖尿病	1型糖尿病的干细胞教育治疗	设备：干细胞孵箱	II	NCT01350219	募集中
7	细胞系的衍生和分化	TBX3，细胞分化	TBX3在人胚胎干细胞分化中的作用			NCT00581152	未知状态
		不孕症	经植入前遗传学诊断的人胚胎干细胞系衍生			NCT00353210	募集中
		不孕症	用于临床的新的人胚胎干细胞系衍生			NCT00353197	募集中
		正常健康胚胎	新的人胚胎干细胞系的来源：生殖细胞发育指导因素的鉴定			NCT01165918	未知状态

退行性心血管疾病

随着年龄的增长，心血管修复能力逐渐减退，这成为心血管疾病的重要风险因素[430]。心脏纤维化和淀粉样变等情况的参与是心血管疾病的病理基础[431]。尽管心血管疾病患者的预后有所好转，但过去几年的病死率并没有改变[430]。因此，有必要寻找替代策略来治疗心血管疾病[432]。近年来，心脏再生的可能性增加了细胞疗法的前景，为新疗法提供了一种选择[433]。在成人心脏和周围组织中均观察到心肌细胞和血管细胞的生成，可以替代受损的心肌和血管组织，如内皮祖细胞[434]。然而，年龄相关性改变可能导致内源性心血管修复系统功能障碍，在这些发现中，心血管干细胞/前体细胞似乎不足以预防老年人的心血管疾病[430]。在心血管疾病中起关键作用的信号途径包括PI3K/Akt、糖皮质激素、Wnt信号通路、mTOR、FoxO、炎症和自噬通路[435-440]。最近的研究进展通过应用无糖、富乳酸培养基或通过筛选高线粒体膜电位，使从充分分化的人胚胎干细胞中成功获得心肌细胞成为可能[441, 442]。据报道，心肌细胞标记物的表达可从人胚胎干细胞中生成纯心肌细胞群，进一步有助于区分心肌细胞与其他细胞群[443]。为了研究与心血管疾病相关的大量基因 / 表观遗传因素，在体外人胚胎干细胞被广泛用于获得心肌细胞。将从人胚胎干细胞提取的心肌细胞注射到非人灵长类动物的衰竭心肌中，可以促进心脏再生；但由于注射的细胞表型异常，导致异位心律失常的发生率较高，影响了治疗效果[444]。即使如此，在这一领域也取得了一些进展，日本政府批准了将从人类多能细胞中获得的心肌细胞心脏薄片移植用于治疗心脏病的试验[445]。

子宫内膜退化

女性生殖系统中激素水平的变化主要与年龄有关[446]。孕龄晚会出现生育力下降和一些生育的负面影响[447]。衰老会对女性生殖系统造成不利影响[448]。已发病的高龄孕妇更容易患有与心理需求相关的新疾病[449]。PI3K/Akt、PTEN 和 mTOR 信号通路主要参与了卵母细胞发育[450-452]。卵母细胞的破坏会引起与衰老相关的信号通路的改变。衰老的母体线粒体缺陷可能会增加染色体异常的潜在风险，一些代谢性疾病的发生提示高龄产妇会增加 21- 三体综合征的风险[453]。卵巢衰老会出现原始卵泡生成的逐渐减少，因为卵巢功能在女性寿命的一半之前就停止了。一种相当普遍存在的子宫内膜疾病，即阿谢曼综合征[454]，又称为子宫腔粘连综合征。被认为是妇产科领域再生干细胞治疗的潜在疾病。阿谢曼综合征是一种妇科疾病，主要是由于需要将工具置入子宫内的手术引起的发生在子宫腔和子宫壁的宫腔内粘连[449]。阿谢曼综合征有各种体征和症状，即月经不调和不孕。宫腔镜是最常见的治疗手术，需要手术切除纤维束[455]。大量的动物研究和临床试验专注于利用生物材料改变干细胞。年龄因素与不孕问题相关。在广泛的宫内粘连治疗后，35 岁以下的女性比 35 岁以上的女性怀孕的概率更高[456]。干细胞可能能够重建原始卵泡和恢复卵母细胞的供应，为在体内和体外克服女性生殖效率不断下降的新方法研究提供了令人兴奋的前景。尽管成体干细胞治疗正在取得进展，但研究表明，它不仅导致正常或受损子宫内膜的增殖和再生，甚至可能促进子宫内膜异位症的产生[457]。在诱导多能干细胞培养中，通过激活素 A 和 Wnt 通路激活剂产生了第一个人类卵原细胞[458]。这项研究促进了基于再生人胚胎干细胞的治疗实施可能性，并有可能在对临床有利的情况下，找到一种稳定和有效的方法来调控与衰老相关的卵巢衰竭和绝经的发展。

糖尿病

糖尿病是一种内分泌疾病。由于绝对（1 型）或相对（2 型）胰岛素缺乏导致血糖异常增高，最终导致高血糖。进行性退行性 1 型糖尿病表现出严重的血糖失调，伴随有自身免疫引起的 β 细胞活性衰竭和长期的高血糖并发症[459]。糖尿病和正常生理衰老过程一样，会发生多器官系统衰竭，但糖尿病会在较早的年龄发生，这是由不同的生物机制引发的。与其他疾病类似，衰老[460] 也是糖尿病的风险因素之一，提示与细胞衰老有关[461]，可能对日益增多的健康问题产生重大影响，并增加了糖尿病患者的负担。糖尿病的发病机制主要包括祖细胞库减少、mRNA 处理异常、蛋白质平衡紊乱、DNA 损伤修复失败、细胞衰老、分化能力下降、免疫细胞入侵、在缺乏特定病原体的情况下促炎细胞因子的激活，以及与基本衰老过程相关的纤维化改变[462, 463]。目前，胰岛细胞移植在一组 Edmonton 方案的 1 型糖尿病患者中是一个很有前景的治疗，表明移植细胞可以减少糖尿病并发症[464]。然而，胰岛的获取不足仍然是胰岛移植有效性的关键问题。因此，胰腺 β 细胞功能恢复的需求产生了对干细胞如何产生胰岛素分泌细胞的研究，用于糖尿病的临床评价。据报道，在体外缺氧条件下，补充维 A 酸可通过人胚胎干细胞向内分泌细胞分化促进 β 细胞的生长和成熟[465]。人胚胎干细胞具有特异性的免疫豁免特征，因此其移植发生免疫排斥反应的可能性较小[466]。临床前研究已经证明了海藻酸盐包被的人胚胎干细胞分化的成熟 β 细胞的功能，当移植到糖尿病小鼠模型时，该模型成功地诱导了血糖调节[467]。最近的一项研究表明，在体内和体外缺氧环境下，通过一种新的分化方案从人胚胎干细胞中获得的胰岛素产生细胞能够改善高血糖，并降低炎症细胞因子 IL-1 β 的水平[465]。

6.4.3　人胚胎干细胞与类器官再生

在多细胞生物体中，分化的细胞组成组织，这些组织根据其结构和功能进一步组成器官，并作为器官系统共同发挥功能。为了在培养皿中再现器官，可以模拟组织发育的生化和物理过程生成类器官（图 2.3）[468]。胚胎干细胞生成器官的过程涉及人胚胎干细胞分化为特定的细胞谱系，并为其提供合适的支架和生化条件，使其自组织并形成组织特异性的类器官[469-474]。

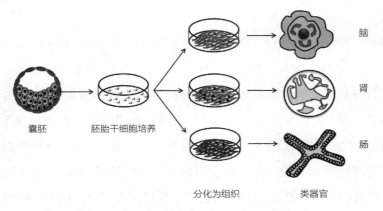

图2.3　来源于胚胎干细胞的类器官

　　一些遗传、分子和细胞因子对细胞和组织的正常功能至关重要。除了调节分子信号传递的可溶性因子和转录因子，细胞在局部微环境中与相邻细胞和细胞外基质的空间相互作用对细胞的正常功能发挥至关重要。这些相互作用是由一组称为黏附分子的膜蛋白调节的[475]。由于这些原因，体外 3D 培养就有很大的优势，并做出了重大贡献。由天然或合成材料制成的组织工程支架有助于体外形态发生，并可维持其结构和功能。这些特点是至关重要的，因为构建物在植入后将与宿主组织整合在一起。这些原理及分子信号通路在体外类器官产生中发挥作用。

　　类器官培养在模拟人类发育和疾病方面作用突出。通过类器官培养产生不同器官系统的组织为更好地理解器官发生、涉及不同疾病的基因功能以及宿主内移植组织的相互作用奠定了基础[476]。全球各地的各种研究小组都在探索各种应用。例如，Takasato 等人[471]创造的肾类器官塑造了肾组织结构，其中节段肾元连接到集合管，被肾间质细胞和内皮网络包围，被证明是功能成熟的。Lancaster 等人[470]从人胚胎干细胞分化了大脑器官——大脑不同区域的 3D 器官培养系统。大脑类器官包括具有前体细胞群的大脑皮质，这些前体细胞群可以形成成熟的皮质神经元，并可以模拟人类皮质发育[469, 470]。该小组还使用患者来源的诱导多能干细胞模拟了小脑畸形[469]。Matsui 等人[477]从培养 6 个月的人胚胎干细胞中生成了类器官，观察到成熟的大脑类器官含有神经干细胞、星形胶质细胞、少突胶质细胞和功能神经元。这些研究进展强调了类器官培养在模拟衰老、神经变性和神经发育方面的潜力。这些模型将有助于筛选候选药物，也有助于了解神经系统疾病的分子途径。

7. 道德限制

尽管由于人胚胎干细胞多能性的优势，使得其在医学上有巨大的应用潜力，但在其使用方面存在许多伦理限制。传统上，人胚胎干细胞的来源是从体外受精－胚胎移植培养的着床前胚胎中提取的细胞。干细胞也可以从胚胎的4细胞、8细胞和16细胞阶段发育的单个卵裂球中分离出来[478]。

在使用人胚胎干细胞的过程中出现的伦理问题之一，就是需要获得全体相关人员的知情同意，包括配子供体、胚胎供体和干细胞受体[479]。通过获得知情同意，规避了开发人胚胎干细胞的伦理约束，最大限度地降低了开发过程中的不确定性。Landry 和 Zucker[480] 提出了另一种绕过使用人胚胎干细胞伦理困境的方法，他们建议使用死亡胚胎来获得多能干细胞。这篇文章定义了不能发育成活胚的胚胎，并将其与生物体死亡区分开来。Laverge 等人[481] 报道，许多胚胎出现卵裂停止；不适合子宫着床。因此，出于移植的目的，这些胚胎被搁置了，但这些细胞是细胞的嵌合体，其中一些细胞没有任何染色体畸变，而正是从这些正常细胞中可以获得人胚胎干细胞[480, 481]。然而，当一个细胞（卵裂球）被用于生成胚胎干细胞时，保证胚胎不会受到伤害是进行胚胎干细胞研究的另一个关键方面[478, 482]。通过在人胚胎干细胞的研究中应用这些措施，围绕它的伦理问题一定会得到解决。此外，由不同级别的伦理委员会（机构、国家和国际）逐案调查和批准个人研究提案，均可视为对涉及人胚胎干细胞的研究提供伦理上可接受的审核流程指南的监管机构[478]（表2.3）。

表2.3　为人胚胎干细胞研究提供伦理指导的全球监管机构

国家	监管框架/指南
美国	National Institutes of Health (NIH); Food and Drug Administration (FDA)
英国	National Research Ethics Service (NRES); Medicines and Healthcare Products Regulatory Agency (MHRA)
欧洲多国	European Medicines Agency (EMA)
澳大利亚	Australian Health Ethics Committee (AHEC)
新西兰	Ministry of Health
印度	Indian Council of Medical Research (ICMR); Department of Biotechnology (DBT)
中国	Beijing Ministry of Health Medical Ethics Committee; Southern Chinese Human Genome Research Centre Ethical, Legal, and Social Issues Committee (ELSI)

国家	监管框架/指南		
日本	Council on Science and Technology (CST) Bioethics Committee		
新加坡	Bioethics Advisory Committee (BAC)		
南非	National Health Act; Medicines Control Act		

因此，人胚胎干细胞被用作再生治疗的细胞资源，在中枢神经系统疾病的再生治疗中可能被证明是有价值的。然而，伦理问题促成了干细胞替代来源的研究。此外，胚胎干细胞正被诱导多能干细胞和体细胞疗法取代，以解决与胚胎来源材料使用有关的伦理问题，并为移植提供自体细胞来源。此外，对于干细胞为基础的治疗，同一分化可形成多个类型的体细胞可能是一个缺点。一些研究表明，移植到动物体内的人胚胎干细胞分化较差，迁移能力不足，在某些情况下还会出现畸胎瘤或肿瘤。同种异体干细胞移植也可能引起移植细胞的宿主组织的排斥反应。这些问题阻碍了人胚胎干细胞的转化医学应用。

8. 结论

近年来，对于修改人胚胎干细胞的独特性从而防止其老化的研究逐渐成为热点，同时成为生物体老化研究领域的一个扩展话题。综上所述，人胚胎干细胞在神经退行性变性疾病、年龄相关性黄斑变性、退行性心血管疾病等年龄相关性疾病的再生治疗领域具有巨大的潜力。人胚胎干细胞的自我更新和多能性的内在特性，以及它们分泌的有益分子，为设计基于细胞治疗这些退行性疾病提供了基础。在这个方向上，多个研究小组破译了人胚胎干细胞未分化和分化状态下的代谢和表观遗传变化，设计了促进分化的支架，并开发了在培养皿中制造类器官的策略。尽管人胚胎干细胞在年龄相关性疾病领域已开展应用，但确定其在衰老过程中的功能仍然是一个巨大的挑战。

利用干细胞进行抗衰老再生治疗将为改善老年人和患者的健康状况奠定基础。关于人胚胎干细胞的研究可能会使得长寿基因再现活力，通过减缓衰老来促进长寿，最终在年龄相关性疾病治疗方面取得巨大进展，并解决围绕它的伦理问题。因此，解开人胚胎干细胞中涉及的分子机制将有助于开发新的抗衰老疗法，这可能有助于逆转衰老周期，并帮助更多的人保持年轻和健康。

扫码查询
原文文献

第三章

干细胞衰老与创面愈合

Vijayalakshmi Rajendran, Mayur Vilas Jain, Sumit Sharma

1. 简介

衰老是一切生命体都会发生的自然生理过程。虽然衰老导致的组织结构改变在外观上尤为显著，但与这种外观结构老化相比，同时发生的功能性退化才是引起生命体重要功能损伤的主要原因[1, 2]。一般来说，大多数疾病、失调和退行性改变的发生率和易感性与衰老密切相关。同时，与衰老相关的另一项主要功能障碍就是对创面愈合的影响[3]。创面愈合是对组织损伤所做出的一种复杂的生理反应，它涉及不同类型的细胞、生长因子和细胞因子的聚集。在正常状态下，为了恢复组织的完整性，由上述因子介导的愈合过程需经历止血、炎症、增殖（复制和合成）和重塑四个重要阶段[4]。然而，随着年龄的增长，组织自我修复和再生的能力大大下降。除了糖尿病、肥胖等潜在因素外，衰老与创面愈合不良直接相关，具体表现在受损组织的强度、弹性降低和新生血管减少[5]。

在稳态条件下，干细胞池在特定的小环境（干细胞龛）中保持静止，或者在高代谢率组织中活跃并增殖，通过分化为定向祖细胞来修复受损组织[6]。这种内源性的修复系统对组织的及时修复再生有重要意义，然而这种功能却会随着干细胞的衰老而变得逐渐低效[7]。器官衰老引起的结构和功能变化可诱发不受控制的组织纤维化，从而引起瘢痕形成，进而增加发病率和死亡率[8]。

衰老会引发体内多种不良事件的级联反应，包括干细胞产量、体内平衡的维持、多系分化、细胞外基质的合成和重塑、细胞间通信及免疫调节等功能的明显衰退 [7, 8]。干细胞老化是年龄相关性组织退化的主要原因之一。由衰老所触发的从静止到老化的转换引发了干细胞龛的损伤和干细胞的衰退。干细胞衰老的速度和其所带来的影响在不同的组织中表现各不相同 [9]。

本章内容包括现阶段人们对干细胞老化和与之相关的创面愈合不良问题的观点，在炎症、组织变性和纤维化的背景下，对不同类型干细胞老化的关键内容进行了综述。此外，我们还简要讨论了一些外在策略，提出了调节体内干细胞生理学的最佳线索，避免与衰老相关的组织修复和组织再生的缺陷。

2. 干细胞衰老与炎症

在创面愈合过程中，精准的细胞炎症因子和生长因子含量变化介导细胞－细胞/细胞－基质之间相互作用，可帮助人们实现无瘢痕愈合 [10]。但创面正常愈合过程中至关重要的瞬时炎症模式会因为衰老因素而被不断过度表达，这个现象被认为与由创伤所导致的创伤相关分子模式有关 [11]。细胞老化能导致一个慢性炎症的微环境，它是通过提高活性氧、炎症细胞浸润、细胞因子、生长因子、金属蛋白酶等水平而实现的，在这种环境中，细胞外基质被破坏，并最终导致创面愈合不佳 [10]。在衰老过程中，持续存在的系统性促炎因子如 IL-6、肿瘤坏死因子 α（TNF-α）、γ 干扰素（IFN-γ）和 C 反应蛋白等，已经被证明与多种慢性退行性疾病高度相关，如老年人群中常见的动脉粥样硬化、类风湿关节炎和神经退行性变性疾病等 [12, 13]。在一项以年龄为基础的研究中，人们注意到了"年龄相关性炎症－炎性老化"这一现象，并证实了干细胞数量的下降与组织再生耗时之间的直接相关性 [7, 14]。这种炎症刺激导致免疫功能老化，进而导致衰老加速和衰老相关再生修复障碍。

为了解创面愈合中的干细胞行为，了解与衰老相关的促炎环境和组织特异性干细胞龛之间的相互作用具有重要意义 [15]。炎症信号破坏了体内稳态和它们在主要干细胞龛——骨髓中克隆繁殖的平衡。间充质干细胞和造血干细胞的分化和增殖能力因炎症机制而受影响，这点可以从骨髓来源干细胞的功能和表型之间的非相关性中反映出来。此前已有研究表明，相较于成骨和成软骨分化，衰老的间充质干细胞更倾向于分化为脂肪 [16]。在骨髓间充质干细胞中，这种年龄相关性的脂肪转变倾向已被证明与老年患者骨形成不良有关 [16, 17]。此外，自噬这种涉及有害细胞成分降解的基本机制，已被证明与骨生成有关，其作用也会随着衰老而减退[18]。同时，研究也证明骨再生的延迟或缺陷与核因子κB（NF-κB）介导的炎症有关[7]。该研究还证实骨骼干细胞更新频率下降会导致骨愈合不良。在衰老过程中，间充质干细胞自身的免疫调节功能也受到了损害，因为衰老的间充质干细胞所分泌的蛋白质组转变为IL-6、IL-8、IFN-γ、单核细胞趋化蛋白（MCP）和基质金属蛋白酶（MMP），而不是间充质干细胞常规分泌的抗炎细胞因子和外泌体[19]。

炎性老化也被证明会影响骨髓中造血干细胞（造血干细胞）的分化和动员。尽管衰老会使先天性免疫和获得性免疫均受影响，但衰老的造血干细胞更倾向于分化为骨髓系亚群，而不是淋巴祖细胞（B细胞和T细胞前体）[16, 20]。用脂多糖诱导的老年小鼠显示B淋巴系统受损[21]。在与年龄相关的炎症环境中，Klf 5、Ikaros家族锌指蛋白1和STAT3等转录因子的表达急剧增加，这些转录因子与髓样偏倚有关[22]。值得注意的是，随着衰老导致的Toll样受体（TLR）、NF-κB和T细胞激活性低分泌因子（RANTES）/mTOR等炎症信号通路的激活，均伴随着骨髓生成的偏增[22]。因此，局部微环境中衰老相关分泌表型（SASP）的存在刺激了干细胞生态龛的功能下降和分化命运的失调，从而阻碍了创伤组织的再生[13]。此外，在髓系前体和间充质干细胞中观察到，与衰老相关的干细胞表型及其相关因子的全身释放同样对创面愈合不利。

3. 在组织退化中的作用

由于干细胞老化导致不同组织再生性能的渐进性下降，因此，了解来自局部和系统环境的物理和化学信号对组织内环境稳定和修复有重要作用[1]。然而，控制干细胞活性的信号和每个组织中保留的干细胞数量随着年龄增长而减少[23]。体内与衰老相关的异常信号促使受损组织出现病理性修复，表现为纤维化[24]。在衰老相关肌肉功能障碍的病例中，由于信号转导和成肌分化因子的改变，研究者发现严重功能信号缺陷的肌肉干细胞移植成活率不良[13]。在体内实验环境下，对年轻小鼠和老年小鼠肌肉干细胞的比较研究表明，老年肌肉干细胞在自我更新和肌纤维形成方面表现出明显的缺陷[25]。在衰老相关肌肉障碍——肌肉减少症的发病机制中，老化的肌肉干细胞表现出衰老表型并伴有快速自我修复功能的障碍[13, 26]。

衰老过程中，代谢和表观遗传的变化增多会导致有毒代谢物的积累、大分子链的损坏，以及更高的出错率等，这些改变都会对组织常驻的静止干细胞的合成和调节周期造成不同程度的干扰[27]。静止干细胞的 DNA 损伤导致端粒变短，这标志着衰老的开始[27]。与 SASP 相关的反转录转座子（移动 DNA 片段）的产生和染色质组织的破坏诱导了静止细胞之间异常的基因表达和基因组排列。虽然，一般来说，表观遗传改变从休眠状态激活干细胞，但在衰老过程中，参与休眠干细胞激活的分子回路的复杂性变得更加容易受到 DNA 损伤、转录 / 翻译功能障碍和线粒体畸变的影响[27]。此外，代谢信号的剧烈变化被证明与限制代谢活动和低耗氧量直接相关。年龄相关性干细胞功能衰退也被发现对线粒体活动高度敏感，因为它们可以影响细胞中的 DNA 甲基化率[9, 28, 29]。衰老的造血干细胞和间充质干细胞表现出 DNA 甲基化模式的改变，端粒磨损缺失和活性氧积累增多，这是由于抑制自噬功能后，干细胞分化的结构 / 功能缺陷所导致的[30]。

此外，内皮祖细胞也被证明由于出现了与衰老相关的外部信号而失去调节稳态。它们的促血管生成功能的受损是由氧化应激水平升高、活性氧积累和一氧化氮下调所导致的，这会影响血管生成和创面愈合的活性[16]。研究发现，衰老间充质干细胞的 VEGF、SDF-1 和 Akt 的表达降低，因此，它们的血管生成潜力大大降低了[23]。

总的来说，功能性干细胞数量和相关旁分泌因子的减少会导致组织损伤和组织修复延迟。衰老过程中干细胞功能恶化的机制可能来源于以下两个原因：其一是干细胞分裂的不可逆阻滞导致的细胞衰弱 / 衰老，其二是由于干细胞衰竭和组织特异性干细胞储备的耗尽[29]。与年龄相关的内在（DNA 损伤、线粒体功能障碍）和外在（炎症因子、干细胞生态位缺陷、血管生成可溶性因子）损伤的增加，会导致组织的生化和生物力学特性发生变化，这种变化又会引起组织进行性的功能障碍和损伤，并最终导致组织退化。

4. 在纤维化中的作用

众所周知，衰老是纤维化疾病的一个重要的诱发因素。纤维化的典型特征是由于细胞外基质的过度堆积所导致组织瘢痕和硬化[31]。一般来说，细胞和细胞成分都参与了创面愈合过程。在创面愈合过程中，非细胞成分的细胞外基质，尤其是这其中的胶原蛋白或其他纤维蛋白，如纤维连接蛋白、弹性蛋白、层粘连蛋白、蛋白多糖、血栓反应蛋白、生腱蛋白和玻连蛋白等，都为创面修复提供了一个临时的支架；而聚集在创面区的单核细胞 / 巨噬细胞、中性粒细胞、成纤维细胞、内皮细胞等各种类型的细胞则能够与新生的细胞外基质相互作用，最终实现组织稳态和完整性的恢复 [4, 10]。细胞外基质是细胞的动态组成部分，协调细胞间和细胞内的各种活动 [8]。细胞外基质组分的改变及其与细胞之间高度精准的生化作用在创面愈合过程中起关键作用 [32]。

调控细胞外基质重塑的主要酶蛋白是 MMP[8, 10]。MMP 是一种内肽酶，可裂解细胞外基质蛋白中的肽键，并导致不同生化反应的连续激活，包括细胞 – 细胞相互作用、细胞 – 基质相互作用及生长因子的释放 [10]。在稳态条件下，细胞外基质中MMP 和其他纤维蛋白的独特比例决定了组织变性和重塑的速率（图 3.1）[10]。细胞外基质合成 / 降解平衡的精准调控，决定了细胞是正常生理状态的还是发生了病理性变化 [9]。这种微妙的平衡决定了组织中驻留的成体干细胞通过细胞因子和生长因子的旁分泌，在组织的正常修复和功能中发挥作用 [4]。

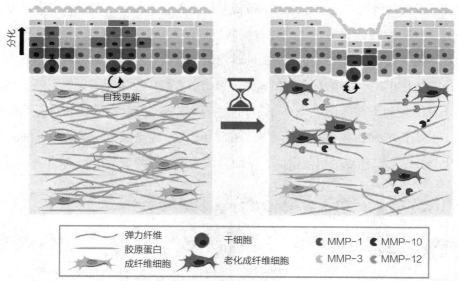

图3.1 衰老组织创面修复重建过程示意图。这一过程展示了衰老如何改变MMP的表达和干细胞的稳态，这对一个功能性组织至关重要。衰老过程中老化成纤维细胞和MMP的表达和积累已经被证明会影响正常的创面愈合。

在与衰老相关的组织重塑中，细胞外基质蛋白、胶原蛋白和弹性蛋白的紊乱主要触发结构改变，这种改变会导致组织合成异常和弹性丧失 [10]。衰老的细胞外基质还可调节组织常驻干细胞的行为，通过 MMP 介导的级联事件，细胞外基质的硬度会被上调[10]。在衰老组织中，从附近的组织库中募集干细胞和协助组织重塑的成纤维细胞的迁移无法发挥其最优的修复作用，因此，新形成的临时基质的结构完整性受到影响，从而导致瘢痕形成[33]。大多数与年龄相关的疾病和功能障碍可涉及结缔组织、软骨、骨骼、血管、皮肤等方面。例如，在年老患者中，对功能性组织修复至关重要的方面，如创伤后血管再生的受限，就是一个很棘手的问题[34]。如果这些组织的延展性受到限制，就会导致细胞外基质中的纤维蛋白碎片化。研究者已注意到这些与衰老相关的细胞外基质修饰、内皮功能障碍、内源性祖细胞/干细胞募集不佳等现象会损害组织弹性，并导致血管系统硬度增加[8, 35]。

多发性纤维化相关功能障碍作为衰老相关表型，在不同组织中普遍存在，并随着年龄的增长显著增加（表3.1）。在特发性肺纤维化的病例中，肺泡上皮中SASP水平升高导致不可逆的功能丧失，造成肺泡内纤维化，并伴有瘢痕组织加重和积聚[39, 40]。与年龄匹配的健康对照组相比，老年特发性肺纤维化患者的骨髓间充质干细胞在线粒体功能障碍和DNA损伤导致细胞功能缺陷方面具有显著差异[39]。特发性肺纤维化的骨髓间充质干细胞也被证明在正常衰老的成纤维细胞中诱导旁分泌性衰老，这一发现证实了老化易导致疾病进展的可能性[39]。研究发现，肌肉干细胞的年龄相关性纤维转化促进了受损的骨骼肌再生，并与体内肌源性祖细胞中Wnt信号通路活化相关[41]。在与衰老相关的肾损伤中，组织再生能力显著下降，然而，年轻小鼠的骨髓干细胞由于TGF-β和纤溶酶原激活物抑制物1（PAI-1）等抗纤维化因子的表达增加而在再生方面有较好的表现[42]。研究证明，衰老相关细胞老化的发生会耗尽心脏组织的再生潜能，从而导致病理性纤维化[31]。

表3.1 干细胞老化对创面愈合能力的影响						
干细胞类型	自我更新能力	干细胞转归	分化潜能/纤维化	组织修复	模型	资料
气道基底干/祖细胞	下降	气道上皮	上皮分化减少	气道再上皮化减少	人慢性阻塞性肺疾病	[36]
造血干细胞	维持原状	髓系祖细胞	淋巴样细胞减少，髓样细胞变多	功能多样性减少，淋巴细胞募集受损	年老小鼠模型	[20, 37]
骨髓来源的脂肪祖细胞	增加	脂肪细胞	增加脂肪细胞的积聚，抑制成骨细胞的再生	骨再生能力受损	老年小鼠骨折模型	[38]

干细胞类型	自我更新能力	干细胞转归	分化潜能/纤维化	组织修复	模型	资料
肌肉干细胞	下降	肌源性纤维	创伤后细胞衰老和纤维化增加	肌肉干细胞的活性仅限于肌肉组织的修复和成骨能力受损	老年人	[7]
骨髓间充质干细胞	非常有限	衰老加剧，端粒缩短	特发性肺纤维化增加	功能缺陷	肺损伤模型	[39]

总而言之，许多再生缺陷是伴随着不同组织的衰老而发生。衰老过程中干细胞储备的耗尽和干细胞功能的下降是由于损伤组织再生所需的最佳诱因减少，从而导致纤维化反应。

5. 衰老条件下干细胞再激活的备选方案

全球人口的快速老龄化已经显示出对再生和修复各种受损组织功能的修复能力下降[43]。由于衰老是无法避免的，所以对了解减少衰老带来的不良影响并使人们健康老去非常重要。干细胞衰老逆转是目前新兴的有前景的策略之一，用于开发与年龄相关的慢性疾病和功能障碍的替代治疗方案，而不是传统的外科治疗和终身免疫抑制[44]。对于创面愈合而言，受损组织的整体愈合和组织稳态的维持可以通过诱导功能信号来改善组织特异性内源性干细胞的作用，或用外源性细胞替代非功能的原生干细胞的方法来解决[30]。

外源性干预可以针对固有的组织特异性干细胞特性，预防细胞衰老并调节衰老组织的微环境，以优化其修复功能。目前，许多再生策略已被试验性的用于减少纤维化，因为对一些重要器官如肺、肾和肝脏来说，组织的纤维化会导致终末期组织功能障碍[45]。通过对衰老组织中的干细胞进行转录组学分析，可以帮助我们了解分子特征的内在变化[46]。许多近期的研究揭示了遗传特性调控中的年龄相关性差异，这种差异决定了成体干细胞的干细胞特性、自我更新和多能性[47, 48]。有趣的是，尽管这些研究表明，随着年龄的增长，干细胞的反应能力会下降，但通过针对性的恢复策略，干细胞的潜能可以恢复。

下面将讨论一些有助于恢复年龄诱导的干细胞功能障碍的治疗干预措施。

5.1 细胞重新编程

胚胎干细胞在本质上是多能的，来自囊胚，可以分化成任何特定的细胞类型。在一项涉及大面积烧伤患者的研究中，胚胎干细胞体外重建实现了均匀且功能完整的人表皮组织的确值得关注[49]。虽然这一领域的进展最初看起来很有希望，但胚胎干细胞的潜在致瘤性和从胚胎中获得胚胎干细胞的伦理问题阻碍了其进一步发展[50]。这些争议可以通过诱导多能干细胞来解决。通过整合四种转录因子——Oct3/4、Sox2、*c-Myc* 和 Klf4，大量成体体细胞可以通过基因重组成为诱导多能干细胞，这四种转录因子负责维持细胞处于多能状态[51]。特别是对于经常伴有慢性创伤和黄斑变性等疾病的老年患者，真皮成纤维细胞的诱导多能干细胞重编程能够增加细胞外基质的生成，加快创面愈合的速率[44]。

另外一种可以用于治疗衰老相关功能障碍的干细胞来自骨髓的成体干细胞，它属于间充质和造血来源[52]。骨髓是干细胞的一个非常有限的来源，并且随着年龄的增长，干细胞数量和迁移能力逐渐减少。此外，一些体外研究表明，增殖和分化潜能也仅限于一定数量的细胞传代次数[53]。衰老可以诱导骨髓间充质干细胞衍生的成体干细胞，它们的多能性衰退可以通过其他来源的间充质干细胞来替代，如脐带、脐带血、脂肪组织、皮肤、眶脂肪和角膜缘等[53, 54]。许多临床前和临床研究发现，多种来源的间充质干细胞分化成为特定的细胞类型，这对于减少靶向纤维化组织的发病机制是很重要的[40]。此外，带有 Nanog 和 Oct4 等多能基因的慢病毒转导的骨髓间充质干细胞已被证实在衰老组织中具有足够的分化能力和稳态水平[54]。

5.2 微环境

干细胞的系统微环境在决定其行为功能方面起着至关重要的作用[52, 55]。持续暴露于生物毒素、激素、化学物质、生理应激和活性氧均可能导致早衰[43]。随着年龄的增长，干细胞获得凋亡抗性和衰老相关分泌表型，并募集白细胞、细胞因子和其他营养因子，导致促炎环境，进而加速细胞周期阻滞[44]。在特发性肺纤维化小鼠模型中，已明确显示衰老的骨髓间充质干细胞能够通过旁分泌机制诱导正常成纤维细胞衰老，并发现其在减少肺纤维化方面的效果较差[39]。细胞微环境的改变可以潜在地延缓衰老和端粒缩短[56]。衰老动物微环境分子结构的调节可以通过合并来自年轻动物的系统因子来恢复[55]。据报道，基于 CRISPR/Cas9 的基因编辑可以修改干细胞的端粒长度，以增加其增殖率 [57]。

5.3 生物材料

生物材料和干细胞结合的方法在多种创面愈合模型中已经显示出非常成功的修复效果 [58, 59]。为了改善与创面愈合相关的干细胞老化效应，生物支架为基础的重组干细胞转递对慢性创面治疗来说是一种越来越有前景的方法。生物支架可以由胶原蛋白、透明质酸、纤维连接蛋白、层粘连蛋白或合成基质组成。这些基质负载干细胞或干细胞衍生因子，为创面愈合重建功能生态位 [44]。通过改变生物支架的结构和组成，如生物活性水凝胶和功能化多肽，可以提高干细胞转递和移植疗效。伴有骨骼肌营养不良性钙化的老年小鼠模型中显示，3D 生物支架中肌肉干细胞的包埋可以增强肌肉干细胞的增殖、移植成功率和最终的存活率 [60]。

尽管再生干细胞疗法似乎很有前景，并且已经进行了一些临床前期和临床期研究，但仍有很多问题需要关注，其中包括有效剂量和给药途径、干细胞的有效类型——成体或诱导多能干细胞、同源或异体来源。在创面愈合模型中，干细胞应以炎症期早期或纤维化晚期为靶点 [61-64]。

6. 结论

在本章中，我们回顾了不同组织中干细胞老化对伤创面愈合的影响。衰老对干细胞的激活、维持、分化有许多负面作用。此外，炎症、细胞进行性衰老、DNA修复机制的畸变和线粒体功能障碍加重了损伤组织的退化。因此，创面愈合延迟过程被确定为干细胞老化的许多标志性表现之一。了解干细胞在衰老和影响创面愈合过程的机制，为逆转、增强或修复受损组织的功能提供了一些新的治疗策略。

扫码查询
原文文献

第四章

干细胞与衰老的多组学应用：从研究到临床

Atil Bisgin

1. 简介

人类的衰老是指生理、心理和社会变化的多层次过程。根据 1980 年联合国的报告，从生物学角度来看，衰老大约始于 60 岁。根据世界卫生组织 1963 年的报告，成年分为三个阶段：45～59 岁称为中年，60～74 岁称为成年，75 岁以上称为老年。关于衰老过程的早期科学认识来自对青年人和成年人的纵向比较研究结果。但是，除了这些比较研究外，包括基因组学、蛋白质组学甚至表型组学在内的多组学数据以及环境和生活方式或生活质量，也成为影响人类衰老变化的最重要有时也是最具争议的因素 [1-3]。

在过去 20 年中，与衰老相关的研究取得许多重要进展，在这些研究中，衰老被定义为机体随着时间推移而发生与生育和生存能力有关的不可逆退化 [4-5]。在过去几十年中，人类的寿命一直在延长。虽然在衰老过程中，身体能力和运动功能的逐渐丧失始于 60 岁，而所有这些退化都是在生理环境的内稳态遭到破坏的过程中逐渐积累出现的组织和器官功能受损现象 [6-7]。

最新的科技成果可以实现对于衰老现象的确认识别，并可开展对衰老过程相关机制的研究，包括对异质性结构和功能损伤的研究，以及与衰老有关的细胞和分子修复系统稳定能力下降等的研究 [8-10]。

本章将集中讨论衰老和复杂的老化过程相关的多组学方法，以及特征性和生物标记物的发现。

2. 衰老中的"组学"

在生命科学研究中，近期出现了具有颠覆性的"基因组医学"的概念。它既涉及精准医学的人口特征，也考虑到了个性化医学的个体变异性。它包括基于个人层面的精准测量信息和临床提供有效及个性化治疗方案两部分，实现为个体定制医疗服务的目的。因此，可以认为，正是最近的"组学"概念和组学相关技术，使得精准医学实用化 [2, 8]。

基因及其表达产物（如转录物和蛋白质）和代谢物是构成组学基础的主要生物标记物。组学技术的高效性和可靠性，可使其在无假设模型中分析生物系统中的所有特性 [11]。

"衰老"是组学技术临床应用中极具吸引力的领域，它使得我们能够很好地理解细胞衰老过程的生物动力学过程。在病理生理学中，将其分为两大类，即急性（程序性和一过性）和慢性（非程序性和持续性）。然而，在实践中，只有考虑基因－环境相互作用和群体－个体的相互作用，才能更好地提出解决方法和可能的治疗干预措施。

"组学"的核心概念反映了从生物系统中获得的数据所具有的代表性特征。组学技术可以对细胞、组织和器官中的分子进行概述，并通过全基因组测序确定人类的基因序列。在衰老过程中，随着修复机制的衰退，有益于机体的保护性功能也随之下降。因此，多组学策略有助于探索组织再生能力下降、器官功能维持能力缺乏及成体干细胞组织修复能力缺乏的生理机制。此外，研究还表明，衰老和衰老细胞都与影响人体组织健康和修复的 SASP 所诱导的炎症过程有关 [12, 13]。人类基因组计划的数据揭示了人类基因组的复杂性，但其对衰老的影响仍在研究中。

基因组学方法有助于识别从器官衰竭到肿瘤抑制等广泛参与衰老的基因。在最近的研究中，出现了新的用来研究其他生物学分子的组学技术，如表观遗传生物标记物的表观基因组学、蛋白质组学和低分子量代谢物的代谢组学，特别是关于组织再生、创面愈合及其与干细胞的关系方面 [14-19]。

除了常规临床实践中的全外显子组测序和全基因组测序外，二代测序技术使靶向多基因组研究成为可能。双脱氧测序（Sanger 测序法）技术在 DNA 测序中得到了有效和广泛的应用，并在人类基因组计划中发挥了重要作用；二代测序技术也已广泛应用于许多健康科学的研究中[20]。这些技术能够在短时间内高精度保存较长的DNA序列信息。以癌症为例，多基因测序平台检测到的突变为疾病诊断和治疗提供了基础，包括有针对性的治疗策略和预防措施[21]。在干细胞单细胞研究背景下，基于基因组学的技术最终还是应当整合并引入到转录组学和蛋白质组学中去发挥作用。研究表明，能够成为衰老的主要生物标记物有细胞周期调节因子、修复机制和染色质重塑机制相关基因甚至肿瘤干细胞标记。识别和量化可能与衰老或其他疾病生物标记物相关因素的算法如图 4.1 所示。基于不同个体的健康状况差异，目前在复杂的组织或器官结构中识别衰老细胞类型或细胞亚群仍然很困难。

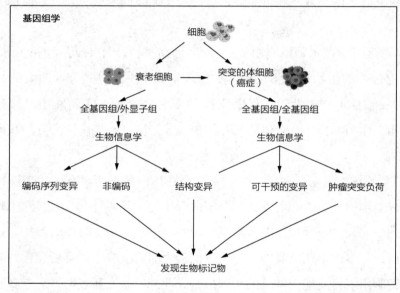

图4.1　基因组学

表观基因组包括衰老细胞中的 DNA、组蛋白 / 非组蛋白和核 RNA 的化学修饰。表观基因组的变异改变了基因表达，而非 DNA 序列，这种改变可能是一过性的，也可能具有遗传性。已为人熟知的几种表观遗传学机制包括 DNA 甲基化、组蛋白修饰、miRNA 和染色质凝集。最新且有影响力的一项长期监测衰老细胞的研究表明，与非衰老细胞相比，组蛋白 3 和组蛋白 4 的渐进性蛋白水解（无 DNA 丢失）具有重要作用[22]。此外，衰老细胞的染色质凝聚机制和染色质结构变化也有相关报道[22-24]。因此，二代测序技术可用于表观基因组学，以明确衰老的表观遗传机制和干细胞的作用。

二代测序的另一个潜在用途是对转录组进行分析，即对细胞或组织中的一整套RNA转录本进行测序，称为转录组学。衰老的特征是产生 SASP，进而诱导促炎细胞因子、趋化因子、基质金属蛋白酶、生长因子和血管生成因子。然而，最近的研究仅限于对几种细胞类型中细胞衰老的特定实验模型进行研究 [25-28]。从转录组学研究中获得的最有价值的数据是识别转录子子集、编码组和非编码组，它们显示了一系列衰老细胞模型中的共享表达模式。图 4.2 显示了转录组学识别和量化可能与衰老或者任何疾病相关生物标记物相关因素的算法。尽管免疫系统和溶酶体功能在衰老细胞中被激活是关键因素 [25, 29, 30]，但衰老细胞对与年龄相关过程的调控已在文献中得到了充分证实。通过这些研究，体现了计算和统计建模方法在阐明高维转录组数据和基因组数据之外的隐藏结构方面的价值 [31]。

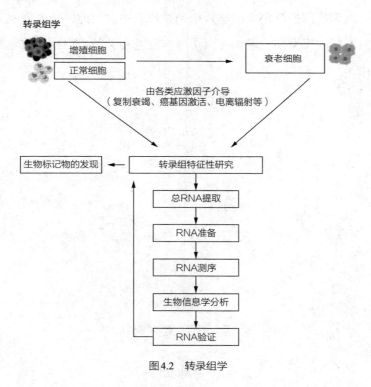

图4.2　转录组学

蛋白质组由生物体表达的所有蛋白质组成。通过翻译后修饰，每个细胞或生物体中的蛋白质结构和数量都可能不同，这就解释了蛋白质中存在的迭代变化。无论是处于患病还是健康状态，蛋白修饰都是从婴儿期到成年期的最重要的生物学过程，同时也因此进一步突出了衰老的复杂性及其功能性[32]。

在细胞周期的不同阶段，蛋白质的构象、细胞定位，以及蛋白质与蛋白质之间的相互作用都具有不同特点。蛋白质组学可以通过质谱或蛋白质微阵列的方式在细胞/组织或生物体中分析蛋白。最近的蛋白质组学研究揭示了几十种被称为分泌蛋白组之间的相互关系，由于新的分析技术在过去十年中才逐渐在衰老研究中投入使用，因此，这些分泌蛋白的功能大多都未被研究明确，其功能也可能被低估[33]。新的 SASP 图谱提供了来自不同细胞类型（包括干细胞和衰老诱导物）的可溶性蛋白质和核外 SASP 因子的全面综合蛋白质组数据库[34]。与衰老相关的可能蛋白质组成分和与疾病相关生物标记物的识别和量化算法如图 4.3 所示。这种全面的分析是描述衰老表型的重要数据来源，可用于开发衰老生物标记物。另外，它还能够帮助确定需要治疗的个体和衰老靶向治疗的有效性。然而，在整个衰老细胞的转录组学研究中，破译临床使用的蛋白质组学数据仍在研究中。因此，随着研究人员运用多组学方法研究不同的模型和衰老诱导因子，与衰老有关的蛋白质的数量和种类也将随之发生变化。

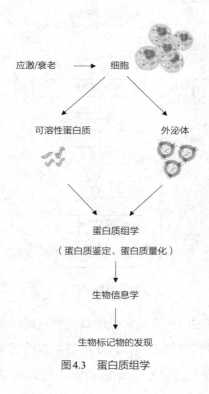

图4.3　蛋白质组学

人体的另一重要分子是代谢产物。与蛋白质相比，代谢产物的分子量相对较小。这些分子可以通过代谢组学或代谢谱来描述。代谢产物随遗传和环境因素而改变，目前质谱已经被广泛应用于日常医疗活动中。此外，磁共振和离子迁移谱等技术取得的新进展可以实现通过筛查疾病来提供诊断信息，但这些技术尚不适用于衰老及其相关过程的研究[35]。

总之，基因和环境之间的相互作用会影响各自表型，作为具有较高价值的临床应用的一部分，表型组学通过可量化的结果来指导临床实践。总而言之，这些组学技术在临床背景下的支持下，研究者应当考虑以更加综合的方式使用组学技术去更好地制定从婴儿期到成年期的诊断和治疗的特定数据算法。

3. 多组学数据集成及其应用

对多组学数据的综合分析目前仍局限于人类健康和几种疾病的范围内。通过使用多组学方法去分析衰老所面临的主要问题，这对组学的多层面理解提出了很高的要求，包含基因组、表观基因组、转录组、蛋白质组和代谢组。如表 4.1 所示，现有的多组学数据库和临床信息仍然非常有限。

表4.1　与疾病相关的多组学数据库

数据库名称	疾病
The Cancer Genome Atlas（TCGA）	癌症
International Cancer Genomics Consortium（ICGC）	癌症
Clinical Proteomic Tumor Analysis Consortium（CPTAC）	癌症
Therapeutically Applicable Research to Generate Effective Treatments（TARGET）	儿童癌症
Omics Discovery Index	统一框架中的整合数据集
Molecular Taxonomy of Breast Cancer International Consortium（METABRIC）	乳腺癌
Cancer Cell Line Encyclopedia（CCLE）	癌细胞系

为了更好地、更清楚地理解复杂的生物学，各类研究更多地将注意力集中在癌症组学数据的收集上。关于疾病进程、临床表现和治疗的最广泛应用的数据库是 TCGA 和 ICGC[36]。然而，组学谱开始向更深的层次延伸，如脂质体、磷酸蛋白质组和乙二醇蛋白质组。因此，我们还需要进行更多的衰老研究，以获得可操作且有

意义的证据，从而在临床实践中诠释和整合多组学数据。

4. 基于干细胞的多组学数据整合

在过去的几十年里，基于组学的干细胞研究已经积累了大量的证据，在认知方面取得了巨大进步。但是，衰老机制及其与干细胞的关系尚不完全清楚。因此，通过多组学方法来探索从单个干细胞研究到基于组织和疾病研究的新策略，理解干细胞分化和增殖的机制至关重要。

最近的研究概述了间充质干细胞的作用：① 衰老的分子机制，包括表观遗传变化、自噬、线粒体功能障碍和端粒体缩短[37-39]。② 基因修饰和预处理策略[40-42]。③ 衰老间充质干细胞的再生（例如，基于自体间充质干细胞疗法）[43-45]。

衰老的另一个方面，即间充质干细胞在多次分裂后衰退，进入复制衰老状态，从而导致生长停滞。但除此之外，根据最新公布的数据，间充质干细胞衰老有四种类型，即复制性衰老、应激诱导性衰老、癌基因诱导衰老和发育性衰老[46]。

多组学数据的整合要走向临床并非易事。最关键的问题是要选择正确的方法，以解决衰老与干细胞的分子生物学问题，并进行综合分析。目前已有一些可视化门户对执行多组数据分析和基准测试进行尝试，但仍然不够全面（表4.2）。

此外，干细胞研究的另一个最重要的方面是临床信息的获取，它可以为理解多组学数据提升应用价值。然而，目前还没有足够的临床研究或可靠的方法能将组学数据与临床原始数据整合为非组学数据。

表4.2　包含源存储库和受支持的组学数据的门户列表	
可视化门户	可提供的组学数据内容
cBioPortal	基因组学、表观基因组学、转录组学、蛋白质组学和临床数据
LinkedOmics	基因组学、表观基因组学、转录组学、蛋白质组学、临床数据以及磷酸蛋白质组和糖蛋白组数据
Firebrowse	基因组学、表观基因组学、转录组学、蛋白质组学和临床数据
UCSC Xena	基因组学（也包括体细胞学）、表观基因组学、转录组学（也包括组织特异性）、蛋白质组学和表型组学
3Omics	转录组学、蛋白质组学和代谢组学
OASIS	基因组学和转录组学
Paintomics 3	转录组学、代谢组学和表观基因组学
NetGestalt	基因组学和转录组学

5. 结论

综上所述，现有条件的局限性暂时限制了干细胞研究的应用，但没有限制多组学方法从实验到临床的应用趋势。因此，寻找一条从基因组水平到临床表型和现实环境中的调节衰老的途径才是最重要的目标。随之也将产生更多的临床研究去抑制或激活该途径，并会有更多的研究通过使用干预手段去评估治疗的副作用及其真实效果。

扫码查询
原文文献

第五章

影响干细胞自我更新和分化的信号通路

Mahak Tiwari, Sinjini Bhattacharyya, Deepa Subramanyam

1. 简介

卵子受精的结果是形成一个单细胞的胚胎，称为受精卵。该胚胎经过一系列的分裂，形成囊胚结构，该结构包括外层细胞组成的滋养层和位于胚胎内侧的称为内细胞团的少量细胞。内细胞团的细胞将继续形成整个胚胎结构。将上述内细胞团进行分离和体外培养，即可获得胚胎干细胞，该技术将有助于研究早期发育阶段的系统性变化和分化方向[1, 2]，这些胚胎干细胞有两个截然不同的特性：自我更新能力和分化为所有三个谱系的细胞类型的能力。本章重点介绍了四种主要的信号通路，它们参与了维持胚胎干细胞多能状态并分化为特定细胞的各个过程。

2. LIF和JAK/STAT3信号通路

LIF 属于 IL-6 细胞因子家族，参与多种生物学过程，包括炎症、免疫反应和胚胎发育[3]。20 世纪 80 年代末，LIF 首次被确定为参与小鼠胚胎干细胞多能性的一种重要细胞因子。在此期间，许多独立研究也发现了抑制分化和促进小鼠胚胎干细胞增殖的分子，包括通过水牛－大鼠肝细胞条件培养基产生的分化抑制活性蛋白，KrEB Ⅱ腹水瘤细胞条件培养基产生的 LIF，以及促进小鼠白血病细胞系 DA-1a 增殖的人白细胞介素。所有这些分子的序列都具有相似性，并且在胚胎干细胞中以类似的方式发挥作用[4]。

在囊胚形成过程中，LIF 在人类和小鼠的子宫内膜中均呈高表达状态[5]。另外，它也可通过颗粒叶黄素和卵巢基质细胞表达[6]。LIF 在腺上皮中的表达高于管腔上皮。然而，与腺上皮相比，子宫内膜上皮中 LIF 受体（LIFR）的表达更高。囊胚附着后，滋养层细胞在整个妊娠期间同时表达 LIF 和 LIFR[7]。除了卵巢细胞产生 LIF 外，其他类型的细胞也产生 LIF，包括子宫内膜细胞、成纤维细胞、单核细胞、巨噬细胞和 T 细胞[8-10]。

相关研究发现，LIF 基因敲除的雌性小鼠无法附着植入囊胚，该发现突出了 LIF 在胚胎植入过程中所起的重要作用。相反，当将 LIF 注入这些小鼠的子宫内时，囊胚附着并开始生长[11]，而 *Lifr* 突变小鼠则能够正常着床。异常胎盘引起的多个缺陷是导致突变新生儿在出生后 24 小时内死亡的主要原因[12]。几项临床研究表明，子宫内膜细胞中 LIF 的低表达会导致不孕和反复流产[13, 14]。滞育是一种胚胎发育停滞和小鼠囊胚植入延迟的现象，在胚胎干细胞的早期衍生中起着重要作用[1]。在滞育期间，母体雌激素诱导滋养层分泌 LIF，以维持内细胞团的自我更新[15]，有助于将胚胎干细胞从囊胚中分离出来[16]。

经典的 LIF/JAK/STAT3 通路始于 LIF 与其受体 LIFR 的结合，而 LIFR 则进一步募集膜蛋白 gp130；LIFR 和 gp130 进而形成一个异二聚体，共同通过磷酸化 1022 位酪氨酸残基来激活 Janus 激酶（JAK）。目前有 4 种已知的 JAK 蛋白，即 JAK1、JAK2、JAK3 和 TYK2，它们包含 7 个 JAK 同源（JH）结构域。命名为 Janus，是因 JAK 的 JH1（酪氨酸激酶活性催化）结构域和 JH2（激酶样）结构域彼此相邻存在，类似于双头罗马神 Janus。JH3 和 JH4 结构域与 SH2 结构域具有同源性。JH4 至 JH7 结构域共同构成一个被称为 FERM 的结构域，该结构域参与 JAK 与细胞因子受体之间的重要关联。JAK1 和 JAK2 是主要参与 LIF 信号通路的激酶。据报道，*Jak1* 基因敲除的小鼠胚胎干细胞比野生型小鼠胚胎干细胞需要更高浓度的 LIF 进行自我更新[17]。活化 JAK 通过进一步募集和磷酸化 STAT3 来发挥功能[18, 19]。

STAT3 是属于 STAT 蛋白质家族的转录因子。STAT3 有 6 个结构域，即卷曲结构域、结合 DNA 结构域、二聚化结构域、连接结构域、反式激活结构域和 SH2 结构域。活化的 JAK 将 STAT3 第 705 位酪氨酸磷酸化，进一步引起 STAT3 二聚化，并与 SH2 相互作用。随后通过迁移到细胞核激活靶基因的转录[20]。这是通过将 STAT3 与靶基因增强子区的一致序列 TTCCSGGAA 相结合实现的[21]。活化的 LIF 信号通路也可以使 STAT3 第 727 位丝氨酸发生磷酸化[22]。然而，这种特殊的磷酸化事件在小鼠胚胎干细胞自我更新中的意义尚不清楚。IL-6 细胞因子家族的其他成员，包括心肌营养素 -1、睫状神经营养因子和抑癌素，也被证明有助于小鼠胚胎干细胞的自我更新[23-25]。

通过 STAT3 的一系列激活作用，小鼠胚胎干细胞可以独立于 LIF 存活[26]。然而，对于 *Stat3*$^{+}$ 的小鼠胚胎干细胞，或过度表达 *Stat3* 阴性突变体的细胞[28]，即使在 LIF 的支持下也无法实现自我更新的作用[27]。另有报道称，将 STAT3 第 661 位的丙氨酸残基和第 663 位的天冬酰胺突变为半胱氨酸残基时，可以在不使 705 位酪氨酸磷酸化的情况下诱导 STAT3 二聚化。这种突变型 STAT3 可以以一系列活性形式存在，被称为 STAT3C[29]。

各项研究已经明确了 STAT3 的下游靶点，这些靶点参与保持小鼠胚胎干细胞的多能性。不同研究小组的全基因组研究报告指出，通过染色质免疫沉淀（ChIP）测序技术确定的 STAT3 结合位点是由多能性调节因子如 Oct4、Sox2 和 Nanog 共同占据 / 结合的[21, 30]。STAT3 靶基因列表包括具有转录活性和非活性的基因。活性基因包括转录因子 Myc、原肠胚脑同源框 2（Gbx2）和 Pim1/2，即使在缺乏 LIF 的情况下，它们的持续性表达也足够维持小鼠胚胎干细胞的自我更新[31-33]。非活性基因包括组织特异性基因，如 T、Gata4 和脱中胚蛋白等[30]。Bourillot 等人[34]研究发现，至少需要 22 个 STAT3 靶基因来维持小鼠胚胎干细胞的未分化状态，从而阻止中胚层和内胚层谱系的诱导过程。大量 STAT3 靶点也同时与 Nanog 共同结合和调控。因此，STAT3 通过在抑制谱系特异性基因方面发挥作用，从而来维持小鼠胚胎干细胞的自我更新。

JAK/STAT 信号通路受许多其他蛋白质的调节[3]。这些蛋白包括磷酸酯酶，如含有 SH2 结构域的蛋白酪氨酸磷酸酶、嗜碱性粒细胞样蛋白质酪氨酸磷酸酶和蛋白质酪氨酸磷酸酶 1B，它们使 JAK 和 STAT3 中的酪氨酸残基发生去磷酸化。此外，一个被称为活化 STAT 蛋白抑制剂的蛋白质家族可以直接与 STAT3 结合并抑制其功能[35]。即使在 LIF 的作用下，细胞因子信号传送阻抑物（SOCS）蛋白质家族成员的表达水平也会被上调。SOCS 可以抑制 JAK/STAT 信号，从而形成负反馈通路。上调的 SOCS1 和 SOCS3 可与 JAK1 和 gp130 结合，从而导致其泛素化，或直接抑制 JAK 的催化活性[36-38]。

一些研究表明，即使在缺乏 LIF 信号的情况下，多能性基因如 *Nanog*、*Klf4* 和 *c-Myc* 的过度表达也能维持小鼠胚胎干细胞的自我更新 [27, 32, 39, 40]。2019 年的一项研究阐明了 Nanog 在 LIF 信号背景下小鼠胚胎干细胞在自我更新中的作用。在 LIF 存在的情况下，Nanog 能够促进多能性因子（如 OCT4、SOX2 和 ESRRβ）对小鼠胚胎干细胞增强子的染色质易接近性；在缺乏 LIF 的情况下，它可以通过维持分化基因（如 *Otx2*）上的 H3K27me3 抑制标记来阻止分化 [41]。通过在含有 GSK3β 抑制剂和 FBS 的培养基中诱导表达 *Oct4*（iOct4），在缺乏 LIF 的情况下培养的小鼠胚胎干细胞也可以保持其自我更新和多能状态 [42]。

小鼠胚胎干细胞中其他因子的过度表达，包括 *Klf2*、*Klf5*、*Pramel7*、*Pim1/3*、*Tfcp2l1*、*MnSOD* 和 *Gbx2*，也可以重现 LIF 的作用 [27, 31, 33, 43-46]。Wang 等人 [47] 的一项研究显示，*Gbx2* 可以通过诱导 *Klf4* 的表达来维持小鼠胚胎干细胞的原始多能状态。除了维持小鼠胚胎干细胞的多能干细胞状态，LIF/JAK/STAT3 通路对体细胞向诱导诱导多能干细胞的重编程过程也很重要。部分重编程细胞（诱导多能干细胞前体）中 *Esrrβ* 的过度表达抑制了 JAK/STAT3 信号传递，从而使完全重编程得以恢复 [48]。升高的 LIF/STAT3 信号水平也足以完全重新编程部分需要重新编程的诱导多能干细胞前体 [49]。

除了抑制内胚层和中胚层分化的 LIF，BMP2 和 BMP4 蛋白还通过抑制神经分化 [50] 和 MAPK 通路将小鼠胚胎干细胞维持在未分化状态 [51]。除 LIF 和 BMP 蛋白外，其他信号通路的抑制剂也可用于维持小鼠胚胎干细胞的自我更新，其中包括 CHIR99021、PD184352 和 SU5402，它们分别能够抑制 GSK3β、MEK 和 FGFR 酪氨酸激酶的活化 [52]。

除 JAK/STAT3 信号通路外，LIF 还通过应用 LIFR/gp130 受体二聚作用来活化 PI3K/Akt 通路和 SHP2/MAPK 通路，从而进一步激活下游信号级联通路 [53, 54]。在 PI3K/Akt 通路中，LIF 信号导致调节亚单位 p85 的磷酸化，从而激活 Akt 丝氨酸/苏氨酸激酶。Akt 活化通过使 9 位丝氨酸磷酸化 [55] 或促进其核输出 [56] 而引起对 GSK3β 的抑制作用。抑制 GSK3β 的表达后，可导致 dNanog 和 c-Myc 表达上调，从而维持小鼠胚胎干细胞的自我更新。Watanabe 等人 [57] 的研究表明，即使在缺乏 LIF 的情况下，Akt 的一系列表达也足以维持胚胎干细胞的自我更新作用。

如前所述，作为 LIF 下游信号传递的结果，STAT3 上 705 位的酪氨酸磷酸化可激活 STAT3 和小鼠胚胎干细胞自我更新所需的其他下游靶点。类似的情况如下，685 位赖氨酸残基的乙酰化可以通过促进稳定二聚体的形成来激活 STAT3，从而在不需要酪氨酸磷酸化的情况下驱动靶基因的活性转录 [58]。应当引起我们注意的是，PI3K/Akt 途径也可由多种其他因素诱导，如 FGF4[52]、胰岛素、IGF1[59]、肾素 - 血管紧张素系统（RAS）蛋白 [60] 和视黄醇 [61]。FGF4 诱导的 PI3K/Akt 通路活化已被证明可引起小鼠胚胎干细胞分化。在小鼠胚胎干细胞分化的背景下，该途径还没有像 MAPK/ERK 途径那样被研究得较为充分 [52, 62]。

SH2/MAPK 信号通路也可因 LIF 与 LIFR 的结合而激活，这样就会引起 JAK 对 gp130 的酪氨酸残基进行磷酸化修饰。这种活化导致 JAK 募集 SHP2 并使其磷酸化，紧接着 JAK 与生长因子受体结合蛋白 2（GRB2）和 SOS 蛋白发生相互作用。这种相互作用导致 Ras/Raf/MEK/ERK 信号级联的激活，从而激活 MAPK[63-66]。这种信号级联反应通常通过抑制 Nanog[67] 和 TBX3[68] 的表达来参与小鼠胚胎干细胞的分化。另外，这些信号间的平衡作用是靠其他通路（如 JAK/STAT3）的激活来维持的，如此才足以维持小鼠胚胎干细胞的多能性。

尽管具有相似的核心多能性网络，小鼠胚胎干细胞和人胚胎干细胞在生物学上仍存在很大差异。人胚胎干细胞的自我更新不依赖于 LIF/JAK/STAT3 途径。各种研究表明，尽管 STAT3 发生磷酸化且转位到细胞核中，但 LIF 的表达无法维持大鼠和人类胚胎干细胞的自我更新 [22, 69, 70]。相反，人胚胎干细胞靠依赖 FGF2 和激活素 A 维持其多能性和自我更新。然而，最近也有研究发现，在原始态人胚胎干细胞中存在高水平的 LIF/STAT3 激活 [71]。在 LIF 和 5 种转录因子 Oct4、Sox2、Nanog、Klf4 及 c-Myc 表达的情况下对人类成纤维细胞进行重新编程，可以产生人工诱导的多能干细胞，以多能干细胞的原始状态存在，类似于小鼠胚胎干细胞 [72]。

从小鼠外胚层分离和建立外胚层干细胞后，小鼠胚胎干细胞和人胚胎干细胞之间的差异变得清晰明了 [73, 74]。小鼠外胚层干细胞与人胚胎干细胞在菌落形态上和在维持自我更新对 FGF2 和激活素 A 的依赖上非常相似。许多其他研究也指出，至少存在两种多能性状态——由小鼠胚胎干细胞代表的原始态和由人胚胎干细胞和小鼠外胚层干细胞代表的始发态。当注射到免疫促进小鼠体内时，原始态和始发态的小鼠胚胎干细胞均可诱发畸胎瘤，但始发的小鼠胚胎干细胞不能促进嵌合体的形成。此外，Stella 和 Rex1 仅在原始态小鼠胚胎干细胞中表达，而 Fgf5、T 和 Lefty

在小鼠外胚层干细胞中表达[62, 73, 74]。原始态也称为基态，是通过在含有两种抑制剂（2i）的培养基中培养小鼠胚胎干细胞实现的，即 GSK3β 抑制剂 CHIR99021 和 MEK 抑制剂 PD18352[52]。据报道，GSK3β 可抑制 Nanog 的表达，因此，抑制 GSK3β 减轻了对 Nanog 的抑制，从而有助于维持小鼠胚胎干细胞的自我更新。类似地，抑制参与细胞分化的 MEK 通路也有助于维持小鼠胚胎干细胞的多能性状态。

通过用 FGF2 和激活素 A 替换 LIF 和 2i，还可以将多能性的原始态转换为始发态[75]。相反，通过用 LIF 和 2i 替换 FGF2 和激活素 A，并过度表达 *Klf4*，也可以将始发态分化为原始态[75]。即使在 FGF2 和激活素 A 的表达情况下[49]，增强 JAK/STAT3 通路的激活作用也足以将细胞转化为始发态[71]。维持 STAT3 的持续表达与 2i/LIF 的结合也可以将始发态人胚胎干细胞重新编程为一种原始的具有多能性状态的干细胞[76, 77]。人类原始多能干细胞也可以通过在被称为原始人类干细胞培养基的 LIF、TGF-β1、FGF2、2i、JNKi、p38i、ROCKi 和 PKCi 中培养[78-82]。

LIF/JAK/STAT3 信号通路在维持胚胎干细胞多能性方面已被广泛研究。该信号通路的研究对于阐明多能性的原始状态和始发状态之间的差异至关重要。其与其他信号通路如 LIF/PI3K/Akt、LIF/SHP2/MAPK 和 TGF-β 信号通路相结合的作用，将更加有助于我们理解两种多能性状态和胚胎干细胞分化之间的区别。

3. TGF-β/SMAD 信号通路

TGF-β 超家族是一组结构相关的调节蛋白，以前体蛋白的形式存在，在 N-末端裂解后转化为活性配体，形成通过单一二硫键连接的同型二聚体或异型二聚体。该家族包含多种蛋白质，包括 TGF-β、激活素、Nodal、LEFTY 和 BMP。TGF-β 超家族可分为两种不同的类型：一组由 TGF-β、激活素、Nodal 等因子组成，另一组包括 BMP、GDF 和缪勒管抑制物。TGF-β 超家族参与多种生物学过程，如决定细胞命运、形态发生、凋亡、细胞增殖和分化。

TGF-β 亚家族有 3 种哺乳动物的亚型：TGF-β1、TGF-β2 和 TGF-β3。第 4 个成员 TGF-β4 仅在鸟类中发现，TGF-β5 仅在青蛙中发现[83]。TGF-β 亚型在肽段序列上具有 70%～80% 的相似性，并且编码为前体蛋白。这些亚型的激活形式是通过对存在于 N 端的 20～30 个氨基酸的前岛肽进行蛋白水解裂解产生的。

TGF-β 家族有 3 类不同的受体，包括 1 型〔TGF-βR1，也称为激活素样激酶

（ALK）]、2 型（TGF-βR2）和 3 型（TGF-βR3）受体 [84, 85]。1 型和 2 型受体在细胞结构域内具有丝氨酸 / 苏氨酸激酶活性 [86]。活化的 TGF-β 配体可在与 TGF-βR1 和 TGF-βR2 结合后启动级联信号通路。

BMP 是一组细胞因子，最初发现其在骨和软骨形成中具有一定的作用 [87]。BMP 信号还在胚胎发育中起着重要作用，特别是在胚胎形成和骨骼发育中 [88-90]。迄今为止，已鉴定出约 20 种 BMP 蛋白。除 BMP1（一种参与软骨发育的金属蛋白酶）外，所有其他 BMP 均属于 TGF-β 超家族。一些 BMP 被称为生长分化因子。BMP 信号通过其配体与细胞表面 BMP 受体（BMPR）的相互作用而启动。这种相互作用同样会调动 SMAD 家族蛋白质的活化 [91]。

激活素是以两个 β 亚单位 βA 和 βB 的二聚体形式存在的蛋白质激素，广泛存在于各种组织中 [92]。一方面，它们在调节卵泡刺激素分泌中起作用 [93]。另一方面，它们还通过与 TGF-βR1 和 TGF-βR2 结合来启动 TGF-β 信号传递 [94]。

Nodal 是一种分泌蛋白，在早期胚胎发生过程中参与细胞分化 [95]。Nodal 通路在神经系统模式形成、中胚层诱导和背腹轴的确定中起重要作用 [96]。Nodal 信号传递的激活始于 Nodal 与激活素的结合，导致 SMAD 蛋白磷酸化，并进一步激活下游级联信号和基因转录，如 LEFTY、Cerberus [97]。

LEFTY 是 Nodal 信号传递的拮抗剂。人类和小鼠有两个 LEFTY 同源物 LEFTY1 和 LEFTY2。顾名思义，它们在决定器官在发育过程中的左右不对称方面起着作用。LEFTY 的表达依赖于 Nodal 信号传递，因此，以 Nodal 通路的反馈抑制剂来发挥作用 [97-99]。

TGF-β 信号传递（BMP/GDF 和 TGF-β / 激活素 /Nodal）的激活是通过配体与细胞表面的跨膜 TGF-βR1 和 TGF-βR2 结合来启动的。配体与受体的结合是通过受体细胞内存在的丝氨酸 / 苏氨酸激酶的活性导致 SMAD 蛋白的磷酸化而实现的。磷酸化的 SMAD 蛋白与 SMAD4 形成复合物，并转位到细胞核中以激活靶基因的转录 [100]。

SMAD 是主要参与该通路的信号转导蛋白。SMAD 是秀丽隐杆线虫 Sma（"小"蠕虫表型）和黑腹果蝇 Mad（"母体"对抗体节极性）基因家族的缩写 [101]。它们分为三类：受体调节型 SMAD（R-SMAD）、SMAD1/SMAD2/SMAD3/SMAD5/SMAD8、共同伴侣型 SMAD4（Co-SMAD4）和抑制型 SMAD（I-SMAD）、SMAD6/

SMAD7[86, 102]。

TGF-β 家族配体，如 BMP、Nodal 和激活素，在胚胎发生过程中对胚胎轴的形成和组织模式形成都非常重要。在小鼠中，Nodal 在整个外胚层中表达，并且是前 / 后轴形成所必需的。Nodal 信号传递过程中，远端内脏内胚层被诱导，从而导致内脏内胚层细胞分泌 Nodal 拮抗剂，如 LEFTY、Cerberus，进一步维持 Nodal 沿近端—远端轴的信号梯度。Nodal 还诱导远端内脏内胚层细胞迁移并形成前内脏内胚层[103-105]。不同的研究表明，由于缺乏前 / 后轴，节段突变胚胎无法形成前内脏内胚层或原条[96, 106]。据报道，内脏内胚层中 Nodal 基因的突变导致远端内脏内胚层 / 前内脏内胚层不完全迁移，并降低外胚层中 Nodal 的表达水平[107]。另有研究表明，SMAD2 在内脏内胚层中被激活[96]，是远端内脏内胚层形成所必需的，反过来远端内脏内胚层表达节段拮抗剂抑制内脏内胚层中的节段信号。SMAD2 缺失导致节段拮抗剂的表达缺失，外胚层中节段的表达增加，从而诱导原条形成[108, 109]。

Nodal 在左 / 右轴分化中也起着重要作用。Nodal 在 E7.0 时在小鼠胚胎结节的侧边缘对称表达，但在 E8.0 后在左侧板中胚层中表达。缺乏 Nodal 的小鼠胚胎显示出多个左 / 右轴模式缺陷，也未能在左侧板中胚层中诱导不对称分子表达。Nodal 信号诱导 Nodal 和 LEFTY 的转录。LEFTY 充当 Nodal 信号的拮抗剂，调解负反馈回路以调节 Nodal 信号[110]。

BMP 信号参与了早期胚胎结节形成过程中的左 / 右轴模式，*BMP4* 突变小鼠表现出受损的胚胎结节形成[111]。也有报道称，由于结细胞的细胞周期阻滞，缺乏 BMPR1 的小鼠纤毛会发生畸形[112]。各种报道表明，BMP 信号调节侧板中胚层中不对称的 Nodal 表达。缺乏 *BMP4* 的小鼠胚胎无法在左侧板中胚层中表达 Nodal[111]。BMP4 还抑制右侧板中胚层中的 Nodal 表达，因此仅允许胚胎左侧的 Nodal 表达[113]。

BMP 信号也参与小鼠肢体的发育。缺乏 *BMP2* 和 *BMP4* 的小鼠在后趾发育方面存在缺陷[114]。该途径的下游传感器也影响哺乳动物的早期发育，*Smad2*[+/-]，*Smad3*[+/-] 胚胎突变体在原肠胚形成过程中表现出前轴中胚层受损的状态。*Smad2*[-/-]，*Smad3*[-/-] 纯合突变体不发育中胚层，也不能进行原肠胚的形成过程[115]。

BMP 信号通过 BMP 配体与 ALK2、ALK3、ALK6 受体结合来启动，导致 SMAD1/SMAD5/SMAD8 磷酸化。磷酸化的 SMAD1/SMAD5/SMAD8 与 Co-SMAD4

形成复合物，后转移至细胞核并激活靶基因的转录。BMP 途径与 LIF/STAT3 信号相关，有助于维持小鼠胚胎干细胞的自我更新。BMP 信号通过 SMAD1/SMAD5/SMAD8 抑制小鼠胚胎干细胞的神经分化，而 STAT3 信号阻止中胚层和内胚层分化 [50, 116]。据报道，SMAD 的结合位点在分化抑制因子（ID）启动子区域中确定，已知该启动子区域可抑制神经分化 [50, 117]。也有报道称，由小鼠胚胎成纤维细胞饲养细胞产生的 BMP4 通过抑制 ERK 和 p38 MAPK 维持小鼠胚胎干细胞的多能性 [51]。研究还表明，BMP 信号可通过 SMAD1/5 激活上调双特异性磷酸酶 9（DUSP9）的表达，从而降低 ERK 的磷酸化 [118]。据全基因组染色质占有率分析报告，SMAD1 与多能性因子 OCT4、SOX2 和 NANOG 具有共同的靶点 [21]。BMP 信号也在调节小鼠胚胎干细胞的神经发育中发挥作用。据报道，小鼠胚胎干细胞的神经分化分为两个阶段：第一步要求小鼠胚胎干细胞转化为小鼠外胚层干细胞，第二步涉及小鼠外胚层干细胞转化为神经前体细胞。BMP4 抑制胚胎干细胞向 ePIC 的转化，从而抑制小鼠的神经分化，促进非神经谱系分化 [119]。最近有报道称 Smad2/3[-/-] 双敲除的小鼠胚胎干细胞显示胚胎外基因（Gata2、Fgfr2 等）、BMP 靶基因（Id1/Id2/Id3/Id4）的转录激活，并显示三个胚层的细胞分配发生中断 [120]。

在胚胎干细胞从原始多能干状态过渡到获得多谱系分化能力的初始过程中，需要 Nodal 信号的参与 [121]。它可以诱导产生 SMAD7，后者通过 BMP 负性调节 SMAD1、SMAD5 的生成 [122]。SMAD7 还通过直接结合 gp130 细胞内结构域而在 STAT3 的激活中发挥作用，从而阻止 SHP2 或 SOCS 与 gp130 的结合。STAT3 的持续激活可维持小鼠胚胎干细胞的 LIF 依赖性自我更新和多能性 [123]。Narayana 等人 [124] 也报道了在小鼠胚胎干细胞中敲除网格蛋白重链基因 CltC 后，TGF-β 和 ERK/MAPK 信号水平增加会导致多能性的丧失。

TGF-β/BMP 信号也可通过小分子抑制剂如 SB431542 和多索吗啡来抑制其激活。这些分子对该通路的抑制和 CHIR990021 对 Wnt 信号的激活促进了人类多能干细胞向具有化学过渡类胚体状态的神经元的分化过程 [125]。据报道，TGF-β 信号在抗分化胚胎干细胞中过度激活，其在小鼠胚胎干细胞向神经祖细胞分化期间保留 Oct4 表达，因此具有较高的致瘤潜能。SB431542 抑制抗分化胚胎干细胞中的 TGF-β 信号可诱导抗分化胚胎干细胞的完全分化 [126]。TGF-β 通路的激活也调节其他信号途径的活性。β - 联蛋白是 Wnt 途径的下游传感器，在 TGF-β 家族配体、激活素和 BMP 的作用下会增加 [127]。

如前所述，人胚胎干细胞与小鼠胚胎干细胞相似，因为它们都需要 FGF 和激活素 A 来自我更新。在小鼠胚胎成纤维细胞上培养的人胚胎干细胞中，TGF-β 信号的抑制导致其分化，这表明 TGF-β 信号可能是维持人胚胎干细胞所必需的 [128]。ChIP 序列分析表明，OCT4、SOX2 和 NANOG 等多能性因子与人胚胎干细胞中的 SMAD2/3 蛋白共同占据启动子区域 [129, 130]。据报道，PI3K 活性通过 SMAD2/3 和 Wnt3 信号作用，在调节人胚胎干细胞自我更新和分化中发挥双重作用 [131]。Noggin 是一种已知的 BMP 拮抗剂，可使人胚胎干细胞保持多能分化状态，BMP 处理人胚胎干细胞可诱导中胚层和滋养层的发生 [132-134]。

Nodal/ 激活素信号通过抑制 BMP 诱导的分化作用并通过活化 SMAD2/SMAD3 来维持 Oct4 和 Nanog 的表达，从而使人胚胎干细胞保持多能性和自我更新能力 [135, 136]。通过抑制剂 SB431542 抑制 SMAD2 磷酸化可抑制激活素 /Nodal 通路，从而导致人胚胎干细胞分化 [128, 137]。激活激活素 /Nodal 信号通路引起 SMAD2/SMAD3 与 Nanog 启动子区域结合，致人胚胎干细胞中的 Nanog 上调，进而阻止内胚层分化 [137]。相反，缺乏 Smad2/3 的小鼠胚胎干细胞可以保持自我更新能力。SMAD2/3 是精确基因表达模式分化过程中所必需的 [120]。也有报道称，活化 SMAD2/3 信号通路引起 LEFTY 的表达，LEFTY 使人胚胎干细胞处于未分化状态 [138]。SMAD2/3 还可以与 METTL3-METTL4-WTAP 复合物相互作用，该复合物参与将 N^6- 甲基腺苷添加到转录过程中的作用，该转录过程在 TGF-β 信号调节人胚胎干细胞中发挥决定细胞命运的作用 [139]。

如前所述，TGF-β 和 FGF 信号通路都是人胚胎干细胞自我更新所必需的 [128]，抑制两者的激活都会导致人胚胎干细胞分化。据报道，在 FGF 信号持续存在的情况下抑制 TGF-β 信号可引起神经外胚层分化 [4, 140, 141]。通过激活 SMAD2/3 蛋白、激活激活素 /Nodal 信号和抑制 FGF 信号通过，可使人胚胎干细胞分化为中胚层 [142]。也有报道称，激活 BMP 信号和抑制 TGF-β 和 FGF 信号可促进胚胎干细胞分化为原始内胚层和胚外滋养层谱系 [136, 141]。TGF-β 信号通路也被报道其在人胚胎干细胞向肝细胞分化中起作用，这一过程涉及间充质和上皮之间的转换 [143]。

抑制激活素 /Nodal 信号通路会导致 ZEB2 表达的增加，引起对 SMAD2、SMAD3 靶基因的抑制，从而促使小鼠胚胎干细胞的神经外胚层分化 [144, 145]。

Nodal 信号的激活也可以通过活化结信号后 SMAD2、SMAD3 与 TRIM33/TIF1gb 的相互作用触发小鼠胚胎干细胞向中胚层谱系的分化来实现。然后，该复合物与 H3K9me3 和 H3K18ac 结合后，会导致与中胚层谱系基因相关的染色质发生开放[146]。

Nodal 信号通路还可以通过募集去甲基化酶，如 JMJD3，导致抑制性 H3K27me3 标记去除和最终人胚胎干细胞向内胚层直接分化[147, 148]。全基因组表达谱显示，JMJD3 与 SMAD3 共同定位于神经干细胞中 TGF-β 反应基因的启动子，因此是 SMAD3 依赖性神经元分化所必需的[149]。除了组蛋白甲基化，组蛋白脱乙酰化也可以调节 Nodal 信号传递。HDAC1 可以抑制结基因表达，从而促进小鼠胚胎神经元的诱导[150, 151]。一些研究表明，在分化过程中，SMAD2/3 蛋白与转录因子如 FOXH1 和脱中胚蛋白相互作用，因为转录因子 Oct4 和 Nanog 的表达受到抑制，会导致内胚层的分化[129, 135, 148]。

先前的研究表明，在特定阶段抑制 TGF-β 信号通路可提高体细胞的重编程效率，因为 TGF-β 是间充质状态的主要诱导因素[152, 153]。人胚胎干细胞的重新编程依赖于由 TGF-β 信号和上皮－间充质转化因子调节的上皮的状态[153-157]。在重新编程过程中，可以观察到三个不同的阶段：第一阶段为在 BMP 信号和 KLF4 的帮助下，涉及间充质向上皮转化[158]；第二阶段为从间充质－上皮转化向多能状态过渡，第三阶段以获得完全多能性为标志[159, 160]。c-Jun 是 TGF-β 信号传递的下游靶点，与 TGF-β 类似，通过活化间充质相关基因诱导间充质状态来抑制重新编程[150, 151, 161]。

TGF-β/SMAD 通路是决定干细胞的状态和分化的重要调节因子。小鼠和人类胚胎干细胞的命运在很大程度上取决于细胞外信号或配体，这些信号或配体在该途径中能够激活不同的下游信号级联。因此，关于胚胎干细胞命运选择的分子机制，产生了许多相互矛盾的观点。例如，小鼠胚胎干细胞依赖 BMP 信号进行自我更新，而人胚胎干细胞依赖激活素/Nodal/Smad2/3 通路保持未分化状态。在了解小鼠胚胎干细胞、人胚胎干细胞和诱导多能干细胞的多能性和分化背景下，不同 TGF-β 家族信号的机制对于理解决定细胞命运的作用非常重要。

4. ERK1/2 信号通路

ERK/MAPK 信号通路在调节细胞周期、细胞增殖和癌变过程中的作用，几十年来一直为人们所熟知[77, 162, 163]。最近的研究表明，这种信号通路也是调节细胞命运和生物体正常发育所必需的。当生长因子结合并激活细胞膜上的特异性受体型酪氨酸激酶（RTK）时，ERK/MAPK 信号转导被激活。这种激活可导致特异性受体与受体蛋白如 GRB2 的结合，而 GRB2 又与鸟嘌呤核苷酸交换因子（GEF）如 SOS 发生结合。SOS 结合通过用鸟苷三磷酸取代结合的鸟苷二磷酸促进鸟苷三磷酸酶 RAS 的激活，鸟苷三磷酸现在可以启动下游激酶、MEK 和 ERK 的一系列磷酸化[162-164]。活化的 ERK 既可以磷酸化转位到细胞核的细胞质靶点，又能够自身进行核转位，并调节许多转录因子的活性[162-164]。

许多有关药物抑制剂或基因工程的研究表明，该信号通路也参与了决定细胞发育命运的过程。ERK 信号级联的激活与诱导小鼠胚胎干细胞分化有关，该途径最常见的上游激活因子是 FGF[165-167]。Austin Smith 和他的研究小组证明，在耗尽一种成纤维细胞生长因子 FGF4 后，小鼠胚胎干细胞能够维持具有多潜能标记物的基因表达，如 OCT4。然而，在易于被分化的作用下，*Fgf4*−/− 的小鼠胚胎干细胞未能上调 *Sox1* 或 *Nes* 等主要神经标记物[165]。由于这种缺失，ERK 信号显著下调，导致神经元分化受阻。在小鼠胚胎发育的背景下，也进行了关于 ERK 信号通路重要性的研究。*Erk2*−/− 小鼠能够发育成囊胚，但是它们无法发育成中胚层，并且在滋养层形成中显示出严重缺陷，无法在植入后存活[165, 168, 169]。ERK2 在胚胎干细胞中的表达水平高于 ERK1。缺乏 *Erk1* 的小鼠胚胎发育为可存活且可生育的小鼠，但会发生异常细胞增殖和胸腺细胞成熟受损[170, 171]。这些发现表明，FGF/Ras/ERK1/2 信号通路对分化很重要，并调节胚胎干细胞对神经和非神经谱系的作用[165]。ERK 信号还启动了内细胞团的分化，这一点可以通过扰乱该通路的任何成分后出现有缺陷的外胚层和内胚层的胚胎来证明。先前的研究报告表明，减少通路中关键受体蛋白的表达，*Grb2* 会使内胚层形成过程发生缺陷[172, 173]，然而降低 ERK 的活性会促使内细胞团中 OCT4 阳性的细胞持续滞留[172, 174, 174]。当 ERK 信号通过在 MEK 药理学抑制剂（ERK1/2 激活所需的上游激酶）或 FGFR 等上游靶点存在下培养小鼠胚胎而受到抑制时，胚胎表现出更多的 Nanog 阳性的细胞（外胚层特异性标记物），而 GATA4 阳性的细胞相对较少（内胚层特异性标记）[172]。FGF/ERK 途径不仅对内细胞团的分化很重要，而且对胚胎外组织（如滋养层）的分化[172, 176] 和二倍体滋养层增殖率的维持[172, 177-179] 也很重要。总的来说，这些关于小鼠胚胎的实验结果证实了对小鼠胚胎干细胞的研究正确性，即 ERK 信号通路对启动分化至关重要。

最近，Dhaliwal 等人[180] 发现 MEK-ERK 信号通路的激活破坏了维持环路的核心多能性，为分化的开始奠定了基础；他们进一步证明，磷酸化（活化）的 ERK 定位于细胞核，通过在残基丝氨酸 132 处磷酸化，导致核输出 KLF4；该作用反过来引起 Klf4 和 Nanog 表达的下调，最终导致 OCT4 和 SOX2 表达降低。此外，KLF4 也可通过 ERK1/ERK2 在不同位置（第 123 位丝氨酸处）发生磷酸化，使 βTrCP1 和 βTrCP2 识别该磷酸化标记位点，并向 KLF4 募集泛素化 E3 连接酶，以降解蛋白酶体为目标[77, 181]。ERK 信号还通过刺激 PARP1 的自聚核糖基化，将 SOX2 隔离，并阻止其与 Oct4/Sox2 增强子结合，导致 OCT4 和 SOX2 的表达降低[182]。

由于 NANOG 是 ERK 的一个底物，该激酶还可通过磷酸化来降低 NANOG 的反式激活活性和稳定性[77, 183, 184]。2018 年，Oscar Fernandez Capetillo 和他的团队研究了 RAS 蛋白的作用，RAS 蛋白是 ERK 通路的上游激活因子，在决定小鼠胚胎干细胞的细胞系定型方面起着重要作用。他们发现 RAS 的缺失会使胚胎干细胞无法分化，但同时保留了多能性。然而，Erf（ETS2 抑制因子）的缺失恢复了 RAS 缺陷型小鼠胚胎干细胞的分化能力[185]。除此之外，他们还发现核糖体 S6 激酶是 ERK 信号级联的负调控因子。核糖体 S6 激酶可能通过磷酸化信号级联的两个上游适配器来阻止 ERK 的激活。14-3-3 蛋白阻隔了 SOS1 被磷酸化的过程，从而导致其失活[186, 187]；磷酸化 GRB2 相关结合体阻止了 SHP2 的募集，从而抑制 MAPK/ERK 信号通路的活化[186, 188]。这一点可以通过减少胚胎干细胞中的核糖体 S6 激酶来证明，该过程会加速干细胞全能性的丧失，而不会损害细胞系定型[186]。

除了促进小鼠胚胎干细胞的分化，ERK 信号还控制胚胎干细胞的细胞生长周期。除了诱导小鼠胚胎干细胞的分化，RAS 缺陷还降低了小鼠胚胎干细胞集落的增殖率和生长率，因为细胞在 G_1-S 期的界限受到阻碍，无法进入有丝分裂期。然而，Erf 的缺失挽救了 RAS 缺陷型小鼠胚胎干细胞在增殖中的缺陷[185]。最近，有报道称，抑制 ERK 信号级联导致细胞周期检查点蛋白低磷酸化，引起细胞 G_1 期延长[189]。这表明 ERK 信号通路放弃了检查点，改变了胚胎干细胞独特的细胞周期特征，从而对胚胎干细胞的自我更新产生了负性影响。相反，大量持不同意见的证据表明，当 ERK 信号通路的其他上游激活剂如 Raf-a、Raf-B 和 Raf-C 被敲除时，小鼠胚胎干细胞将无法增殖和存活[190]。因此，MAPK/ERK 信号通路究竟如何影响增殖和自我更新，尤其是在小鼠胚胎干细胞的背景下如何发挥作用，目前尚不清楚。

近期，有两个研究小组使用不同的方法研究了小鼠胚胎干细胞和小鼠成体器官中 ERK 信号通路的动力学特征。第一组通过将 H2B Venus 标记敲入 *Sprouty4* 基因座（一个早期通路靶点）来制作胚胎干细胞系，并使用荧光强度作为信号通路活动的读数。他们在培养体外小鼠胚胎干细胞中发现了具有活性的异质性。ERK 信号通路在植入前胚胎的内部细胞团和植入后早期胚胎的内脏内胚层细胞中都很活跃。在植入后胚胎的器官发生过程中，ERK 活性在包括肢芽、头、嗅、生殖结节和子宫间质在内的间充质区域富集，而包括顶端外胚层嵴在内的上皮区域的活性水平较低 [191]。Deathridge 等人 [192] 使用基于 FRET 的传感器研究 ERK 信号的动力学特性，尽管已知 ERK 信号与分化有关，但他们发现 ERK 活性与退出多能性状态之间的相关性较弱；相反，ERK 在经历分化的胚胎干细胞中表现出异质性时空活性，细胞密度较低的集落周边区域 ERK 活性增加。由于该技术可以实现单细胞分辨率，因此研究者观察到，与无关或远亲的细胞相比，近亲细胞能够表达出类似的 ERK 活性模式。这表明 ERK 活性和信号传递与细胞谱系有关，这种不同的活性模式可能决定胚胎干细胞对不同谱系的认同。这是将 MEK 小分子抑制剂作为 2i 培养基的一个组成部分纳入培养基的根本原因，2i 培养基用于维持胚胎干细胞处于多能状态，以便长期培养。通过抑制 MEK1/MEK2 的活性能够抑制 ERK 信号，引起 DNA 整体的低甲基化。这是通过在转录物和蛋白质水平下调 DNA 甲基转移酶如 *Dnmt1*、*Dnmt3a*、*Dnmt3b* 和相关辅因子如 *Dnmt3l*、*Uhrf1* 的表达来实现的。此外，抑制 MEK 活性可上调与原始多能性相关的转录因子的表达。因此，抑制 ERK 信号通路可引起胚胎干细胞在培养中的表观遗传状态得以维持，类似于内细胞团 [193]。然而，胚胎干细胞的表观遗传状态和染色体稳定性取决于 ERK 信号的抑制程度，因为长时间抑制 MEK1/2 会导致基因中不可逆的表观遗传发生畸变，特别是与胚层形成、原肠胚形成或器官发生相关的基因，最终损害了发育过程 [193]。除此之外，ERK1/ERK2 还通过与某些发育基因的启动子区域及 PRC2 复合物结合来维持宽容的染色质环境。因此，它可以阻止 TFIIH 的结合，还可以磷酸化丝氨酸第 5 位点处的 RNA 聚合酶 II，从而来维持这些基因的稳定转录状态 [77, 194]。

然而，ERK 信号在人胚胎干细胞中的作用与小鼠胚胎干细胞完全相反。与小鼠胚胎不同，人类胚胎中外胚层和内胚层的形成不需要 FGF/ERK 信号 [195]。相反，作为 ERK 信号上游激活剂的 FGF2 是人胚胎干细胞维持多能性所必需的生长因

子 [2, 77]。这表明 FGF/ERK 信号通路在小鼠和人类胚胎干细胞中的作用是完全相反的，其中 FGF/ERK 信号对人类胚胎内细胞团的分化不是必需的，但对维持人胚胎干细胞的多能性是必需的。因此，与小鼠胚胎干细胞相反，通过敲除 *Erk2* 来抑制该途径会损害人胚胎干细胞的多能性 [77, 196]。ERK 信号在小鼠和人类胚胎干细胞中的这种相互冲突的作用可能是由于人胚胎干细胞与代表原始多能性状态的小鼠外胚层干细胞关系更为密切 [73, 74, 77]。因此，现有文献表明，ERK 信号对小鼠胚胎干细胞的自我更新是非必要的，但对其分化是必要的，并且该信号通路对小鼠和人类胚胎干细胞具有截然不同的作用。

5. Wnt 信号通路

进化上保守的 Wnt 信号通路是目前研究最多的信号通路之一。众所周知，它负责重要的生物学过程，包括细胞分裂和增殖、细胞命运决定和组织稳态 [197]。科学研究已经证实，这种信号级联反应与癌症的进展有关。Wnt 信号通路的另一个重要作用是胚胎发生过程中保持轴的特异性和向原肠胚形成阶段的进展 [198, 199]。除此之外，这一途径的组成成分的突变会导致许多发育缺陷，同时，这一途径的重要下游组成成员即 β 联蛋白的缺失，会导致胚胎死亡 [200-202]。Wnt 通路通过扩展胚胎干细胞识别来参与自我更新和多能性的调节。

Wnt 是分泌性的配体，结合膜上的两个受体蛋白，即 Fzd 和 LRP5/6。激活经典 Wnt 通路的结果是 β 联蛋白的稳定和核易位。当 Wnt 与 Fzd 和 LRP5/6 结合时，Dishevelled 蛋白（DVL）被募集到细胞膜上的受体复合物中，从而分解"破坏复合物"。"破坏复合物"由 Axin、GSK3β、CK1 和 APC 组成。DVL 隔离 Axin、GSK3β 和 CK1，导致它们无法磷酸化 β 联蛋白，从而阻止其后续泛素化和被 26S 蛋白酶体降解 [203-205]。稳定的 β 联蛋白可以转移到细胞核，并与 TCF/LEF1 联合调节下游靶基因的表达 [204, 206-208]。

Wnt 信号在胚胎干细胞自我更新和多能性调控中的确切作用尚存争议。此外，Wnt 活性程度也决定了胚胎干细胞是否能维持其多能性或分化。研究表明，高水平 Wnt 信号促进了小鼠胚胎干细胞多能性标记物的表达，而小鼠胚胎干细胞在低水平 Wnt 刺激下分化为神经元和心肌细胞 [209]。在分化的背景下，Wnt 信号促进中胚层和内胚层谱系分化 [199, 210, 211]，但减弱了神经外胚层谱系的分化 [212]。文献表明，β 联蛋白的稳定是由 APC 突变或 GSK3 β 两种亚型的缺失造成的。当 *Apc* 基因的两个等位基因都发生突变时，小鼠胚胎干细胞不能产生畸胎瘤，即使在这种条件下形成畸胎瘤，也不能分化为神经外胚层谱系 [200, 213, 214]。此外，缺乏 GSK3 α 和 β 亚型的细胞未能向神经谱系分化，并保留了多能性标记物如 NANOG、OCT4 和 REX1 的表达 [55, 200, 215]。TCF3 也是调节细胞命运的重要角色，是核心多能性网络的成员之一，但其作用仍有争议。大量文献表明，典型的 Wnt 通路通过将抑制性 TCF3 复合物转化为激活因子或用属于 TCF 家族的其他转录因子替代它们来帮助维持多能性。它们可以与 β 联蛋白相互作用，激活靶基因的转录 [202, 216]。Wray 等人 [202] 研究表明，GSK3 β 的抑制导致 TCF3 的去抑制，随后 β 联蛋白的稳定导致其靶基因的转录，其中包括核心多能性网络的成员 [202]。因此，Wnt 信号通路的下游成员，如 GSK3 β、β 联蛋白和 TCF3，通过减少对核心多能性网络的抑制作用，协同工作，维持了小鼠胚胎干细胞的多能性。Wnt 信号通路的成员也可以根据环境影响对小鼠胚胎干细胞产生完全相反的作用。2016 年，Austin Smith 和他的团队研究了 GSK3 β 抑制对分化的影响。通过抑制 GSK3 β，稳定了 c-Myc 和 β 联蛋白，这反过来确保原始态胚胎干细胞向内胚层分化。c-Myc 结合在 *Tcf3* 近端启动子处预结合 MIZ1 并抑制其活性。结果，内胚层特异性的先驱因子 *FoxA2* 的转录被抑制。随后，β 联蛋白活性可以通过上调 *Sox17* 等因子来驱动内胚层谱系的分化 [217]。TCF3 去抑制和 β 联蛋白稳定的靶点之一是 *Esrrβ*，它是与雌激素受体相关的孤核受体 [218]。由于 GSK3 β 的抑制，*Esrrβ* 的表达增加，导致自我更新的持续，核心多能性网络的维持和分化延迟 [219]。RNAi 介导的 *Tcf3* 基因表达降低刺激了小鼠胚胎干细胞的自我更新，但内源性 *Tcf3* 表达的减少抑制了小鼠胚胎干细胞向三个胚层分化 [200, 220]。在这种条件下，即使有维 A 酸存在 [200, 221]，或没有外源性白血病抑制因子 [200, 216]（据报道是诱导胚胎干细胞分化的条件），胚胎干细胞也无法分化。然而，*Tcf3* 的过表达促进了胚胎干细胞的分化 [200, 222]，抑制了干细胞特异性基因的表达 [200, 223]，而外源性添加 Wnt3a 则抑制了胚胎干细胞的分化并恢复了自我更新 [222]。一些研究表明，TCF3 可以和多能性相关的转录因子如 OCT4、SOX2 和 NANOG 相互作用 [216, 221, 224, 225]。TCF3 和 β 联蛋白的结合最有可能作为转录激活剂，维持小鼠胚胎干细胞的多能性 [52, 226]。

最近，科学家认为，TCF3 在胚胎干细胞中更多的是作为一个抑制因子而不是激活因子，β联蛋白通过解除 TCF3 的抑制作用来促进多能性相关基因的表达[226]。总之，GSK3β 的抑制和随后 β联蛋白的稳定降低了 TCF3 的抑制作用，激活了维持核心多能性网络所需的基因的转录[202]。近来研究发现，通过 Wnt/β联蛋白信号调节胚胎干细胞命运的另一个方面是表观遗传控制。最近的研究报道，Wnt 信号丧失和 β联蛋白活性下调导致胚胎干细胞染色质整体低甲基化，使其分化能力受损[201]。持续的 Wnt 活性对于维持胚胎干细胞的特性和基因组稳定性至关重要，因此强调了将 GSK3β 抑制剂作为小鼠胚胎干细胞长期体外培养所需的 2i 培养基成分的重要性。Wnt 信号通路也影响胚胎发育的不同阶段，特别是在原肠胚形成阶段[198, 199, 227]。有研究表明，过量的 β联蛋白阻止了双细胞胚胎发展到 4 细胞阶段，随后进入桑葚胚和囊胚阶段，但 β联蛋白缺失的胚胎并没有明显的发育缺陷，这可能是由于母体沉积的代偿作用[228]。然而，该途径的关键成分 β联蛋白可能调节发育潜力，主要在母体向合子过渡和胚胎发育的早期阶段需要它。

Wnt 信号通路不仅影响小鼠胚胎干细胞多能性和分化之间的平衡，而且对自我更新也有积极作用。GSK3β 介导的 β联蛋白稳定对于支持和促进自我更新也很重要[202]。Ying 等[52] 研究表明，在培养基中添加 GSK3β 抑制剂可在短时间内维持小鼠胚胎干细胞的自我更新；而在 2i（MEKi+GSK3i）培养基中生长的细胞可以维持更长时间[52, 200, 202]。虽然 LIF 和 MEKi 组合能够维持小鼠胚胎干细胞的自我更新，但其效果不如 GSK3i 和 MEKi 组合[52, 200, 202, 229]。这说明 Wnt 信号的激活可以维持小鼠胚胎干细胞的自我更新，但与其他信号通路的交叉相互作用使其更有效。另一种观点认为，TCF3 可以调节小鼠胚胎干细胞的自我更新。*Tcf3*^{-/-} 小鼠胚胎干细胞可以持续自我更新，而 *Tcf3* 过表达小鼠胚胎干细胞需要 Wnt3a 来恢复自我更新能力[222]。这说明 Wnt 信号通路通过抑制 TCF3 的抑制活性稳定 β联蛋白，揭示了 Wnt 信号通路的自我更新作用。

Wnt 信号通路在人胚胎干细胞中也很重要。Wnt3a 配体的加入激活了经典的 Wnt 信号通路，从而促进了细胞的存活和增殖。然而，在这种条件下，人胚胎干细胞逐渐失去其多能性，并开始出现分化迹象[230]。但相反的证据表明，活跃的经典 Wnt 通路维持了多能性标记物如 *Oct3/4*、*Rex1*、*Nanog* 的表达，并维持了小鼠胚胎干细胞和人胚胎干细胞的未分化表型[231]。即使在 *c-Myc* 缺失的情况下，小鼠成纤维细胞也可以使用重组 Wnt3a 有效地重新编程成诱导多能干细胞 [224, 225]。Wnt 信号和 β 联蛋白活性是人多能干细胞形成神经嵴细胞所必需的，信号的强度决定了轴向特异性。低 Wnt 活性产生前神经嵴细胞，而高 Wnt 活性导致后神经嵴细胞形成 [232]。在人类胚胎发育时，β 联蛋白下调会导致自发流产 [228, 233]。

因此，Wnt 信号通路可以通过支持多能性的保留或诱导小鼠和人类胚胎干细胞的分化来调节细胞命运，这取决于环境因素。虽然 Wnt 信号通路在调节胚胎干细胞自我更新中的确切作用存在争议，但有文献支持该通路至关重要，对自我更新具有积极作用。

6. 结论和未来展望

根据干细胞研究的进展，包括细胞因子、小分子抑制剂、生长因子、激素和血清等多种因素都参与了胚胎干细胞的维持和分化。这些因子通过各种已被广泛研究的信号通路发挥作用，以了解胚胎干细胞命运决定的分子机制。前面讨论的这些通路确实对胚胎干细胞的生存和维持至关重要，但应该注意的是，它们在细胞环境中并不是相互独立的。相反，决定细胞命运的是这些通路的相互作用（图 5.1）。LIF/JAK/STAT3 信号对于维持小鼠胚胎干细胞的多能状态必不可少。然而，人胚胎干细胞依赖 FGF2 和激活素 A 进行自我更新。同样，ERK 通路诱导小鼠胚胎干细胞的分化，而它对于维持人胚胎干细胞的多能性很重要。这种矛盾可能是由于它们的多能性状态不同，小鼠胚胎干细胞代表原始态状态，而人胚胎干细胞代表始发态状态。通过增加 β 联蛋白对中胚层 / 内胚层分化相关基因启动子区域的可及性，激活素信号与 Wnt 信号级联通路进行相互作用 [234]。除了 LIF 信号，小鼠胚胎干细胞的自我更新也依赖于 BMP 信号 [50, 116]。一项研究表明，Nodal/SMAD、Wnt/β 联蛋白和 FGF/ERK 通路组合是神经分化所必需的。Nodal/SMAD 和 Wnt/β 联蛋白信号通路的抑制加速了早期神经诱导分化。然而，在分化后期，Wnt/β 联蛋白通路的激活是神经元分化的必要条件，FGF/ERK 信号的稳定活性是维持神经元数量的必要条件 [235]。因此，这些途径不仅是结合在一起的，而且还遵循严格的时间顺序来调节它们的活性，以促进细胞分化。与小鼠胚胎干细胞类似，在人胚胎干细胞中，TGF-β 与 Wnt 信号相互作用并调节 β 联蛋白的应答 [127]。

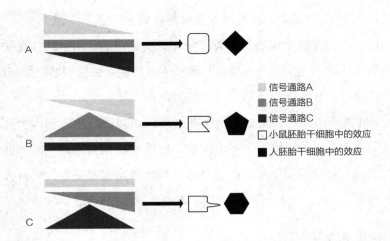

图5.1 图中信号通路展现了依赖于浓度、时间和位置的信号之间复杂的相互作用。A、B和C代表了三种不同的情况，它们在空间和时间上展示了信号通路组合的浓度和活性变化的影响。该示意图显示了信号通路浓度或时空活动的微小改变如何在人类和小鼠胚胎干细胞中产生不同的效应。此外，信号通路对小鼠和人类胚胎干细胞的命运有不同的影响。

　　我们可以得出结论，所有这些信号通路共同形成了一个决定小鼠胚胎干细胞和人胚胎干细胞命运的调控网络。为了更好地理解多能性的分子基础，有必要在原始态和始发态的背景下研究这些通路的空间、时间和浓度依赖的要求。

扫码查询
原文文献

第六章

免疫、干细胞和衰老

Ezhilarasan Devaraj, Muralidharan Anbalagan, R.Ileng Kumaran,

Natarajan Bhaskaran

1. 简介

衰老及其相关免疫是涉及多种机制的生理过程，它可能导致身体健康状况下降，并增加对感染和各种疾病（如代谢性疾病、神经退行性变性疾病、心血管疾病、癌症）的易感性。衰老是我们所有人都必须经历的过程，随着年龄的增长，所有生物体的组织和器官功能都会下降，这可能是由于干细胞及其活性在一段时间内降低所致。在体内稳态和一定应激压力的激发下，干细胞会启动再生身体组织的过程。在免疫系统和衰老方面，观察到 T 细胞功能出现显著下降，而其数量并没有明显变化。这种功能下降会削弱免疫系统功能，进而增加罹患自身免疫病的风险。干细胞的老化会降低其功能和分化为各种细胞类型的能力，最终影响细胞的修复。

在衰老过程中出现的组织功能显著下降可归因于促炎介质增强、全身炎症增加和创面修复受损[1]。免疫细胞和干细胞之间缺乏生物信号交流及组织中促炎因子的积累与年龄相关性免疫缺陷有关。一项研究表明，小鼠皮肤的树突状上皮 T 细胞可促进创面修复，这表明局部免疫细胞和老化干细胞之间存在相互协调作用[2]。由于细胞信息中断，表皮祖细胞在没有树突状上皮 T 细胞参与的情况下，老化皮肤的创面被重新上皮化[3]。老年人表皮中的类似情况是慢性创面形成的基础。免疫细胞和老化干细胞之间的这种通信干扰了促炎标记物的增强，从而导致组织功能的显著下降。皮肤细胞种类复杂，包括维持头发生长的毛囊干细胞和产生黑色素的黑色素细胞干细胞。毛囊干细胞的生长需经历三个阶段，即生长期、退行期和静止期。值得注意的是，衰老并不会降低毛囊干细胞的更新频率，尽管它们已经失去了功能[4]。

在皮肤衰老过程中，异位分化使得黑色素细胞干细胞显著减少[5]。当细胞暴露于电离辐射时，也可观察到对间充质干细胞的类似影响，这表明与年龄相关的头发灰白是由于基因毒性压力所致[6]。通过减少这种压力，头发可以保持其颜色。肠道中上皮细胞的快速更新是由肠道干细胞维持的。有研究发现，肠道中老化的巨噬细胞促进 TNF-α 表达的增加，降低了肠道干细胞的功能，从而破坏上皮屏障，并增加肠道通透性。在果蝇中的研究也表明，与环境相关的多种因素也在肠道干细胞衰老中发挥着至关重要的作用[7]。通常，肠道干细胞老化是由于 JNK、p38 MAPK[8] 和 VEGF 相关信号通路的激活[9]。在衰老果蝇中，血细胞相互作用导致肠道发育不良；而在年轻果蝇中，同样会促进肠道干细胞增殖和抗感染能力。研究表明，干预导致了衰老干细胞的改变、增殖和分化[10]。在哺乳动物的肠道干细胞中，存在两种可相互转换的标记物，即增殖的 $Lgr5^+$ 细胞和静止的标记保留细胞，分别存在于基底和隐窝上方[11]。

卫星细胞是负责在损伤期间再生骨骼肌纤维的细胞[12-14]。衰老是卫星细胞减少的主要原因[15-17]。由于信号通路的改变，卫星细胞向纤维化谱系分化，如倾向分化的 Wnt 通路和 TGF-β 通路[18, 19]。骨髓中的造血干细胞在衰老过程中也会发生变化。研究发现，造血干细胞功能随着年龄的增加而显著降低[20, 21]。老化的造血干细胞在倾向分化潜能下表现出髓系谱系分化[22]。在老年人中，还发现贫血与造血干细胞的老化有关[23]。

在生殖干细胞中，衰老显示生殖干细胞增加导致细胞周期阻滞[24]。在哺乳动物中，精原干细胞帮助维持雄性生殖系，并在衰老时减少其数量。有研究表明生态位退化与生殖细胞老化有关[25, 26]。胰岛素在维持生殖干细胞的数量和功能中起着重要作用[27, 28]。

哺乳动物大脑中的神经干细胞在成年期的特定区域发生神经再生。随着年龄的增长，神经干细胞的数量会减少，导致神经功能下降[29]。神经干细胞在年龄增长过程中的衰老是神经干细胞数量下降的原因之一[30]。这种衰退会影响衰老过程中的记忆、学习和其他认知功能[31]。

1.1　表观遗传学和衰老干细胞

在我们的一生中，细胞和组织中会发生多种表观遗传变化。表观遗传学通常涉及 DNA 甲基化模式的变化、组蛋白修饰和染色质重塑。有多种酶对表观遗传特征的产生和维持很重要，如 DNA 甲基转移酶、组蛋白乙酰化酶、组蛋白脱乙酰酶、组蛋白甲基化酶和组蛋白去甲基化酶。我们一生中发生的表观遗传变化会影响干细胞功能[32]。研究表明，DNA 甲基化模式可以预见人类的年龄。在造血干细胞的小鼠研究中，将年轻和年老小鼠之间的 DNA 甲基化进行比较表明，所有年老小鼠的整体 DNA 甲基化都有所增加。相比较而言，剩余的成体干细胞表现出 DNA 甲基化的下降。应该注意的是，在其他成体干细胞的特定位点的 CPG 岛中看到了强烈的甲基化模式。与年轻的造血干细胞相比，老年造血干细胞中的组蛋白抑制标记如 H3K9me3 和 H3K2me3 增加。所有这些都表明，增加异染色质化的过程以时间依赖性方式发生，从而降低了衰老过程中的干细胞可塑性。Hannum 和他的团队使用 656 人的全血样本进行的全基因组甲基化分析表明，与女性相比，男性的 DNA 甲基化组老化速度更快[33]。DNA 甲基化组中的年龄相关性差异与基因表达模式的功能变化直接相关[33]。

1.2　衰老的性别差异

无论性别如何，年龄和免疫系统的功能都不同。与老年男性相比，老年女性更容易罹患自身免疫病。相反，与老年女性相比，老年男性更容易出现感染性疾病，并且对疫苗的反应较弱。男性和女性之间的这种差异可能是由于细胞频率和细胞内在特性的不同导致[34]。为了区分与衰老相关的免疫细胞功能，Marquez 和同事从 172 名健康个体（年龄匹配的女性和男性）中分离出外周血单个核细胞，他们使用 ATAC 测序、RNA 测序和流式细胞术的研究表明，男性的 T 细胞功能随着年龄的增长而下降幅度更大。与女性相比，随着年龄的增长，男性的细胞毒性细胞和单核细胞功能有所增加[34]。随着 B 细胞老化，在男性和女性中观察到完全相反的结果。随着年龄的增长，B 细胞标记基因仅在女性中上调，而这些基因在男性中未被激活[34]。这可能是自身免疫和体液反应存在性别差异的可能原因之一。

2. 衰老

衰老是组织中发生与年龄相关的生化变化和各种生物学功能性能的恶化，包括免疫功能显著减弱，导致疾病易感性和死亡率增加[35]。衰老是多种疾病的风险因素之一，如痴呆、心血管疾病、骨质疏松症、癌症、糖尿病、特发性肺纤维化、青光眼[36]。衰老并非由单一因素引起，它是由多因素共同作用，包括 DNA 损伤、活性氧累积、炎症、昼夜节律破坏、新陈代谢紊乱、端粒丧失、干细胞功能降低、线粒体动力学破坏等[37]。衰老是一种永久性的细胞周期阻滞，导致老化的干细胞增殖受限，在老化过程中起着至关重要的作用[38]。衰老是对细胞老化、炎症、活性氧激活、DNA 损伤、核苷酸消耗和致癌基因的反应。人类蛋白激酶如共济失调毛细血管扩张突变蛋白（ATM）和共济失调毛细血管扩张 Rad3 相关蛋白（ATR）都被认为是 DNA 损伤的潜在传感器[39]。端粒磨损和压力（致癌或氧化）引起的 DNA 损伤会激活 ATM 和 ATR，它们分别进一步激活 Chk2 和 Chk1 通路；随后，反式激活 p53 和 p21^{Cip1}。p21 的激活诱导周期蛋白依赖性激酶 4、周期蛋白依赖性激酶 6（CDK4、CDK6）的活性抑制，这有助于 G_1 期细胞周期阻滞或衰老[40]。组织中与衰老相关的促炎标记物积累是衰老的原因，这被称为炎症。产生衰老相关分泌表型的细胞与炎症介质的积累有关。衰老细胞由于 DNA 损伤而获得 SASP，并导致促炎标记物如 IL-6 等的合成和释放[41, 42]。

从机制上讲，细胞内细胞器（如线粒体）中的衰老相关蛋白质聚集物会导致线粒体损伤。受损的线粒体会积累细胞内活性氧并干扰与干细胞功能相关的几种细胞信号传递[43]。前期研究表明，细胞内活性氧积累激活 p38 MAPK 和 FOXO1，负责干细胞增殖及其分化中与应激信号相关的损伤[44-46]。氧化应激还通过 DNA 损伤参与干细胞衰老和细胞毒性过程[47]。这些过程直接影响成熟或老化的干细胞的再生潜力和自我更新能力，从而消耗干细胞库[45]。从表观遗传的角度来看，衰老和自噬损伤会导致线粒体中有毒蛋白质聚集体增加。这会扰乱糖酵解和氧化磷酸化过程中的稳态，引发表观遗传调节因子和辅因子合成的变化[45]。线粒体呼吸过程（如糖酵解和氧化磷酸化）之间的破坏和不平衡，通过 DNA 甲基化以及组蛋白甲基化和乙酰化导致表观遗传改变，从而消耗干细胞群[48, 49]。衰老过程涉及多种细胞，包括内皮细胞、干细胞和血管平滑肌细胞。其中，干细胞是衰老过程的主要驱动因素之一。

3. 衰老干细胞

胚胎干细胞起源于囊胚的内细胞团。它们是全能的，并且具有在胚胎发育和生长过程中分化为其他细胞类型的变异潜力[50]。诱导干细胞具有多能性，与胚胎干细胞相似。它们可以通过将四种转录因子插入其遗传物质，如 OCT4、SOX2、c-Myc和 KLF4[51]，进而分化为任何成体细胞类型。在多细胞生物体中，成体干细胞几乎存在于身体的所有组织中[47]。它们通过组织再生和维持在衰老过程中发挥重要作用。由于它们的自我更新能力，这些细胞负责组织的再生和垂死细胞的补充[45]。造血干细胞能够在整个成年期分化为所有类型的血细胞，包括免疫细胞[52]。氧化应激及表观遗传、基因组和蛋白质组学变化，会导致干细胞自我更新和分化功能受损[53]。老化过程中，所有组织都会经历连续的再生衰退。干细胞数量的减少及其再生能力与衰老有关[54]。此外，自我更新能力下降和干细胞周期的改变也与衰老有关。由于端粒缩短，人类造血干细胞的增殖能力与年龄呈负相关[55, 56]。因此，衰老会降低干细胞功能，进而导致免疫功能和组织维持受损，以及副作用、衰老和细胞凋亡[45]。

造血干细胞不断更新免疫细胞，造血系统功能被认为也会随着年龄的增长而下降[57]。造血干细胞及其在骨髓中的更新能力也随着衰老过程而下降[58]。造血干细胞生态位的变化以及激素产生的改变和各种信号干扰了免疫细胞的自我更新能力和造血干细胞的谱系。例如，骨髓生态位 TGF-β 信号控制免疫系统的稳态以及造血干细胞的沉默和自我更新[57]。因此，造血生态位衍生的细胞外因子参与造血干细胞的维持[59]。一旦在骨髓和胸腺中产生，未成熟的 T 细胞和 B 细胞就会游走到脾脏等次级淋巴器官。初级淋巴细胞的生成在年轻人中非常活跃和强大。由于内在因素和外在因素引起造血干细胞的变化，淋巴细胞的发育随着年龄的增长而显著减少。因此，在骨髓和胸腺中，B 细胞祖细胞和 T 细胞祖细胞数量随着年龄的增长而显著下降，这可能与随年龄增长而造血干细胞功能降低直接相关[41]。细胞内在因素（如DNA 损伤反应、活性氧产生增加、表观遗传变化、端粒磨损、极性变化）与年龄相关性积累会诱导造血干细胞衰老，这些过程会间接削弱免疫细胞功能[59]。

4. 免疫和免疫细胞

在生物体中，免疫系统是抵御病原体干扰的防御机制的重要组成部分。与年龄相关的免疫功能障碍，也称为免疫衰老，揭示了对感染和炎症的易感性。它还加剧了自身免疫病和癌症的发生发展[60]。在免疫系统中，相关器官遍布全身，它们被称为淋巴器官。淋巴细胞是来自淋巴器官的白细胞，在免疫系统中至关重要。T细胞在淋巴器官（胸腺）中成熟，然后前往其他组织对抗病原体，而B细胞发育成活化和成熟的浆细胞，进而产生针对疾病的抗体。所有的免疫细胞都是从骨髓中的未成熟细胞开始的。通过与不同的细胞因子和其他分子相互作用，它们可生长成特定类型的细胞，如辅助性T细胞、自然杀伤细胞等。这些细胞及其细胞因子（如趋化因子、白细胞介素和抗菌肽）提供了前线防御，作为先天免疫系统和适应性免疫系统来对抗各种病原体及其相关疾病[61]。

由特定的先天性和适应性免疫细胞产生的细胞因子和趋化因子会随着衰老而显著改变。特别是引起炎症的细胞因子，如IL-6、IL-1β、TNF-α和TGF-β，会导致炎症及在老年人中观察到的炎症变化[62]。免疫细胞及其细胞因子的变化如图6.1所示。这些免疫细胞因衰老而发生的变化会导致各种疾病。

5. 免疫衰老

衰老的一个众所周知的症状是免疫系统的衰退（免疫衰老）。免疫衰老导致辅助性T（Th）细胞功能显著降低。这反过来会扰乱体液免疫并损害B细胞功能。随着年龄的增长，调节性T细胞通过增加其数量继续发挥作用，并主要调节老年人的免疫系统。自然杀伤细胞是重要的先天免疫保护机制之一，其细胞毒性和细胞因子产生减少；先天免疫的这种变化也会影响适应性免疫，并进一步影响抗衰老机制。此外，Th1细胞对主要Th2型抗原反应的变化及其细胞因子的改变已被预测为年龄导向性免疫功能障碍的机制。图6.1和表6.1中也显示了相同的内容[63]。在衰老过程中，由于促炎介质水平升高、全身炎症和创面愈合减弱，各种组织的功能也下降[1]。研究表明，免疫细胞和干细胞之间缺乏交流及组织中促炎因子的积累与年龄相关性缺陷有关。在衰老过程中，T细胞功能显著下降，而细胞毒性和单核细胞功能增加[34]。这种特征与免疫系统中的年龄相关性变化相匹配，包括随着年龄的增长适应性反应减弱和全身炎症增加[34, 64]。

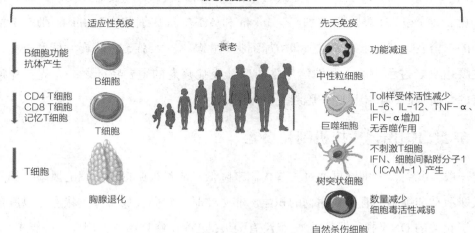

图6.1 适应性免疫和先天免疫中与衰老相关的变化

表6.1 衰老中的先天免疫和适应性免疫

衰老中的先天免疫		衰老中的适应性免疫	
髓系细胞数量	增加	原始细胞数量	减弱
		记忆细胞数量	增加
细胞因子生成	增加	调节性T细胞数量	增加
自由基生成	增加	调节性T细胞功能	减弱
		细胞增殖	减弱
吞噬作用	减弱	B细胞数量	减弱
		B细胞功能	减弱
趋化性	减弱	抗体生成	减弱
		自身抗体的生成	增加

注: 显示了先天免疫和适应性免疫在衰老过程中的功能差异

在年轻的个体中，骨髓和胸腺中 B 细胞和 T 细胞的健康产生是重要的。在造血干细胞中，有相对较多的淋巴干细胞，可以产生具有高生成潜力的淋巴祖细胞。然而，在老年人中，偏向淋巴的造血干细胞的数量显著下降。在衰老过程中，造血干细胞受骨髓影响的干细胞占主导地位，导致骨髓祖细胞数量增加和淋巴祖细胞数量减少 [41]。与年轻人相比，B 细胞祖细胞和 T 细胞祖细胞显示出增殖。p16Ink4a 和 p16Arf 等肿瘤抑制因子在不同组织的衰老细胞中升高 [65]。p16Ink4a 水平升高会激活视网膜母细胞瘤，诱导细胞周期阻滞。p19Arf 激活 p53，诱导细胞周期阻滞或细胞凋亡。淋巴祖细胞的重要性与年龄有关，小鼠研究表明，在衰老过程中，前 B 细胞中的 Ink4a 和 Arf 表达均增加 [66]。Ink4a 和 Arf 在前 B 细胞中和 Ink4a 在前 T 细胞中的扩增表达有助于减少增殖和增加细胞凋亡 [41, 67]。炎症衰老为慢性低度炎症，它主要由衰老过程中的内源性信号驱动 [68]。炎症衰老的主要特征之一是先天免疫系统的长期激活，其中巨噬细胞起主要作用。

6. 蛋白损伤，质控机制和衰老

一般情况下，干细胞可通过一些机制来降低衰老过程中损伤积累的风险，如降低代谢活动和细胞内有毒代谢物的积累。非必要时，它们会保持静止状态，以避免与复制相关的 DNA 损伤 [69]。干细胞没有强大的 DNA 修复系统，因此，降低 DNA 损伤的风险至关重要。当干细胞处于静止状态，RNA 和蛋白质合成显著减少，有助于维持健康的蛋白质组，因为蛋白质折叠及去除错误折叠和损坏的蛋白质是消耗大量能量的过程，该过程会和其他生物机制互相结合 [70]。干细胞可应用多种避免损伤的方式维持自身稳态，如自噬（一种进化保守的过程，负责去除受损的蛋白质和细胞器）。自噬过程的下降与衰老加速有关，衰老时可观察到损伤累积的速度超过了损伤去除的速度。

年轻时，蛋白质稳态由蛋白质"质量控制机制"维持，如自噬、泛素－蛋白酶体系统及线粒体和内质网中未折叠的蛋白质反应等 [45]。这些蛋白质系统的生产力证实了蛋白质的靶向性和蛋白质中错误折叠损伤的清除，这种能力会随着衰老而下降并损害细胞功能 [71]。其机制尚不明确，但 FOXO 等调节性转录因子的紧密作用在衰老过程中很重要 [72]。

7. 干细胞和衰老的分子机制

机体内几种细胞内信号参与干细胞耗竭相关的衰老过程。DNA 损伤积累在老化的干细胞中很常见。干细胞 DNA 损伤负责激活与细胞周期阻滞、细胞凋亡、衰老或分化有关的几个信号级联反应 [73, 74]。据报道，Arf/p53 通路保护干细胞免受急性应激和 DNA 损伤；该通路还调节与干细胞衰老相关的慢性应激类型 [75]。在小鼠中，Arf/p53 活性的适度增加是抗衰老作用的原因，而 p53 的下调可促进衰老。失调的 Arf/p53 活性通过显著降低干细胞的功能及其再生能力来影响小鼠的寿命 [76]。

相比之下，p53 还可以促进衰老并减少组织再生。它还与干细胞过早衰竭有关。在小鼠中，由于 Rad50 亚型突变导致的 p53 功能丧失引起干细胞仅部分存活，表明凋亡信号传递和双链突破 p53 导致干细胞死亡，并且敲除这些小鼠中的 p53 保护了造血干细胞 [77]。因此，p53 在与衰老相关的干细胞中的作用仍存在争议。

在活性氧的背景下，线粒体充当活性氧的来源和目标 [78]。活性氧主要在氧化磷酸化过程中产生，这会干扰干细胞功能及其命运。在骨髓的干细胞生态位中，造血干细胞位于低氧和低活性氧条件下的生态位中 [55]，具有长期自我更新活性的能力 [79]。衰老造血干细胞内活性氧的积累导致氧化应激，导致 p53 相关 DNA 损伤反应通路、DNA 损伤感应丝氨酸 / 苏氨酸蛋白激酶、ATM 和 FOXO3a 的激活，进而激活 p16Ink4a/p19Arf，从而诱导干细胞衰退和衰老 [80]。在衰老的造血干细胞中，压倒性的细胞内活性氧会激活 p38 MAPK 信号，从而通过上调 p16 和 Arf 等抑制剂来促进造血干细胞消耗和谱系偏斜 [81]。

充足的证据表明，线粒体功能对于造血干细胞命运的决定和功能至关重要，线粒体功能逐渐下降与衰老有关 [82]，组织干细胞线粒体通过控制代谢和呼吸来调节衰老。与老化的干细胞不同，年轻的干细胞含有代谢不活跃的线粒体 [79, 83]。除了它们的代谢功能，线粒体对各种应激信号做出反应，这些应激信号可以产生逆行信号，例如，影响其他细胞内细胞器的活性氧，从而损害干细胞的功能和活性 [84]。糖酵解 - 氧化磷酸化平衡对于干细胞稳态至关重要，其干扰导致表观遗传调节因子和辅助因子水平不足 [45, 85]。线粒体损伤会导致过量的活性氧，进而导致线粒体损伤和代谢失衡，从而影响糖酵解和氧化磷酸化的稳态。这种紊乱会导致组蛋白和 DNA 乙酰化，而甲基化随后会诱导干细胞的表观遗传改变 [45]。研究表明，由活性氧引起的线粒体稳态破坏是导致干细胞产生和分化受到抑制从而导致干细胞库耗尽的原因。此外，进化上保守的 FOXO 转录因子被确定为维持不同组织内稳态的关键干细胞调节因子 [86]。FOXO1、FOXO3a 和 FOXO4 的干细胞特异性缺失导致线粒体功能障碍和活性氧积累增加，导致造血干细胞静止和自我更新能力丧失 [79]。

自噬是一种重要的蛋白质稳态，涉及体内平衡维持、免疫以及疾病的发展和预防 [87, 88]。在静止的干细胞中，基础水平的自噬负责去除代谢活跃的线粒体。从而控制氧化磷酸化、糖酵解、干性和再生潜力 [89]。越来越多的证据表明，衰老干细胞中受损的自噬相关基因会导致蛋白质稳态失衡和线粒体功能障碍 [89]。mTOR 在干细胞增殖、自我更新、分化和祖细胞维持中非常重要[90]。mTOR 过度活跃是通过调节干细胞中的自噬和线粒体自噬导致干细胞耗竭的[91]。

从免疫系统的角度来看，上述所有事件都显著调节了免疫系统的稳态及其功能。在衰老过程中，干细胞会受到多种内在变化的影响。它们还对外部信号通路（如 TGF-β）有反应，这会降低它们的分化、自我更新以及归巢和可塑性潜力。在骨髓中，造血干细胞向免疫细胞的分化显著减少，免疫细胞的功能下降。老化后，成熟的干细胞会分泌多种介质，这些介质会影响免疫细胞的增殖、分化和细胞毒性潜力。衰老、干细胞和免疫系统之间的联系如图 6.2 所示。

8. 衰老过程中改变的发育途径

发育途径的重大变化是不同组织干细胞衰老的主要原因。衰老过程中受影响的发育途径包括 Wnt、Notch、FGF、TGF-β、p38 和细胞衰老信号。

8.1 Wnt信号通路

衰老会增加肌肉干细胞中的经典 Wnt 信号，进而促进肌肉干细胞分化为引发肌肉纤维化的纤维化谱系。受伤后肌肉再生也会下降[18]。Wnt 信号从经典（Wnt3A）到非经典（Wnt5A）的变化通过对干细胞极性造成伤害来促进造血干细胞老化。这种 CDC42 依赖性过程是改变造血干细胞与其生态位、自我更新和分化之间相互作用的关键[92, 93]。由于 Wnt3A 促进淋巴细胞生成而 Wnt5A 增强骨髓生成[94]，从经典到非经典 Wnt 信号的改变可能会导致与年龄相关的造血向骨髓生成倾斜[95]。

8.2 Notch信号通路

Notch 信号减少与衰老有关。Notch 信号的变化和 TGF-β 的增加会损害肌肉干细胞的再生。TGF-β/SMAD3 和 Notch 信号失衡已被证明会增加细胞衰老标记物 p16 和 p21（周期蛋白依赖性激酶抑制因子）的表达[96]。在衰老过程中，造血干细胞中的 Notch 信号再次受到抑制，这导致已经激活的造血干细胞自我更新受损。在肠道干细胞中，Notch 信号被抑制导致肠道干细胞的增殖和分化损害。

其他发育途径在干细胞衰老中的作用仍有待研究。一些归因于干细胞衰老的原因如下。① 端粒磨损：其中端粒随着年龄的增长而缩短。有人认为端粒的长度

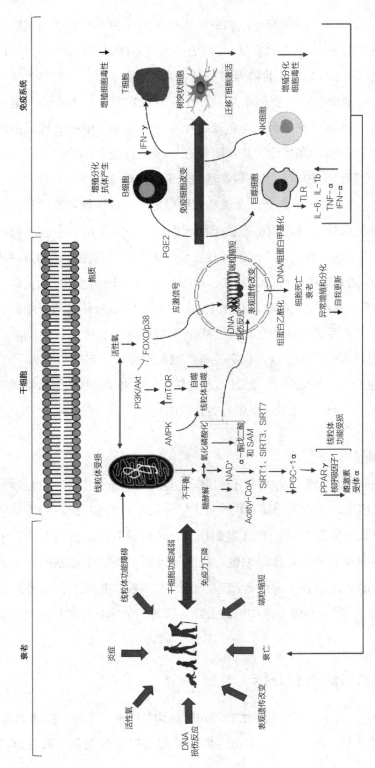

图6.2 干细胞和免疫系统中与衰老相关的变化。该图通过探索重要的信号通路和机制，描绘了干细胞如何在衰老和免疫系统之间相互联系。衰老直接影响干细胞的功能，同时产生活性氧诱导的应激，导致线粒体功能障碍。这些过程反过来通过增加促炎细胞因子来影响免疫系统，从而导致细胞衰老、表观遗传修饰和应激。

与晚年生存有关[97, 98]。②细胞衰老：其中由短端粒诱导的不可逆细胞周期阻滞被认为是干细胞衰老的主要原因。③ DNA 损伤和突变：DNA 损伤和突变的积累归因于干细胞衰老，而 DNA 修复的增强可以延长寿命[99]。④表观遗传改变：染色质调节是影响干细胞功能的重要因素之一。在衰老过程中，基因表达和染色质水平发生显著变化。DNA 突变引起的染色质变化是由于衰老干细胞表现出的谱系表型偏斜所致。⑤营养感知和代谢：热量限制在干细胞衰老中起着动态调节作用。它会降低胰岛素、胰岛素样生长因子和氨基酸水平，同时增加 NAD$^+$ 和腺苷一磷酸（AMP），这最终会改善 DNA 修复、表观基因组稳定性、抗压性和氧化代谢，从而延长寿命。⑥细胞极性和蛋白质稳态：干细胞保持较高水平的自噬和蛋白酶体活性，以修复蛋白质损伤。在造血干细胞和皮肤干细胞中，与其他分化细胞相比，自噬更高[100]。⑦功能衰退和循环因素：除了干细胞衰老，干细胞环境老化也会带来干细胞功能的改变。这些老化的生态位细胞无法将适当的信号传递给干细胞，从而影响细胞命运。循环因子浓度的变化也会影响干细胞衰老。例如，胰岛素、IGF1 和 TGF-β 在衰老过程中增加，这会损害卫星细胞和神经干细胞的功能[19, 101]。干细胞的再生可以通过对干细胞进行重新编程来实现，包括 DNA 甲基化和刺激组织干细胞再生的疗法，以及针对衰老过程中炎症介质的积累。

8.3　细胞衰老

细胞衰老是一种永久性细胞周期阻滞状态，与细胞形态、生理、染色质组织和基因表达的变化相关，并伴有分泌组的变化[45, 102]。细胞衰老是由各种类型的压力触发的，如端粒缩短、活性氧、DNA 复制压力，或致癌基因激活或多能性因子过表达等信号。细胞衰老导致造血干细胞、肌肉干细胞和肠道干细胞的衰老相关功能恶化。在活跃的衰老过程中，衰老细胞在组织中积累，并负责合成各种被称为 SASP 的促炎介质[45, 102]。小鼠衰老细胞的去除可改善干细胞功能和代谢性能以及组织维持和寿命[45]。

9. 预防衰老的药物和方法

在衰老研究中，去甲二氢愈创木酸和阿司匹林均可以延长雄性小鼠的寿命[103]。另一项小鼠研究表明，阿卡波糖、17-α-雌二醇和去甲二氢愈创木酸可延长小鼠的寿命，尤其是雄性小鼠[104]。一项关于雷帕霉素（一种 mTOR 抑制剂）的研究证明，雷帕霉素对衰老的抑制非常有说服力。小鼠和酵母研究表明，mTOR 的药理抑制作用可延长寿命。除了延长寿命，小鼠的雷帕霉素治疗还可以预防各种与年龄相关的疾病，如癌症[105] 和心血管疾病[106]，同时恢复干细胞功能[107] 和增强肌肉功能[108]。当在生命的后期被给予雷帕霉素时，可延长寿命[109, 110]，并以剂量依赖的方式减缓衰老，进而表现出不同的性别效应[111]，并且与二甲双胍具有协同作用。此外，在一项临床试验中，老年人用雷帕霉素衍生物治疗 6 周后，他们对流感疫苗的免疫反应得到改善[112]。

二甲双胍是全球 2 型糖尿病的一线治疗药物。二甲双胍已在人类中使用了 60 多年，并且具有突出的安全性[113]。来自多项随机临床试验和其他观察性研究的数据表明，服用二甲双胍实现血糖下降的糖尿病患者，同时也降低了年龄相关性疾病的发病率[113]。二甲双胍已被证明可以抑制细胞因子受体、胰岛素、胰岛素样生长因子 1 和脂联素，所有这些途径都会随着衰老而激活，并且在调节时与长寿相关[113]。在细胞内，二甲双胍已被证明可以抑制炎症通路，激活 AMP 活化的蛋白质激酶（AMPK）并增强对 mTOR 的抑制，而 mTOR 是众所周知的衰老关键靶标。这些机制可能有助于减少氧化应激，去除衰老细胞。总体而言，以上过程会影响炎症、细胞存活、应激防御、自噬和蛋白质合成，这些都与衰老机制息息相关[113]。

就干细胞而言，通过一定的措施进行干预，使衰老的免疫系统恢复活力并同期改善干细胞功能。就免疫系统而言，增加 B 细胞的生成是通过刺激 B 细胞祖细胞实现的，这反过来又诱导胸腺刺激初始 T 细胞的产生。就治疗而言，使用抗氧化剂和抗炎化合物可以减少导致干细胞功能障碍、衰老相关免疫系统退化和衰老的活性氧、炎症介质的积累。此外，使用 mTOR 抑制剂，尤其是 mTOR 复合物 1（mTORC1）抑制剂和雷帕霉素，可通过增加干细胞中与衰老相关的自噬能力来延长寿命。细胞外 TGF-β 信号传递对衰老组织中干细胞功能降低起着至关重要的作用。因此，特异性抑制 TGF-β 信号有助于调节干细胞功能和后续的免疫系统功能障碍。

除了抗衰老制剂和合成药物，还有更多替代方法可以预防衰老。在古代和近代，人们对使用阿育吠陀和悉达药物来逆转衰老很感兴趣。植物具有多种抗衰老的有机化合物和植物化学物质。此外，如图 6.3 所示，科学证明，健康营养食品、瑜伽、体育锻炼、音乐疗法、减轻压力和增强免疫力等在对抗衰老方面发挥着重要作用。

在本章中，我们试图根据有关衰老的证据及其机制，干细胞在衰老中发挥的主要作用，以及免疫系统在衰老中的重要性，来收集最激动人心的证据。

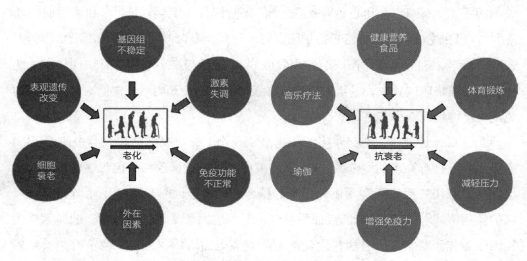

图6.3　与衰老和抗衰老有关的因素

10. 结论

衰老过程和免疫功能密切相关，免疫能力随着衰老的进展而显著下降。在上述过程中，B 细胞祖细胞和 T 细胞祖细胞数量显著减少。干细胞的自我更新和再生潜力在衰老过程中下降。从机制上讲，DNA 损伤、活性氧产生增加、表观遗传变化、端粒磨损、极性变化与衰老密切相关。此外，干细胞数量的减少及其再生潜力也是导致衰老的主要原因之一。因此，免疫增强剂、干细胞衰老的预防、干细胞相关信号通路的调节、Arf/p53 通路的激活和自然疗法，都可能在各种因素引起的衰老中起到预防作用。

扫码查询
原文文献

第七章

造血干细胞衰老：深入了解机制和结局

Bhaswati Chatterjee, Suman S. Thakur

1. 简介

造血干细胞可形成血液和免疫细胞，是最早被鉴定、研究最深入的干细胞之一（图 7.1）[1]。造血干细胞一生都会产生血液，同时维持自我更新和分化以保持健康状态。此外，造血干细胞的任何异常都会导致疾病[2]。造血干细胞在许多癌症的治疗中发挥重要作用，包括白血病、淋巴瘤和骨髓瘤，以及与血液疾病、免疫系统疾病和遗传代谢疾病相关的非癌性疾病，如镰状细胞病和肾上腺脑白质营养不良。在上述疾病中，造血干细胞已被成功用于替代血液和免疫细胞，但是仍存在一些应用技术障碍，如无法在体外复制和分化；同时，目前也缺乏从血液和骨髓中筛选造血干细胞的稳健方法，这阻碍了造血干细胞作为细胞替代疗法在糖尿病、神经系统疾病和脊髓损伤等各种疾病中的广泛应用。与已经用于临床的老化造血干细胞相比，目前更加需要健康和年轻的造血干细胞进行疾病治疗。因此，有必要了解造血干细胞的衰老机制和结局（图 7.1）。

干细胞是生物体内寿命最长的细胞之一，调控衰老和长寿[3]。不同组织的干细胞的衰老行为有所不同，但理论上干细胞的衰老过程应该有一些相似之处。造血干细胞中的干细胞周转率非常低，而在肠道中，干细胞增殖率非常高。造血干细胞分裂很少且缓慢，并且随着年龄的增长而失去自我更新的效率。然而，肠道干细胞在衰老过程中不会表现出功能下降，虽然它们会积累 DNA 损伤[4-7]。随着生活方式的改善以及科学和治疗方法的进步，老年人的数量正在增加。同样，老年人的血液病和白血病也在增加[8]。先天性免疫系统和适应性免疫系统的功能衰退会导致血液系统恶性肿瘤和其他疾病的发生，包括感染概率较高的自身免疫病。由于衰老和胸腺退化，B细胞和新生T细胞的产生也会减少[9]。

有趣的是，衰老过程无法逆转，但可以减缓。造血干细胞的再生能力随着年龄的增长而降低。造血干细胞老化与血液系统疾病有关，包括骨髓增生异常综合征和急性髓系白血病。与年轻人相比，老年人边缘群干细胞中促凋亡基因的表达减少，但边缘群干细胞的数量随着年龄的增长而增加[10]。此外，还有几种有潜力部分恢复或减缓衰老过程、恢复活力的处理方法和药剂。再生剂和衰老药物可能分别通过重新编程和消耗衰老细胞来帮助减缓老化过程[2]。

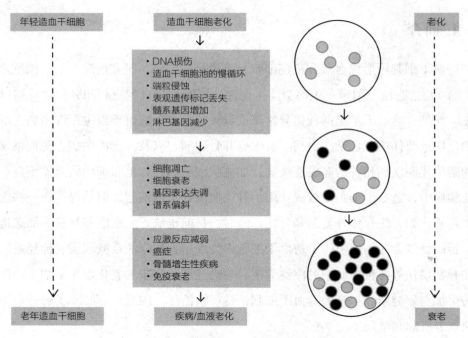

图7.1 造血干细胞老化导致血液老化

2. 衰老引起的造血干细胞变化

随着年龄的增长，造血干细胞的数量会增加，但它们的功能会下降，尤其是它们的自我更新特性。Zeng 等人与 Dykstra 等人 [11, 12] 研究报道，老年造血干细胞显示出较低的自我更新特性，与年轻造血干细胞相比，在第二次移植期间产生较小的子代克隆。此外，与年轻小鼠相比，来自老年小鼠的造血干细胞显示出较低的细胞周期活性。胚胎造血干细胞造血需要转录因子 Sox17，而在成体中，造血干细胞会处于静止状态。与移植后的年轻造血干细胞相比，老年造血干细胞具有更高的骨髓分化能力，但 T 细胞和 B 细胞输出较低。在造血系统中，随着年龄的增长，淋巴细胞生成减少，而随着骨髓相关细胞、祖细胞和分化偏向的造血干细胞的增加及 B 细胞和 T 细胞的减少，骨髓生成占主导地位。上述过程会促进先天免疫系统活跃而非后天免疫系统，进而导致炎症、骨髓恶性肿瘤和自发性贫血 [9]。

3. 造血干细胞衰老相关基因的差异表达

微阵列分析表明，淋巴谱系相关基因在造血干细胞衰老过程中被下调，这包括白细胞介素 -7 受体（IL-7R）、FMS 样酪氨酸激酶 3（Flt3）、c-srk 酪氨酸激酶（Csk）、磷酸肌醇 -3- 激酶衔接蛋白 1（Pik3ap1）、肿瘤坏死因子受体超家族 13C（Tnfrsf13c）、B 细胞白血病 / 淋巴瘤 11B（Bcl11b）和 Sox4[13]。此外，还报道了表观遗传调控基因的下调，包括 Zeste 同源物增强子 2（Ezh2）、高迁移率族 AT-hook1（HMGA1）、特异 AT 序列结合蛋白 1（Satb1）、IL-7R 和 Bcl11b。

有趣的是，有髓系相关基因在造血干细胞衰老过程中上调的报道，这包括 Fli-1、CCAAT/ 增强子结合蛋白 β（Cebpβ）、Cebpδ、抑瘤素 M 受体（Osmr）、同源框 B6（Hoxb6）、早幼粒细胞白血病基因（Pml）、runt 相关转录因子 1（Runx1）、CBFA2T1 鉴定基因同源物（Cbfa2t1h）和 Fgfr1。有髓系白血病相关基因在造血干细胞衰老中上调，这包括 Pml、Runx1、Cbfa2t1h、Fgfr1、Fgfr3、Fgfr1 癌基因伴侣蛋白 2（Fgfr1op2）、Rho 鸟嘌呤核苷酸交换因子（Arhgef12）和具有 SH# 结构域的 NCK 相互作用蛋白（Nckipsd）（图 7.2）[13]。此外，还有关于染色质亚家族 a 成员 2（Smarca2）的表观遗传基因 SWI/SNF 相关、基质相关、肌动蛋白依赖性调节因子的上调的报道 [14]。

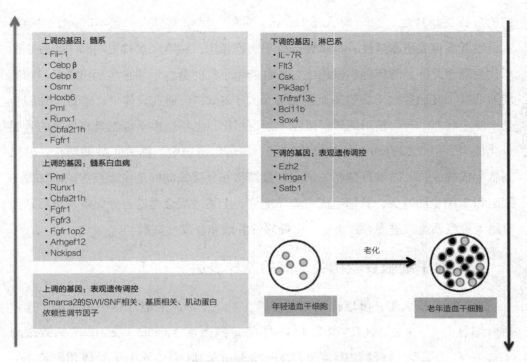

图7.2　造血干细胞中与年龄相关的基因的差异表达

4. 造血干细胞衰老的机制

　　原始造血干细胞在小鼠体内大约每4个月分裂1次。随着每一次分裂，它们会失去长期重新繁殖特性和发展潜力。与老年小鼠相比，年轻小鼠的干细胞池很小，但其潜能非常高。在小鼠中，尽管与年轻小鼠相比干细胞的数量相当高，但由于衰老，干细胞的潜能大大降低。在老鼠的一生中，最原始的造血干细胞只分裂4~5次。造血干细胞具有细胞记忆，它们的衰老现象在第5次分裂后开始[15, 16]。随着年龄的增长，造血干细胞向髓系而非淋巴系分化更多[1]。衰老细胞中低再生潜能细胞的数量较多[4]。鼠遗传模型研究表明，多种途径对长寿很重要，包括DNA修复、细胞内活性氧、端粒维持和干细胞的应激反应。

　　所有人体部位、组织、血液和造血干细胞都需要经历有害的衰老过程。造血干细胞的衰老机制可以是内在的或外在的，或两者兼而有之。造血干细胞分子机制研究中的最大挑战之一是作为祖细胞的非造血干细胞的去除。流式细胞术有助于分离单个细胞，但在移植实验中纯度从未超过50%[4]。

5. 造血干细胞衰老的细胞内机制

导致造血干细胞衰老的因素有很多，首先是 DNA 损伤、造血干细胞池循环缓慢导致端粒侵蚀、表观遗传标记的丢失、骨髓基因增加、淋巴基因减少、细胞凋亡、细胞衰老、基因失调表达、谱系偏斜，最后是血液衰老，出现应激反应减弱、癌症、骨髓增殖性疾病和免疫衰老等现象（图 7.3）[1]。

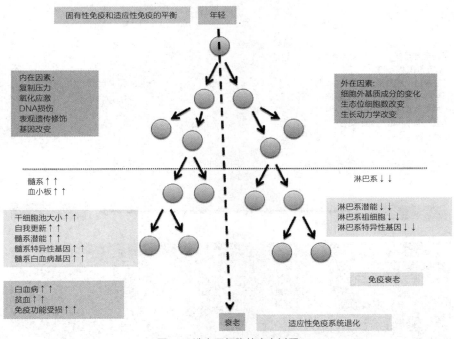

图7.3　造血干细胞的衰老过程

已经观察到，造血干细胞的数量随着年龄的增长而增加，正如在小鼠和人类中发现的那样，但这仍然无法对抗因衰老而诱发的造血干细胞损伤和缺陷[11]。与老年小鼠相比，年轻小鼠造血干细胞的功能效率是其 4 倍[17]。

已经观察到红细胞和血小板由于衰老而增加。此外，AMP3、膜联蛋白 7、Ap3b1、SELP、EGR1、ARHGEF12 和 CBFA2T1H 等表观遗传调节因子也有所增加。值得注意的是，细胞表面标记物如 CD28、CD38、CD41、CD47、CD62、CD69、CD74、CD81 也会因衰老而上调。随着细胞因子 IL-6 和 IL-1B、酶 caspase1 和 β2 肾上腺素能受体信号（β2-AR 信号）的增加，外在因素如间充质干细胞、中性粒细胞、巨核细胞、巨噬细胞被上调。信号通路的重要基因如 JAK、STAT、mTOR、

NF-κB、p38、p38 MAPK、UPR^{mt}也随着衰老而增加（图7.4）。

有报告表明，T 细胞、B 细胞和表观遗传调控因子，如 Flt3、Xab2、Rad52、Xrcc1、Sox17、Bcl11b、Blnk，以及 CD27、CD34、CD37、CD44、CD48、CD52、CD63、CD79b、CD86、CD97、CD97b、CD160 等细胞表面标记物，随着年龄的增长而减少。值得注意的是，β3 肾上腺素能受体信号（β3-AR 信号）传递、TGF-β、硫氧环蛋白互作蛋白（TXNIP）、SIRT、NAD⁺也随着年龄的增长而下调（图 7.4）[11]。

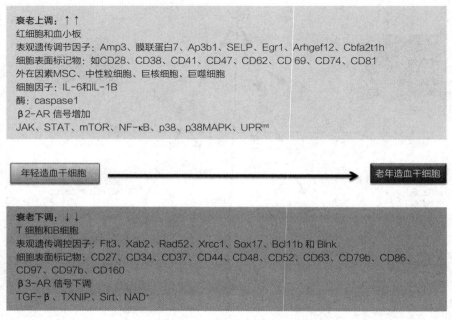

图7.4 造血干细胞老化带来的功能变化

6. DNA 损伤

随机 DNA 损伤的积累是造血干细胞衰老的不可逆原因之一。造血干细胞主要是静息的，很少分裂。DNA 损伤的积累主要与偏向髓系分化的造血干细胞相关。在老化的造血干细胞中观察到广泛的 DNA 损伤。端粒侵蚀是造成特定类型 DNA 损伤的原因。在人类中，端粒缩短与造血干细胞的功能衰退有关[4]。衰老的造血干细胞具有更多的 DNA 损伤。不幸的是，DNA 修复功能也在下降。与年龄相关的 DNA 损伤反应控制通过多种途径进行，包括核苷酸切除修复和非同源末端连接。

核苷酸切除修复在维持造血干细胞中具有重要作用，包括自我更新和在应激条件下防止细胞死亡。与核苷酸切除修复相关的 Xab2 在老年造血干细胞中下调。在非同源末端连接通路的鼠连接酶 IV（Lig4y288c）等重要蛋白质中已经报道了亚效等位基因突变。参与造血干细胞自我更新的非同源末端连接通路的 KU70 表达与供体年龄呈负相关。

7. 衰老和极性

在正常的衰老过程中，可以观察到造血干细胞周期阻滞的衰老细胞的积累。造血干细胞潜能可以通过骨髓中衰老细胞的分泌来调节。p16 的表达被认为是衰老的标记物或诱导物[4]。特定蛋白质的不均匀分布导致极性增加，这与 CDC42 的过度表达有关。CDC42 抑制剂通过恢复衰老造血干细胞的极性来改善其功能，此属性表明衰老的某些部分是可逆的或衰老可以减缓[4]。

8. 自噬和线粒体活性受损

在大多数衰老的造血干细胞中观察到自噬受损，导致线粒体积累和高水平的活性氧，最终损害造血干细胞的功能。线粒体 DNA 突变导致线粒体功能障碍，导致老年人多发造血缺陷。线粒体状态、活性氧和 mTOR 信号会影响细胞代谢，并且对维持造血干细胞很重要[18-21]。

9. 表观遗传学与衰老

在造血干细胞的分裂过程中，所有的遗传和表观遗传信息都会从母细胞适当地传到子细胞，而任何信息错误传递都会导致造血干细胞的功能受损。DNMT3A、EZH2、TET2 和 SETDB1 等表观遗传基因在寡克隆造血系统老年人和急性髓系白血病骨髓增生异常综合征患者中发生突变[22, 23]。

DNA 甲基化、组蛋白修饰和非编码 RNA 在造血干细胞的衰老中发挥着独立或协同的重要作用。DNMT1、DNMT3A、DNMT3B、TET1、TET2、5-mC、5-hmC 随着年龄的改变而下调。DNMT1 缺失是造成骨髓偏斜的原因[24, 25]。此外，DNMT3A 和 DNMT3B 的下调是导致造血干细胞分化停滞的原因。TET2 量的减少会减弱分化并导致骨髓恶性肿瘤，而 TET1 的减少会导致 β 细胞恶性肿瘤。

组蛋白修饰如甲基化、乙酰化、SUMO 化、磷酸化和泛素化在调节造血干细胞的衰老包括自我更新和分化中发挥重要作用。与年轻造血干细胞相比，老年造血干细胞上调 H3K4me3、H3K27me3、H3K23ac、H2BS14ph、H3K9me2，下调 H4K16ac、H3K27ac、H3K9me2、H3K4me1。H3K4me3、H3K27me3 的增加改变了启动子的使用。H3K4me3 负责 *Selp*、*Nupr1* 和 *Sdpr* 基因的上调，而 H3K27me3 负责 *Flt3* 基因的下调。H3K4me1 的下调与髓系和红细胞的分化和功能相关，而 H3K27ac 的下调与白细胞活化和凋亡信号传递相关。

不能翻译为蛋白质的非编码 RNA 也可以通过调节基因表达和影响 miRNA 和核糖体 RNA 等表观遗传因素参与造血干细胞的衰老。miR-125b 和 miR-132/212 在造血干细胞衰老过程中增加 [26, 27]。

10. miRNA

包括转录因子和 miRNA 在内的几个因素决定了造血细胞的命运 [28]。值得注意的是，miRNA 是小的非编码 RNA，具有负调节基因表达的潜力，从而在造血干细胞的存活和功能中发挥作用，包括自我更新、分化和凋亡。miR-125b-let-7c-miR-99a-miR-100 簇通过靶向 SMAD2、SMAD4 和后期促进复合 2 并阻碍基本的造血干细胞特性（如自我更新和分化），来抑制 TGF-β 和 wnt1 信号的过度激活 [28]。miR-132 有助于控制 FOXO3 的最佳表达，因为过度表达会导致细胞凋亡并阻碍自我更新和分化，而低表达会导致细胞增殖 [28]。

11. 克隆造血作用

造血干细胞中的体细胞突变导致血细胞克隆群的扩增与克隆性造血（CH）相关。不同类型的血细胞由造血干细胞中的相同基因突变而成，并且与其他血细胞具有不同的遗传模式。*Tet2*、*Dnmt3a*、*Jak2* 基因的突变是导致克隆性造血的原因。IL-1β、IL-6、NLRP3 和炎性小体的上调是 *Tet2* 突变的原因，而 CLXCL1、CLXCL2 和 IL-6 导致 *Dnmt3a* 突变。此外，IL-1β、IL-6、STAT-1 信号和 TNF-α 的上调导致 *Jak2* 基因突变。克隆性造血在老年人中很常见，并且与白血病和心血管疾病的高风险有关 [4]。

12. 高胆固醇血症

TET1 和 H3k27me3 的表达降低，上调了 p19 和 p21 的表达，加速了造血干细胞衰老，从而导致造血干细胞的静息状态丧失和重建能力受损[29]。造血干细胞加速老化，是由于长期衰竭引起的造血干细胞区室变化。有趣的是，这种加速老化的效应通过造血干细胞中 TET1 的恢复表达来逆转[29]。

13. 信号通路与衰老

有几种信号通路在功能丧失的衰老造血干细胞中发挥重要作用，如 JAK/STAT、NF-κB、mTOR、TGF-β、Wnt、活性氧和 UPR^{mt} 通路。随着干细胞耗竭、细胞增殖和骨髓谱系分化偏斜，JAK/STAT 信号在造血干细胞衰老中降低[30]。NF-κB 活性随着造血干细胞存活时间的增加而增加。在 22 个月的造血干细胞中，NF-κB 亚基 p65 蛋白具有更高的定位（约 71%），而在年轻（2 个月）的造血干细胞中为 3%[31]。此外，据报道，与年轻组相比，老年组小鼠的造血干细胞磷酸化 mTOR 和 mTOR 活性非常高[32]。

有趣的是，具有 *Smad4*、*Endoglin*、*Spectrin β2*、*Nr4a1*、*Cebpα*、*Jun*、*Junb* 等基因的 TGF-β 信号通路随着造血干细胞的老化而减少[33]，CDC42、Wnt 通路的一个酶，在老化的造血干细胞中具有更高的活性。这与极性丧失、自我更新能力下降和分化改变有关[34]。

此外，缺氧生态位保护造血干细胞免受凋亡和自我更新能力下降的影响。TXNIP 在氧化应激期间调节细胞内活性氧并有助于维持造血干细胞[35]。线粒体未折叠蛋白质反应（UPR^{mt}）调节剂和 Sirt7 在老化的造血干细胞中减少。然而，更高水平的 Sirt7 有助于增强老年造血干细胞的再生能力[20]。值得注意的是，烟酰胺核苷（一种 UPR^{mt} 刺激剂）通过启动禁止蛋白的合成来使老年小鼠的肌肉干细胞恢复活力[36]。

14. 造血干细胞衰老的细胞外在机制

造血干细胞周围细胞也在造血干细胞衰老中起重要作用，并导致淋巴分化和骨髓扩张受损。造血干细胞生态位或微环境的改变也是老化造血干细胞功能丧失的

原因 [37]。它包含内皮细胞、成熟造血细胞及其他细胞类型的动态网络（图 7.3）。造血干细胞相邻细胞包括巨核细胞、间充质干细胞、成骨细胞、脂肪细胞、巨噬细胞、中性粒细胞、细胞因子、β- 肾上腺素能神经信号传递，以及包括 IL-6、IL-1β 和 caspase1 在内的酶。在老年小鼠中观察到更高水平的细胞因子 IL-1B、caspase1 及衰老的中性粒细胞 [9, 38-40]。衰老复制和造血干细胞归巢与衰老过程中间充质干细胞的显著增加有关。同样，造血干细胞血小板偏倚与衰老的骨髓巨噬细胞功能障碍有关。据报道，在衰老过程中，衰老的中性粒细胞、IL-1β、caspase1、偏向血小板分化的造血干细胞、间充质干细胞、β2-AR 信号、IL-6、巨核细胞和神经型一氧化氮合酶上调，而交感神经纤维和 β3-AR 信号下调 [9]。

15. 单细胞和造血干细胞

使用单细胞技术对小鼠和人类的衰老进行了多项研究。骨髓单细胞 RNA 测序研究表明，造血祖细胞和终末分化的免疫细胞中的染色质标记物有所增加 [41]。

单细胞分析有助于了解造血干细胞衰老，尤其是内在分子变化，因为数百个基因受到差异调节，包括循环造血干细胞和淋巴活化的多能祖细胞的减少。转录研究表明一些基因的差异表达：CD27、CD34、CD37、CD44、CD48、CD52、CD63、CD79b、CD86、CD97、CD97b 和 CD160 被下调，而 CD28、CD38、CD41、CD61、CD47、CD62、CD69、CD74 和 CD81 随着年龄的增长而上调。单细胞表观遗传研究表明，老年造血干细胞对称分裂，而年轻造血干细胞呈不对称分裂 [42]。

16. 造血干细胞衰老的后果

由于其自我更新和分化能力，造血干细胞能够在整个成熟血细胞中维持稳态。陈旧或老化的组织无法维持组织稳态，并且无法在应激和受伤期间恢复。衰老与造血干细胞衰亡直接相关，并且是适应性免疫系统紊乱和骨髓增殖性疾病增加的原因（图 7.1）[13]。在分子水平和细胞水平上的理解有助于破译造血干细胞的衰老过程。造血系统老化导致免疫功能丧失和髓系白血病。Rossi 等人 [14] 试图了解造血衰老的机制，研究了来自年轻和老年小鼠的长期造血干细胞。他们观察到，在衰老过程中，淋巴基因下调，与生命和功能相关的骨髓基因上调。在来自老年小鼠的造血干细胞中观察到了几个参与白血病转化的基因，表明长期造血干细胞对髓系谱系的影响是老年人髓系白血病发病率较高的原因之一 [14]。

17. 造血干细胞的恢复策略

一些关于衰老造血干细胞可以通过多种方式在一定程度上恢复活力的报道，包括禁食、基因调节剂、小分子和骨髓周围的变化。据观察，给予老年动物年轻血液有助于修复大脑衰老。

长时间禁食会导致循环 IGF1 水平降低，以保护小鼠免受化学毒性 [43, 44]。禁食导致细胞中 IGF1 和蛋白激酶 A 减少，有助于谱系平衡再生、自我更新和抗压 [45]。老化造血干细胞中 Satb1、Sirt3 和 Sirt7 减少。Satb1 与受损的淋巴细胞生成有关，而 Satb1 的过度表达有助于其恢复 [46]。Sirt3 有助于线粒体蛋白的乙酰化，其上调有助于提高衰老造血干细胞的再生能力 [47]。

药物干预在老年造血干细胞的再生中发挥着重要作用。mTOR、CDC42 和 p38 MAPK 的抑制剂有助于老化的造血干细胞恢复活力。mTOR 信号在老年小鼠的造血干细胞中增加，其抑制剂雷帕霉素有助于改善它们的免疫反应。衰老造血干细胞中 CDC42 的增加控制细胞分裂、转化和极性的调节，而其抑制剂 CASIN 通过增加极化细胞和 H4K16ac 水平同时减少髓系谱系分化来帮助衰老造血干细胞恢复活力（图 7.5）[48]。在衰老过程中，活性氧水平增加，因为造血干细胞更喜欢留在低氧骨髓生态位中，这与 p38 MAPK 有关。TN13 和 SB203580 抑制 p38 MAPK，降低细胞中的活性氧水平，并有助于衰老造血干细胞的恢复 [19, 49, 50]。

有趣的是，BCL2 和 BCL-xL 的抗凋亡抑制剂 ABT263 具有选择性杀死衰老过程中增加的衰老细胞的潜力。ABT263 的口服治疗已成功清除老年小鼠衰老骨髓造血干细胞中的衰老细胞 [51]。β 3-AR 激动剂 BRL37344 有可能减少老年小鼠造血干细胞的髓系分化，使衰老造血干细胞恢复活力 [52, 53]。在新生小鼠中，输造血干细胞衍生的单核细胞有助于早发性常染色体隐性骨硬化症的骨骼发育 [54]。

致癌突变的表现因年龄而异。值得注意的是，与年轻时相比，它们在老年时更有害。这种变化可以通过重编程造血干细胞，以及饮食、药物和细胞疗法来部分逆转衰老 [4]。有趣的是，造血干细胞衰老是多个过程和基因累积效应的结果。

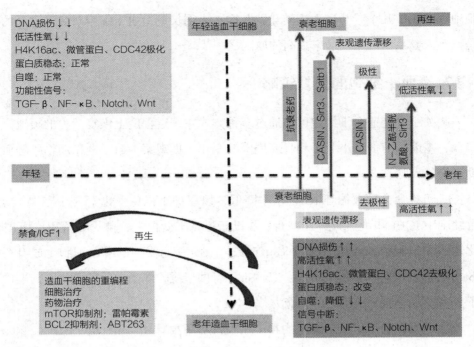

图7.5　衰老和再生因素

18. 未来展望

造血干细胞在其整个生命周期中都处于活跃状态，并为体内提供血液和免疫细胞。因此，发掘造血干细胞衰老的机制非常重要且具有挑战性。造血干细胞衰老由内在或外在系统或两者共同驱动。了解内外因素在造血干细胞衰老中的综合作用，包括 DNA 损伤、表观遗传学和克隆造血作用，可能有助于延缓衰老和减少恶性肿瘤。衰老过程中涉及并相互关联了几个复杂的信号通路。因此，有必要了解它们完整的交互网络。JAK、STAT、mTOR、NF-κB 和 UPR^{mt} 信号通路上调，而 TGF-β下调。造血干细胞的单细胞研究和克服造血干细胞的纯化问题将有助于更好地了解造血干细胞。了解衰老将有助于人们找到恢复细胞活力的方法。可以通过禁食、药物、重编程造血干细胞、细胞疗法和药物疗法来减缓衰老过程。

扫码查询
原文文献

第八章

眼干细胞与衰老

Neethi Chandra Thathapudi, Jaganmohan R. Jangamreddy

1. 干细胞概论

　　干细胞存在于生命体的整个周期，保持着自我更新的能力并通过不对称分裂提供分化的细胞来取代耗竭 / 受损的成体细胞，因此被广泛用作一种新方法——治疗多种因疾病导致的组织和器官受损[1]。健康的人和年轻的人能够迅速（较少瘢痕）恢复，部分原因是他们的干细胞功能活跃；但若是患者和老年人的话，这种恢复是困难且漫长的[2]。干细胞的关键特征包括自我更新、产生可分化的单细胞，以及在组织中进行功能重组。干细胞是多能的，它能够再生 / 分化成任何成体组织，但大多数成体干细胞是专能的，分化能力有限。干细胞被认为具有"无限"的细胞分裂能力，这对其自我更新和分化至关重要[3]。然而，在以衰老为重要组成的生物系统中，多种内源性和外源性因素影响着干细胞及其所处的生态环境，导致其潜能下降[4]。伴随着衰老和疾病，干细胞的分裂能力逐渐下降，并逐渐发生功能衰退，包括代谢活性下降，从而导致进一步衰老[5, 6]。衰老干细胞在形态上比功能强大的前体细胞更大、更扁平[5]。细胞内蛋白质组的循环和保护机制及细胞生态微环境和系统信号的改变等外部因素都影响衰老干细胞的再生能力和稳态机制[6]。由于细胞内的稳态机制受损，衰老干细胞表现为毒性代谢产物积累增加，导致过量的活性氧生成。在衰老干细胞中，通过调节 FoxO1、FoxO3、FoxO4 转录因子的生长和代谢通路，如 IGF1 信号通路及 PTEN/Akt/mTOR 通路（位于 FoxO 上游），可以调节糖酵解和呼吸途径，导致活性氧生成增加[7]。随着蛋白质稳态的改变和活性氧的产生，长寿促进通路（如胰岛素–IGF 信号通路）将下调衰老干细胞中的一些基因（如 PSDM11），由于这些基因对维持细胞活力和多能性标记分子 OCT4、Nanog、SOX2 和 DPPA2、DPPA4 的功能至关重要，故上述基因功能下调将导致干细胞功能受限[8, 9]。未经历分化的胚胎干细胞具有较高水平的谷胱甘肽/氧还蛋白系统酶和热激蛋白质，这确保了胚胎干细胞对错误折叠蛋白质的反应比衰老的和分化的细胞要好得多。此外，作为线粒体抗氧化酶的超氧化物歧化酶会在衰老干细胞中有更多的突变，从而导致其功能受损，进一步增加了氧化应激反应和活性氧积累。自噬/溶酶体通路及泛素–蛋白体通路的功能障碍导致细胞内的清除机制受损。

干细胞生态微环境受外界信号的调节，可直接影响干细胞的功能和生存。骨形态生成蛋白通路对于维持干细胞生态微环境极为重要，其被发现在衰老细胞中受到了干扰[8, 10]。上皮钙黏素水平的降低也与此相关。成纤维/成脂祖细胞是基质组织的重要组成部分，是细胞外基质的主要调节因子；表皮生长因子、Wnt3A 和 Notch 的变化可引起干细胞生态微环境的紊乱。也有一些系统的线索与衰老相关，主要是由于 TGF-β 增加，以及 NF-κB 途径被激活[8]。

端粒侵蚀及活性氧和错误折叠蛋白积累引起的氧化损伤也是干细胞衰老的原因，并表现出一种衰老现象，这种现象可被端粒酶逆转录酶的异位表达逆转——通过促进端粒的延伸，延长干细胞的自我更新能力[6]。已知 SIRT 家族的突变如 SIRT1 可通过产生过量的活性氧诱导干细胞早衰[11, 12]。与代谢和端粒维护机制一样，DNA 损伤修复机制和线粒体 DNA 校对机制在干细胞活力、静息和增殖潜能中起着至关重要的作用。观察到作为 dsDNA 断裂标记的组蛋白变体 γH2A.X 在衰老的细胞中表达增加[8]。线粒体校对酶、线粒体 DNA 聚合酶 γ 在功能失调时会导致细胞早衰，因而它们在衰老过程中是至关重要的[8]。了解干细胞在衰老过程中变化的意义将有助于治疗许多与年龄有关的疾病。干细胞几乎遍布眼睛的主要区域，其中最广为人知的是角膜缘干细胞。晶状体最终分化为纤维细胞的能力也暗示了干细胞存在于生态微环境中[13]。最近的研究指出有罕见的视网膜干细胞的存在，但这类研究仍然是初始探索性的。组织定位成体干细胞群的缺乏可以通过血管输送循环的间充质干细胞来弥补[13]。鉴于干细胞在疾病和组织修复中的重要作用，近年来干细胞移植治疗各种眼部创伤的研究越来越多。在本章中，我们重点阐述衰老对固有的眼部干细胞的影响，以及衰老影响干细胞再生能力时干细胞的变化过程。

2. 角膜的干细胞

2.1 角膜干细胞

眼睛的最外层被称为角膜，它能够折射光线并将其聚焦到晶状体上。角膜的透明度是通过角膜层内的细胞排列来维持的[14]。上皮层来源于胚胎外胚层，而基质层和内皮层来源于神经嵴[15]。上皮层的外侧由于角膜边缘干细胞的存在而持续再生，该干细胞延伸到结膜内，称为角膜缘区（在 Vogt 栅栏中朝向外围），该过程具有向心迁移性[16]。基质是一种富含胶原的间充质组织（角膜基质细胞），是构成角膜的主要部分；角膜基质细胞在成体中多为静息状态，与上皮层不同，很少进行细胞周期和有丝分裂更新[17]。内层的内皮细胞层不发生任何细胞分裂，在整个成年期维持或多或少相同数量的细胞，随着衰老，细胞数量逐渐减少[18]。因此，角膜干细胞主要表现在上皮层和基质层，内皮层干细胞的证据很少。

2.2 角膜缘上皮干细胞

角膜缘上皮干细胞属于成体干细胞，通过不对称分裂来再生角膜上皮细胞。干细胞分布于角膜缘区，以 Vogt 栅栏（角膜巩膜区）为标志。在创面愈合过程中，干细胞缺失会导致角膜修复受损，并伴随结膜上皮细胞渗入角膜层[19]。Vogt 栅栏是角膜向周边延伸的一个色素区域，由 Davanger 和 Evensen 于 1971 年首次提出[20]。角膜缘上皮干细胞的位置是干细胞存活的关键，基底细胞是色素化的，起到对太阳光线的隔离作用和对剪切力的抵抗作用，同时提供了供给营养的血管系统[21]。目前使用在分化的角膜上皮细胞中不表达的不同标记物鉴定角膜缘上皮干细胞，包括 Bmi1+ve、dNp63 a+ve 和 CEBPδ，以及 ABCG2+ve、Musashi1、integrina9、神经钙黏素[22]。连接蛋白 43 被用作角膜缘上皮干细胞的阴性标记物，使其能与角膜上皮细胞相鉴别[23]。上皮基底层不表达细胞角蛋白 3 和角蛋白 12，它们由完全分化的浅表上皮细胞表达。上皮基底层具有成体干细胞，其分裂形成瞬时扩增细胞并移入基底层以上的细胞层；在这里，它们分化并进一步迁移至分层细胞的外层[24]。在基底角膜缘细胞中观察到典型的干细胞特性，即细胞体积较小，胞质/核比高，常染色质含量增加[25]。还可以观察到高表达的 EGF 受体（EGFR），代表这些细胞具有增殖的潜能。根据干细胞标记物 Oct4、Sox2、Nanog 和 Nes 的表达差异，将角膜缘上皮干细胞分为角膜缘微环境细胞和角膜缘上皮祖细胞[24]。角膜缘微环境细胞表现出对经典 Wnt 信号通路的抑制，以及对非经典 Wnt 信号通路和 BMP 信号通路的激活[26]。此外，角膜缘微环境细胞分泌的细胞因子 CXCR4 可以调控 SDF-1/CXCR4 通路[27]。研究表明，Wnt 和 Pax6 在角膜缘微环境的调控中存在一定的作用。角膜缘的基底层具有维持细胞外基质结构的特异性层粘连蛋白和胶原，从而为干细胞提供其所需的微环境[28]。此外，还涉及一些在物理和机械层面与调节角膜缘上皮干细胞生存有关的功能。越来越多的证据表明，在角膜中央区域存在一个"第二微环境"，它的功能与角膜缘无关。确切的细胞特性和通路目前仍不清楚[29]。

2.3 角膜基质干细胞

基质中存在间充质干细胞已被多项研究证实。间充质干细胞具有多潜能、不对称分裂和克隆生长的特性[30]。这些间充质干细胞分布于角膜缘区、前基质层的微环境中。用于鉴定这些干细胞的标记物包括 ABCG2、BMI1、CD73、Notch1 和 CD166[31]。角膜基质干细胞已被证明在创面愈合过程中分化为角膜基质细胞，最终分化为成纤维细胞/肌成纤维细胞[18, 32]。与角膜上皮层不同的是，基质层不经历持续再生。细胞可在培养过程中显示出分化潜能，并分泌细胞外基质蛋白，包括胶原和聚糖[33]。角膜基质干细胞的这一特性被应用于角膜干细胞移植技术，如 CLET[34]。在共培养研究中，有证据表明角膜基质干细胞有助于维持角膜缘的角膜缘上皮干细胞群体生存；角膜缘上皮干细胞可通过产生 IL-6 激活 STAT3 信号通路，该通路被认为是基质细胞群体的一个关键组成部分[35]。角膜基质干细胞起源于神经嵴，但也有理论认为间充质干细胞起源于骨髓，神经嵴蛋白 Snail、Slug、Sox9 标记在这些细胞中的表达提供了有力的反驳证据[36]。角膜基质干细胞形成的角膜基质细胞受微环境调控；当以团粒培养时，有较多的角膜基质细胞生长，并可见与体内基质相似的胶原；而在某些生物材料上培养时，则观察到胶原平行形成[37]。地形线索引导细胞外基质形成，这是可进一步探索的另一个方向。在小鼠模型中已被证实，角膜基质干细胞可重建和再生细胞外基质。它们以一种旁分泌调节的方式，通过基质细胞促进细胞外基质沉积[38]。

2.4 衰老对角膜前部干细胞的影响

如前所述，上皮层来源于胚胎外胚层，而基质层和内皮层来源于神经嵴，角膜基质干细胞表达神经嵴标记物包括 Sox9、Slug、Snail[31]。与其他干细胞一样，角膜干细胞衰老已被研究，细胞因子信号通路 SDF-1/CXCR4 已被证明在角膜缘干细胞微环境的维持中起重要作用[39, 40]。角膜缘干细胞表现出 β 联蛋白和 Lef1 的下调，以及 Pax6 的上调，这些变化在增殖中起到了关键的作用[41]。"干性"由 Wnt1 和 Wnt2 通路来维持，这两条通路都可在去血清的干细胞中被上调[42]。可能由于干细胞的减少或静息干细胞的逐渐增加，角膜缘上皮干细胞产生的克隆数量随着年龄的增长而逐渐减少。生理上也观察到，随着年龄的增长，Vogt 栅栏变得逐渐不明显，同时角膜缘隐窝的数量也在减少[43]。基底角膜缘中维持干细胞特性的细胞也被观察到其大小随着年龄的增长而增加，这意味着其再生能力下降[22]。然而，公认的干细胞标记物 p63a 和端粒酶活性在健康老年人（60～75 岁）中并没有显著的降低[39]。促进静息干细胞进入细胞周期的端粒酶逆转录酶基因表达量在增殖细胞中也被观察到存在显著增加[44]。

2.5 角膜内皮干细胞[45]

众所周知，角膜内皮层不经历任何细胞分裂，这可能与 TGF-β2、p53 和 TAp63 有关，它们通过使细胞周期始终保持在 G_1 期来阻止复制的发生[46]。研究表明，角膜周边（几乎靠近角膜缘区）方向内皮细胞密度增加，它们还表现出与干细胞相似的端粒酶活性和碱性磷酸酶活性增加，构成了后部内皮"干细胞样细胞"假说[47]。Schwalbe 细胞系是在 Schwalbe 环下方及内皮细胞和小梁网细胞之间的细胞，也显示出类似祖细胞的特性[48]。有这样一种假设，具有干细胞样性质的内皮细胞从外以非常缓慢的速度向中心移动[15]。如果这些细胞能够被分离出来，它们往往表现出祖细胞样的特性，可以被用来治疗各种内皮功能障碍性疾病。

3. 结膜的干细胞

3.1 结膜干细胞

结膜是覆盖在眼睛外部的保护性黏膜，在眼睛的保护和水化方面起着非常重要的作用。它更容易感染，因为它是防御机制的第一层，有时会发生严重的感染[49]。

结膜上皮细胞有三种类型——球结膜上皮细胞、穹窿结膜上皮细胞、睑结膜上皮细胞[50]。虽然结膜上皮细胞和角膜上皮细胞是截然不同的两种细胞，但最初被认为具有几乎相似的起源，后来的研究表明，在整个结膜上皮中都存在干细胞，且在某些部位更为密集[51]。在角膜干细胞移植的病例中，其成功率有所不同，推断可能是与疾病条件下所造成的结膜损伤有关[50]。因此，结膜干细胞的鉴定和进一步的移植应用具有重要意义。下穹窿和内眦部分富含 ABCG2 和 p63 阳性细胞；从物理位置上看，这些区域类似于角膜缘龛，有丰富的血管和黑色素细胞[49]。这些细胞确实表达干细胞的标记物，也表现出增殖潜能[52]。已有假设指出结膜上皮的基底层具有干细胞的"口袋"，其功能类似于皮肤的滤泡间干细胞[53]，但这一点尚未得到充分的研究。结膜干细胞是双能的，能够产生杯状细胞和角质细胞[54]。结膜杯状细胞区呈 ABCG2 强着染。在瞬时扩增细胞中可发现杯状细胞群，表明这是一个后期过程[55]。来自干细胞的部分克隆被认为是瞬时扩增细胞，它们比干细胞的其他克隆具有更高的增殖率[56]。从干细胞祖细胞或瞬时扩增细胞产生杯状细胞，并在结膜干细胞生态环境中共存，这种生存模式可能也是一个必要的微环境[55]。"结膜上皮转分化"是一个广泛讨论的现象，即结膜上皮细胞覆盖在角膜上皮细胞上，但这些研究并没有非常清楚地分析出角膜缘干细胞在其中的作用[57]。进一步的研究表明，角膜缘谱系和结膜谱系有很大的不同。由于缺乏特异性结膜干细胞标记物，这些细胞在体内以其慢循环特性而被识别；基于这个理论，长期 BrdU 治疗已被应用[53]。在家兔中发现，眼睑上皮细胞生长较快，具有较强的增殖潜能。有人提出，结膜干细胞存在于睑结膜，更具体地说是位于黏膜皮肤连接处[53]。

3.2 结膜干细胞的衰老

已经观察到在各种组织中的各种干细胞的微生态区域，这种微环境随着年龄的增长而恶化——在干细胞数量及它们的克隆潜能方面都是如此。同样，在结膜干细胞中也观察到了这一点[53]。随着供体年龄的增加，具有克隆潜能和干细胞标记物表达的细胞数量明显减少[58]。与较年轻的部分克隆相比，较老的细胞分化周期明显减少[53]。结膜角化细胞在细胞周期的特定时间产生杯状细胞，这个过程共发生两次（特定于它们的倍增时间轴）；一次在早期阶段，一次在衰老之前[59]。值得注意的是，结膜中的干细胞微小生态区域更容易发生疾病，因此，随着衰老过程的发生，再生能力的急剧下降是必然的[60]。杯状细胞起着分泌黏液的重要作用，但黏液分泌将随着衰老而减少。杯状细胞的数量在衰老发生时保持不变，但会存在功能的丧失；这些细胞在老年人中会出现更多的凋亡。这也是老年患者干眼病发病的机制之一[61]。有时在老年患者中，炎症细胞因子如 IFN-γ 增加，可导致结膜细胞变性[61]。

4. 晶状体的干细胞

4.1 晶状体上皮干/祖细胞

晶状体是眼前节角膜后的一种透明组织结构，具有屈光性和调节视觉焦点的功能。它包括一个全方位的保护性囊膜，即基底膜。基底膜的下方是上皮层[62]。晶状体具有高度均匀的结构，即使在细胞水平上也有一层具有低水平细胞分裂功能和细胞死亡功能的单层上皮细胞[63]。晶状体的主体是由中央区域细胞形成的分化纤维细胞，中央区域细胞则由上皮层赤道段源源不断地形成[64]。晶状体上皮形成于视杯的对面，具有增殖能力。两栖动物的晶状体再生被发现可归功于角膜外层的转分化[65]。最近的研究讨论了干/祖细胞的存在，这是因为哺乳动物的晶状体（兔）在一定程度上可以从晶状体囊膜重新生长[66]。晶状体上皮干/祖细胞是晶状体内的内源性干细胞样细胞群。晶状体上皮干/祖细胞存在于晶状体前表面，并以晶状体纤维细胞的形式向赤道段延伸。这些细胞可通过检测 Pax6 和 Sox2 的表达与 P75 神经营养素受体的表达来鉴定，P75 神经营养素受体也是鉴别晶状体上皮干/祖细胞的标记物之一[67]。晶状体在成年后进行细胞分裂是晶状体内存在干细胞的证据。晶状体的生发区被认为是晶状体干细胞的居所，但这一观点已被否定；中心晶状体也显示存在一些缓慢细胞周期的细胞[68]。晶状体不提供任何典型的干细胞微生存环境区域特征，如血管、保护物和色素沉着。晶状体是无血管和无色素的，这暗示有一个晶状体干细胞可以栖息的外部生态位区域[69]。睫状体是一个靠近晶状体囊的结构，既有色素又有血管，为干细胞微生存环境提供了所需区域。据观察，睫状体具有形成透镜样细胞的能力，透镜样细胞是一簇具有透镜蛋白及其特征的细胞[70]。在蝾螈中发现，晶状体从色素化的虹膜再生，这也是晶状体外存在晶状体干细胞的线索[71]。目前存在一个有趣的假说，即视网膜干细胞有可能分化为晶状体细胞[68]。细胞迁移也是其中的一个重要理由，因为细胞必须进入晶状体，而这可能是在带状原纤维的帮助下发生的：它们既可以为细胞迁移过程提供支持，也可以作为"门"供其进入晶状体 [71]。晶状体的持续生长（有丝分裂和 DNA 合成）发生在上皮区前部，而其余部分失去增殖能力并形成初级纤维 [72]。

4.2　晶状体上皮干细胞的细胞周期调控

研究发现，Cdk4-p57 复合物在上述上皮干细胞中表达，这也提示了周期蛋白依赖性激酶（Cdk）、周期蛋白依赖性激酶抑制因子和细胞周期蛋白的作用。细胞周期蛋白 A、细胞周期蛋白 B、细胞周期蛋白 D1、细胞周期蛋白 D2 在这些细胞中均有表达，而细胞周期蛋白 E 的水平则下降。Cdk2 和 Cdk4 在上皮中也有表达，主要表达于周围区，中央区表达较少；这可能是由于中央上皮的增殖能力较弱 [73]。此外，观察到 c-Myc 在上皮中充分表达，而 n-Myc 不是这样 [74]。假设如果需要口袋蛋白来调节这些细胞的细胞周期，那么 Cdk、细胞周期蛋白和 p53 的功能就需要改变 [74]。出生后的小鼠，其视网膜母细胞瘤蛋白（Rb 蛋白）在即将开始分化过程的细胞中被激活，而 HPV 癌蛋白 E7 可使其失活，结果是使祖细胞的增殖潜能增加。已在体外进行关于上皮增殖细胞的研究，以了解不同生长因子对这些细胞的作用：FGF1、FGF2、血小板衍生生长因子（PDGF）、胰岛素和 HGF 对其生长表现出积极作用，而 TGF-β 则表现出消极作用 [75]。当然，已经证实 TGF-β 可促进成纤维细胞的形成，但其对增殖潜能的影响也被研究。增殖细胞显示 PDGF 受体 α（PDGFRα）表达，PDGFD 在虹膜、睫状体和房水中表达 [76]。这也可能是由于晶状体干细胞存在于这些区域。骨形态生成蛋白的参与研究表明，Alk3 介导的途径可以增强细胞的增殖能力 [77]。最近的文章也讨论了 PDZ 蛋白 Dlg-1 和 Scrib 的作用，它们可调节细胞的黏附、增殖和分化功能。Zhou 等人 [78] 报道了晶状体中心和生发区存在标记保留细胞，这可能意味着这些细胞在发生白内障时也受到影响。对白内障晶状体的研究将有助于阐明晶状体上皮干细胞的衰老机制。

4.3　衰老晶状体上皮干细胞的变化

晶状体内细胞的对称性即使在衰老发生时仍能保持，但在白内障晶状体中却受到影响。衰老过程和与年龄有关的疾病被认为与氧化应激反应相关，这种反应是以脂质过氧化物的形成为特点 [79]。有研究报道，晶状体上皮细胞端粒大小与年龄有关；端粒长度是通过氧化应激和抗氧化机制调节的[80]。这在衰老晶状体和白内障晶状体中都有研究。据报道，白内障患者房水样本中脂质过氧化物增加[79]。这也引导我们倾向于衰老的晶状体上皮祖细胞的慢性氧化应激理论。p53 和 Bcl 的下调及人端粒酶逆转录酶（hTERT）的表达可降低细胞凋亡的诱导作用，端粒酶的合成则未显著诱导细胞凋亡的发生。这意味着不管内源性端粒酶活性如何，hTERT 都有助于干细胞的增殖。由于"耗竭"，干细胞的再生潜力随着年龄的增长而降低，这涉及衰老机制。研究表明，功能性晶状体干细胞的数量随着年龄的增长而减少[80]。老年人中较多的衰老细胞也与白内障的形成有关，这是由于这些细胞的细胞周期活动减少。晚期糖基化终产物（AGE）在晶状体中的事实已被广泛报道，晶状体上皮细胞分泌的基底膜有 AGE 的积累，并与年轻的晶状体进行了分析和比较[81]。这些产物通过上调 TGF-β 介导的上皮－间充质转化因子，提示了上皮－间充质转化通路的存在。资料提示，晶状体上皮细胞中存在 TGF-β2 介导的纤维化现象[82]。另一种 AGE 前体——甲基乙二醛修饰物（合成后修饰物）已被报道在衰老的晶状体中表达增加，并可在白内障晶状体中进一步增加。这些修饰物可导致这些晶状体中的乙二醛酶 1 活性降低[83]。研究发现，衰老的干细胞具有缓慢的自我更新特性，且在细胞衰老的过程中，一个重要的调节因子 miRNAlet-7 的表达升高[84]。有人提出，这种 miRNA 可能是与细胞增殖相关的失调基因，但其在白内障晶状体中的确切机制尚不清楚[85]。研究先天性白内障，在术后患者的晶状体再生中观察到了晶状体上皮干／祖细胞，但在老年患者中没有这种情况[86]。干细胞的再生能力由于生理的衰老过程而丧失。有证据表明，当用 BrdU（增殖细胞的标记物）染色时，与年轻患者相比，老年患者的晶状体上皮干／祖细胞数量减少[86]；但在损伤后，晶状体上皮干／祖细胞的再生能力似乎大大增加了[87]。对衰老的晶状体进行了体外分析，晶状体混浊的"反转点"，在 40 岁以上的人群中显著增加，这种"反转点"类似于在正常晶状体内的小混浊点[70]。研究还发现，与 60 岁以上的患者相比，40 岁以下患者的晶状体细胞的生长更为活跃；血清刺激有助于老年患者的细胞生长得更好[88]。

5. 视网膜的干细胞

5.1 视网膜干细胞

视网膜是眼睛的神经系统部分，是中枢神经系统的一部分。视杯是由间脑外翻形成的，间脑的内侧包含着视网膜，外侧包含着视网膜色素上皮。视网膜细胞有不同类型的与血管相关的细胞，包括周细胞和维持血脑屏障的内皮细胞；胶质细胞包括调节视网膜新陈代谢并整合视网膜内血管和神经元通路的 Muller 细胞和星形胶质细胞；神经元包括辅助视觉形成的双极细胞、神经节细胞、感光细胞、水平细胞和无长突细胞；当需要时，小胶质细胞执行吞噬功能[89]。成熟视网膜的细胞来源于视泡中的"基元"细胞。视网膜色素上皮层与视网膜区域之间的区域称为睫状缘。在脊椎动物中，该区域分化为非神经结构，而在鱼类和两栖动物中，它们则为干细胞群提供了生存场所。在这些物种中，整个成年期视网膜也是通过细胞增殖生长的[67]。在脊椎动物中，至今仍认为，视网膜干细胞是不存在的，因为在成年阶段，视网膜是通过细胞拉伸而不是细胞增殖来生长的。但是，越来越多的证据表明，视网膜中存在干细胞，尽管它们大多处于静息状态[89]。这些胚胎后增殖细胞在睫状缘区域被发现。有研究表明，这些增殖细胞具有多能性，它们可同时发育成神经元和胶质细胞。这一点在鱼类中已经完全确认，但在脊椎动物中还没有得到明确的结论。研究还表明，视网膜神经细胞做的最早的决定是它要成为多能干细胞还是不成为干细胞[90]。

5.2　维持视网膜干细胞生存的相关通路

有研究表明，在成年啮齿类动物中，睫状缘区的多能细胞群表现出持续的干细胞特性[63]；但它们只形成数量非常有限的细胞，因此，仅仅利用这些细胞用于移植治疗并不是一个理想的选择。这种干细胞样特性的维持归因于这些细胞中的 Wnt 通路诱导。这一途径在脊椎动物的眼睛发育中也起着关键作用[89]。典型的 Wnt 通路是 Wnt 蛋白与 LRP 和 Fzd 结合，使 Axin 和 GSK3 失活。这种失活可使 β 联蛋白保持稳定，β 联蛋白的作用是进入细胞核并激活如 Sox、Myc 等基因的转录，这些基因对 G_1 期到 S 期的转变至关重要[91]。因此，这一通路维持祖细胞的类似干细胞的特性。将睫状缘区的细胞培养成球形并诱导 Wnt 通路后，BrdU 着色细胞和 Ki-67 阳性细胞数量增加。典型的 Wnt 通路也被证明在祖细胞的维系、增殖及对任何谱系的非定型状态中起着关键作用[92]。抑制这一通路会加速这些视网膜祖细胞的分化，这是通过 Notch 通路的共同作用来实现的。Notch 通路可调节 Wnt 效应分子 Lef1 和 Wnt 抑制分子分泌型卷曲相关蛋白 2 的表达[90]。关于非典型通路在这一过程中的影响也有一定的讨论，但结论尚未十分明确。

5.3　衰老视网膜干细胞的通路修饰

青光眼、糖尿病视网膜病变和年龄相关性黄斑变性是最常见的年龄相关性视网膜疾病。在这些条件下，外层视网膜、视网膜色素上皮、神经节细胞和脉络膜毛细血管层均发生了结构变化[93]。年龄相关性黄斑变性是由视网膜色素上皮和外层视网膜的细胞变化导致的，包括萎缩的（在非渗出性年龄相关性黄斑变性中）和新生的血管（在渗出性年龄相关性黄斑变性中）[94]。对这些老年视网膜标本进行基因表达谱分析，并与年轻的视网膜标本进行比较，观察到一些基因的表达增加，其中包括干扰素反应性 TF 亚单位（ISGF3G）、趋化因子配体 2（CCL2）和 Wnt 抑制蛋白 DKK1、Fzd10 和分泌型卷曲相关蛋白 2，这些蛋白被认为更多地在外周部表达。Wnt 通路的抑制与之前对其在维系未分化的视网膜祖细胞中作用的理解密切相关[95]。这些抑制蛋白在外周部视网膜具有更高的表达，这意味着视网膜干细胞的数量将因分化而减少得多。衰老也降低了视网膜的一些"保护"基因的表达，如蛋白酪氨酸激酶和 CDH8[96]。在这些细胞中还发现，参与凋亡的基因的表达被上调。Wnt 通路的紊乱也可能促进了在这些疾病条件下视网膜的变性。已经观察到在 DR 条件下产生了类似炎症的反应[97]，了解干细胞在这些情况下如何发生转变是非常有趣的。在炎症条件下，干细胞可诱导产生调节性 T 细胞，并抑制辅助性 T 细胞[96]。干细胞和炎症细胞因子之间的相互作用对于避免高强度的免疫反应至关重要。

6. 小梁网的干细胞

6.1　小梁网干细胞

小梁网通过维系房水的正常流出调节眼压。它存在于角膜和巩膜之间，由基底层上的胶原层组成[98]。它包括葡萄膜网、角巩膜网和近小管组织。板层细胞在房水中发挥关键的吞噬功能[99]。在小梁网中有一个第四区域，被称为插入区，据说干细胞存在于这里。插入区是小梁网区的干细胞生存微环境，几乎靠近角膜内皮[100]。各种研究表明，这里包括 Sox2、Pax6，以及 ABCG2、Notch1、AnkG、Nes、Oct3/4和 LIF 等干细胞标记物，表明这里存在大量未分化的祖细胞[101]。Tay 等人[102]鉴定了小梁网间充质干细胞，它是表达间充质干细胞标记物 CD73、CD90、CD105 和波形蛋白的小梁网干细胞。小梁网干细胞也显示出多能性，可以产生不同类型的细胞，可表达神经、角膜基质细胞和脂肪细胞的标记物。其他研究也表明，根据所处的微环境条件，小梁网干细胞可以发育成间充质细胞和光感受器细胞谱系[103]。iPS模型已证明，成纤维细胞可以产生具有吞噬功能的小梁网细胞，并表达小梁网标记物 MGP、AQP1 和 CHI3L1[103]。小梁网干细胞经血清处理后可发育成小梁网细胞，这也暗示了它们发育的自然进程。小梁网区的固有干细胞表现出干细胞典型的慢循环和标记滞留特性，这为了解小梁网干细胞提供了线索[104]。也有报道说，小梁网干细胞是多能的，它们可分化为吞噬性小梁网细胞，这种分化结果可通过房水或在高血清培养条件下诱导产生[32]。小梁网干细胞在 3D 球形培养条件中较 2D 培养模式能更好地生长，这可能与细胞外基质对干细胞行为的内在影响有关[32]。

6.2　衰老小梁网干细胞的内质网应激

原发性开角型青光眼是最常见的与年龄有关的疾病，主要病因是小梁网细胞改变。在这种情况下，常规房水流出途径堵塞引起了眼压升高，其中房水的引流主要依靠于小梁网细胞的功能[105]。研究表明，衰老引起小梁网区的细胞数量减少（可能因细胞凋亡增加），且细胞外基质也发生了异常变化。内质网应激通路是青光眼发病的关键因素。在内质网应激的情况下，观察到未折叠蛋白质反应（UPR）标记物 CHOP、GRP78、sXBP1 和 GADD34 的表达增加[106]。有报道称，在造血干细胞中，UPR 可选择性地诱导干细胞凋亡，以阻止病变干细胞增殖。UPR 和 PERK 通路对骨骼肌干细胞和肠上皮干细胞具有相似的作用[107]。在疾病条件下，干细胞特性减弱，伴随着细胞数量的减少，一起导致了祖细胞再生能力的减弱。

6.3　衰老小梁网的再生

在青光眼患病后期，小梁网干细胞可以向小梁网细胞分化，它们定位于损伤区并分裂活跃。其他的间充质干细胞也被证明可以分化为小梁网细胞。小梁网的特异性标记物在 AQP1 和 CHI3L1 这两种情况下都有表达[99]。已有研究表明，趋化因子 CXCR4 参与了小梁网干细胞向损伤区的归巢，但其确切机制尚不清楚。在生理性的衰老过程中，葡萄膜巩膜通道的流出量将减少，这可以由小梁网细胞通路代偿[108]。已有文献证明，随着年龄的增长，小梁网细胞的数量减少，这也见于青光眼[109]，其原因可能是衰老、细胞凋亡诱导增多、细胞外基质异常和眼压调节障碍[110]。小梁网细胞具有吞噬功能，并可以清除细胞外基质碎片，但这一功能在老年患者中将受到损失。

7. 结论

衰老干细胞表现出功能下降，这已经被不同类型细胞的各种报道揭示。引起微环境改变的内在变化是发生这种现象的主要原因。与年龄相关的疾病正在增加，特别是在眼部疾病方面。与年轻患者的治疗效果相比，利用干细胞治疗这些年龄相关性疾病的效果相对较弱，因此，有必要更详细地了解衰老干细胞的再生过程。诱导衰老干细胞的再生能力具有很大的潜力，这值得进一步探索。

扫码查询
原文文献

第九章

骨骼肌细胞衰老和干细胞

Shabana Thabassum Mohammed Rafi, Yuvaraj Sambandam, Sivanandane Sittadjody,
Surajit Pathak, Ilangovan Ramachandran, R. Ileng Kumaran

1. 简介

衰老与细胞再生能力下降，以及与年龄相关性成体干细胞数量减少及功能减弱有关。在与年龄相关的骨骼肌损伤中，它们的固有肌肉干细胞进行肌源性分化，形成肌纤维，修复受损组织，同时也进行增殖，即自我更新，以补充干细胞池中丢失的干细胞。随着细胞衰老，肌肉细胞的再生变得无效，肌肉组织被脂肪和纤维组织取代，这种肌肉萎缩被称为肌少症。肌少症也会降低肌肉干细胞的功能，这反过来又会导致衰老过程中的肌肉再生能力降低[1]。有丝分裂后的骨骼肌细胞可维持终生，因为它们具有由肌肉干细胞介导的高再生潜能，也被称为骨骼肌卫星细胞[2, 3]。骨骼肌卫星细胞位于肌膜和基板之间的独特位置[4, 5]。骨骼肌对运动至关重要。肌腱作为骨骼和肌肉之间的连接，是肌肉骨骼系统的重要支撑[6]。肌肉中的卫星细胞在细胞周期的 G_0 阶段处于静息状态，当肌肉细胞或肌纤维受到损伤，或处于氧化应激，或发生表观遗传改变时，卫星细胞被激活并离开静息状态进行肌再生，以修复和再生受损肌肉，同时补充卫星细胞的干细胞库，使成体肌肉组织保持稳态[2, 7]（图 9.1）。激活的卫星细胞进入细胞周期的 G_1 期，导致其分裂为子卫星细胞和成肌细胞。当子卫星细胞补充肌肉干细胞库时，成肌细胞通过其肌源性谱系程序进行分化，生成肌细胞、肌管和肌纤维，最终修复和再生受损肌肉[3]。在静息状态的卫星细胞中，尽管肌源性谱系特异性基因有许多转录起始位点，但只有具有二价结构域的肌源性转录因子 Pax3 在成肌前细胞中表达[8, 9]。在肌肉再生阶段，卫星细胞在决定细胞命运和 DNA 链分离的背景下进行不对称细胞分裂，同时卫星细胞进行自我更新，以维持肌肉干细胞库，并产生肌源性后代，使其分化为肌细胞[1]。在卫星细胞中表达的蛋白标记物有 Pax3、Pax7、BARX2、CD34、CXCR4、血管细胞黏附分子 1（VCAM1）、Myf5 等[2]。越来越多的证据表明，不同的分子机制包括表观遗传调控，在肌生成各阶段的过渡过程中起着重要作用[5, 10]。本章讨论骨骼肌及其卫星细胞或成体干细胞，以及在骨骼肌衰老过程中卫星细胞和成体肌中发生的基因表达、代谢、外在或内在因素和表观遗传学的改变。

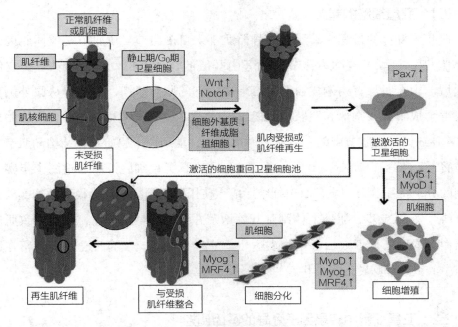

图9.1　卫星细胞在未受损或正常肌肉组织损伤期间的作用见图。未受损的肌肉组织中的卫星细胞处于静止状态，即 G_0 期，由 Notch 和 Wnt/β 联蛋白信号通路维持。在正常或年轻的肌肉组织中没有明显的纤维化，细胞外基质水平和纤维成脂祖细胞的活性被下调。在肌肉损伤或再生过程中，卫星细胞从静止状态被激活，并进行分化以产生新的肌纤维。转录因子 Pax7 在卫星细胞中高度表达，并参与了肌肉发育的初始阶段。肌细胞决定蛋白（MyoD）的基因表达被上调，卫星细胞成为 MyoD[+]。这使它们从增殖阶段过渡到分化阶段。MyoD 还上调了肌源性调节因子 4（MRF4）的表达，它有助于肌细胞分化为肌纤维。MRF4 与 MyoD 一起上调成肌蛋白（Myog）的表达，上调的 Myog 导致肌细胞向肌管融合和分化。一些被激活的卫星细胞返回卫星池中进行自我调节，在增殖前更新，而这一点在成肌蛋白因子 5（Myf5）的作用下得到加强。箭头符号分别表示上调或下调。

2. 骨骼肌干细胞：卫星细胞

骨骼肌占人体总质量的近 40%，对运动、体温调节、呼吸和消化至关重要 [6, 11, 12]。这种肌肉组织对生理刺激有反应，在明显损伤后有再生能力 [13]。肌肉的再生和维持能力主要取决于肌肉干细胞（卫星细胞）的数量或细胞池 [5, 14]。1961 年，Alexander Mauro 首次用电子显微镜发现了青蛙骨骼肌中的卫星细胞，观察到卫星细胞夹在肌细胞膜和基膜之间 [14]。在显微镜下，卫星细胞位于与肌纤维密切相关的沟槽中。卫星细胞的这种精确位置或生态位使它们能够维持静息状态，也有助于它们对生理或病理刺激快速反应，有利于骨骼肌再生，或者修复肌纤维损伤 [15]。

2.1 卫星细胞的起源

在胚胎发育的过程中，所有的骨骼肌都来自皮肌节。皮肌节是成体肌肉的前体细胞 [16]，起源于被称为体节的轴旁中胚层的背侧结构，轴上和轴下是它的两个亚域。轴上肌从背内侧皮肌节发育形成背部的肌肉组织，轴下肌从腹外侧皮肌节发育形成腹部、胸部和四肢的肌肉组织 [17, 18]。在小鼠发育过程中，在胚胎期的 16.5 ~ 18.5 天，皮肌节中的一组肌源性祖细胞移动到位于原始基板结构和肌节之间的位置 [19]。然而，在小鼠出生后的发育过程中，卫星细胞开始通过两个步骤获得它们的分子特征。第一步，肌肉纤维形成，使用前肌肉纤维作为模板添加额外的肌肉纤维 [20]。第二步，肌肉前体细胞开始增殖并维持其核百分比，从而导致肌原纤维蛋白合成和特异性表面标记物表达 [21]。在幼鼠的肌肉发育完全后，驻留在肌肉组织中的卫星细胞转入静息状态 [16]。

2.2 卫星细胞中转录因子介导的基因调控

细胞特异性标记物的表达有助于鉴定卫星细胞。Pax7 属于 Pax 结构域转录因子家族，在卫星细胞中高表达并被认为与卫星细胞自我更新相关 [22, 23]。Pax3 是另一种转录因子，参与了早期胚胎阶段的肌肉形成 [24]。在胚胎发育的过程中，可以在皮肌节中央的发育肌肉中看到 Pax3 和 Pax7[25]。除了成对的结构域转录因子，在卫星细胞中表达的其他标记物有 Myf5、c-Met、MyoD、CD34、神经细胞黏附分子 1、BARX2、CXCR4、VCAM1、窖蛋白 1、降钙素受体、EGFR 和整合素亚基 α7[2]。此外，一些核膜的关键结构蛋白，如伊默菌素和核纤层蛋白 A/C，也在基因调控中发挥重要作用，可以作为标记物来识别卫星细胞 [2, 26-28]。此外，伊默菌素和核纤层蛋白 A/C 对卫星细胞或小鼠胚胎干细胞分化为肌肉细胞具有重要作用 [29-31]。Myf5、Barx2 与 Pax7 共同表达，参与肌肉的生长、维持和再生。参与了 c-Met 的转录，其中肌肉钙黏素与 c-Met 共同表达。因此，这些蛋白质也被作为标记物用来识别卫星细胞。

高度保守的转录因子负责肌肉细胞的激活、增殖和分化，被称为肌源性调节因子。肌源性调节因子是一种异源二聚体 DNA 结合转录因子，可以结合到靶基因的 E 盒 DNA 基元，并调节细胞周期，主要调节最终的肌源性分化过程。Myf5、MRF4（也被称为 Myf6）、Myog（又称 Myf4）和 MyoD 是控制肌生成的四种主要肌源性调节因子（表 9.1）[32]。活化的卫星细胞先表达 Myf5，然后表达 MyoD，这导致成肌细胞增殖，Myf5 下调，MRF4 上调；MRF4 水平升高导致 Myog 表达上调，Myog 促进肌肉纤维的最终分化和融合。当一组成肌细胞失去 MyoD 表达并退出细胞周期时，它有助于重新聚集卫星细胞池进行自我更新 [32-34]。

表9.1　肌源性调节因子的作用

肌源性调节因子	激活阶段	增殖或分化阶段	功能
Myf5	Myf5 是第一个基因，在卫星细胞中表达，并在成肌过程中上调	Myf5 的表达在增殖期上调，但在卫星细胞充分增殖后下调	Myf5 能启动和引导出生后的肌肉生成，还有助于卫星细胞库的自我更新
MyoD	MyoD 的表达是下调的，但它在卫星细胞中的表达是保持的	MyoD 的表达被上调，因此细胞中的 MyoD 标记从 MyoD$^-$ 变为 MyoD$^+$	MyoD 参与了肌细胞从增殖期到分化期的过渡。MyoD 能上调 MRF4，缺乏 MyoD 会导致卫星细胞的分化受损，MyoD 缺失会导致卫星细胞分化障碍
MRF4，又称 Myf6	MRF4 表达缺失	MRF4 表达上调	上调的 MyoD 和 MRF4 共同调节 Myog 的表达。MRF4 在转录和表观遗传水平上协调成肌细胞的分化
Myog，也称为 Myf4	Myog 表达缺失	Myog 表达上调	Myog 参与肌细胞向肌管的分化，还参与肌纤维的终末分化和融合

该表列出了关键的肌源性调节因子，以及它们在成肌各个阶段的作用

2.3　静息状态的卫星细胞

卫星细胞从静止期或 G_0 期活化，最终分化为肌细胞的过程称为肌源性决定或肌源性程序 [2]。中胚层来源的卫星细胞是骨骼肌成体干细胞的异质群体 [2]。在没有肌细胞损伤的情况下，卫星细胞在细胞周期的 G_0 阶段处于休眠和休息状态，即静息状态。然而，当肌肉细胞受到损伤时，处于细胞周期 G_0 阶段的相邻卫星细胞就会被激活，然后增殖、分化形成新的肌管和肌纤维。卫星细胞的激活是通过诱导 MyoD 和 Myf5 快速表达来介导的。同时，一组不断增殖的卫星细胞会返回静息状态，以补充耗尽的卫星细胞池 [5]。

3. 成体骨骼肌干细胞和衰老

卫星细胞是骨骼肌内的成体干细胞，在本质上是异质性的，并积极参与受损骨骼肌再生的修复。在正常组织中，卫星细胞处于静息状态。然而，当肌肉组织出现损伤时，这些休眠的卫星细胞会被细胞固有信号及其周围的微环境激活，称为生态位 [1]。

在衰老的过程中，卫星细胞的功能受损，肌肉组织的再生能力下降。此外，当卫星细胞数量减少、功能减弱时，微环境的支持也会丧失 [35]。当老化的肌肉细胞受损时，卫星细胞的分化也会延迟，细胞内因子和细胞外因子的功能都会减弱 [36, 37]。同时，纤维成脂祖细胞使细胞外基质沉积在基底膜和肌肉生态位下，较高水平的细胞外基质会使肌纤维变得更硬。此外，TGF-β1 和 δ 样经典 notch 配体 1（DLL1）等因子下调，FGF2 上调，这些活动为生态位的失效奠定了基础。整合素 β1、纤维连接蛋白和黏着斑激酶（FAK）的水平也降低，这导致该生态位的黏附性降低。调节卫星细胞功能的主要信号通路是 p38 MAPK、JAK/STAT、p16、Spry、Notch 和 Wnt，这些通路也显现出年龄依赖性变化。因此，随年龄变化的卫星细胞及其微环境或生态位对肌肉组织的再生有重要影响。

3.1　卫星细胞的年龄依赖性变化

衰老会影响身体所有细胞的结构和功能，包括肌肉细胞。2015 年，Sousa-Victor 团队 [38] 将老年小鼠全肌肉组织移植到年轻小鼠身上，结果显示成体肌肉组织再生存在缺陷。与之相反，Lee 等人[39] 观察到的是再生延迟，而不是旧肌肉组织损伤。Carlson 和 Faulkner[40] 移植了一只年轻老鼠和一只年老老鼠的全肌肉组织来评估两者的再生能力。当年轻的宿主成功地植入年轻和年老的肌肉时，移植物在年老的宿主身上无法再生。衰老的肌肉比年轻的肌肉更易发生分形损伤[41]。从以上实验可以明显看出，衰老伴随着卫星细胞反应减弱[42-44]。同样令人印象深刻的是，即使在某些情况下是延迟再生而不是损伤，也会出现严重的健康后果。

3.1.1 卫星细胞的功能、行为和异质性

Chakkalakal 团队[37] 进行了标记保留试验，结果表明，在 3 ~ 26 月龄，卫星细胞池经历 4 ~ 8 次分裂。经过 4 次分裂的卫星细胞保留了标记，而其他经过 8 次分裂的细胞则失去了标记，这表明卫星细胞池在整个生命周期中都在不断变化。移植实验表明，标记保留细胞是真正的干细胞，无标记保留细胞是祖细胞[37]。

卫星细胞代表了肌肉前体细胞的异质群，虽然它们表达特定的标记[45]，但并不标记独特类型的细胞。肌细胞遍布全身，根据肌肉的位置和不同的起源，卫星细胞表现出异质性[46, 47]。卫星细胞可以进行肌系分化、生成肌细胞或进行自我更新。卫星细胞增殖速率的差异可以确定它们在肌肉组织中的作用和功能。快速分裂的细胞有助于肌源性谱系，而缓慢分裂的细胞则具有长期自我更新的作用[48]。

在衰老的过程中，标记保留细胞丢失，无标记保留细胞保留（定向祖细胞）。由于干细胞潜能的丧失，衰老的卫星细胞移植潜能下降[37]。Cosgrove 等人[49] 观察到，当将衰老的肌肉卫星细胞移植到成年宿主身上时，功能性卫星细胞的数量减少。总之，在衰老的过程中，卫星细胞的功能、行为和异质性都有所下降。

4. 卫星细胞的衰老和代谢

细胞代谢包括合成代谢和分解代谢，在细胞的功能调节中起着至关重要的作用。为了激活静息的卫星细胞以促进肌组织活动，需要积极的代谢过程，包括线粒体活动[50] 和自噬[51]。合成代谢通过水解 ATP/NADPH 来为细胞产生核苷酸、脂类和蛋白质。分解代谢是一个降解的过程，它为合成代谢提供能量。线粒体通过氧化磷酸化产生 ATP 分子。氧化磷酸化是正常细胞呼吸和代谢过程中产生能量

的关键调节途径，提供细胞功能所需的大部分能量[10, 52]。与之相反，有一种细胞成分的自我降解途径称为自噬，是一种进化保守的途径或过程。自噬途径由溶酶体和自噬体进行，它们共同控制蛋白质质量，防止细胞内有毒废物的积聚[54, 54]。自噬通过细胞和分子机制来清理受损的旧细胞，再生更健康的新细胞。因此，自噬对衰老过程中支持骨骼肌再生的卫星细胞功能有重要影响，这将在后续章节中进行更详细的讨论。

4.1 卫星细胞中的线粒体

线粒体被认为是细胞的动力源，起着能量发生器的作用。在糖酵解过程中，葡萄糖转化为丙酮酸，每个葡萄糖分子生成 2 个 ATP 分子。另一种产生 ATP 的有效方法是线粒体氧化磷酸化，每个葡萄糖分子产生约 34 个 ATP 分子[55]。这种类型的细胞代谢功能障碍是所有衰老干细胞及肌肉卫星细胞都会遇到的问题。线粒体的功能有年龄依赖性下降[56]。另外，在衰老过程中，静止卫星细胞中的线粒体活动增加，这对线粒体的正常代谢和功能有影响。卫星细胞经历了一个代谢重编程的过程来激活肌肉生成。因此，卫星细胞从线粒体脂肪酸氧化转换为糖酵解。这种转变也诱导自噬，通过增加分解代谢提供额外的能量[51]。线粒体还产生代谢产物，如活性氧，并参与氨基酸、核苷酸和脂质代谢，它们都是干细胞功能的重要调节因子[55]。在转录水平上，京都基因和基因组数据库分析显示三羧酸和氧化磷酸化下调[57, 58]，与 ATP 和 NAD^+ 降低一致，因此能量水平更低[58]。

线粒体是产生活性氧的关键细胞器。正常的年轻细胞会产生低水平的活性氧，它是包括肌肉在内的不同细胞功能中信号转导通路的主要调控因子[59, 60]。衰老与活性氧水平过高有关，活性氧水平过高导致线粒体损伤和线粒体介导的凋亡信号[61]。活性氧水平升高不利于衰老过程中卫星细胞的功能发挥和修复（图 9.2）。Beccafico 研究小组[62] 报道，随着年龄的增长，肌肉干细胞的抗氧化水平下降，活性氧水平增加。这个过程最终会削弱卫星细胞的功能。重要的是，当活性氧水平升高时，它会破坏静息的卫星细胞，影响卫星细胞在衰老过程中的作用。

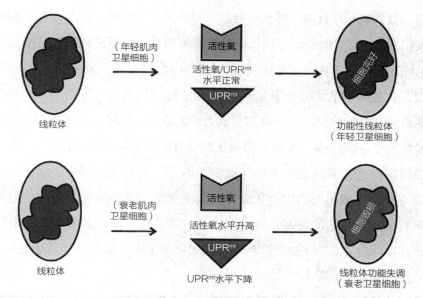

图9.2　年轻卫星细胞与衰老卫星细胞的线粒体代谢。线粒体是细胞的关键能量发生器，通过氧化磷酸化产生大部分ATP。衰老卫星细胞的线粒体功能失调，导致线粒体脂肪酸氧化的代谢重新编程为糖酵解，以激活肌肉生成。在这种情况下，线粒体会产生高水平的活性氧作为代谢产物。活性氧作为信号转换器，在肌肉功能中起着重要作用。活性氧水平升高会破坏线粒体，损害卫星细胞的功能。UPR^{mt}途径发生在线粒体中，是一种与生物体寿命有关的保守通路。UPR^{mt}途径减少导致线粒体损伤，降低了线粒体的活性和质量，并导致卫星细胞数量、功能和再生能力下降。在衰老卫星细胞中可观察到线粒体代谢的功能障碍。

UPR^{mt}发生在线粒体中，是一种保守的应激反应途径，对生物体的寿命很重要[63]。烟酰胺核苷处理后NAD$^+$水平的恢复降低了DNA损伤及减少了其标记物，诱导了UPR^{mt}发生。诱导或增加UPR^{mt}，可提高干细胞的质量和功能。因此，用烟酰胺核苷处理衰老卫星细胞，可以提高其UPR^{mt}水平，可能有助于其恢复再生能力[58]。Minet和Gaster[64]通过分离老年人的肌肉卫星细胞来进行实验，其中肌肉的线粒体ATP产量减少；当它们受到刺激时，会产生正常的ATP。这表明改善线粒体功能可以增加衰老卫星细胞的寿命。

4.2　卫星细胞的自噬

自噬是一种帮助清除受损细胞器的自我降解过程[65]，可为细胞倍增和持续增殖提供能量[6]。自噬过程或通路对于维持生存和应激反应所需的稳态非常重要。若其失效，则会导致细胞器功能障碍，诱发衰老[66]。在衰老过程中，干细胞的自我降解能力有所下降[67]，尤其是卫星细胞[68]。一般来说，自噬有三种类型：伴侣介导的自噬、微自噬和巨自噬。伴侣介导的自噬涉及一种特殊的跨膜蛋白，称为溶酶体相关膜蛋白 2，它有助于将错误折叠的胞质蛋白运输到溶酶体中进行清除。巨自噬包括形成双膜囊泡（称为自噬体），它可将需降解的成分运送到溶酶体[69, 70]。

通常，静息的卫星细胞处于可逆的 G_0 相。然而，当出现损伤时，这些卫星细胞就会被激活并开始增殖。这一过程与衰老是矛盾的，卫星细胞在进入衰老过程时减少并发生再生功能障碍，即静息的卫星细胞进入不可逆的 G_0 阶段[68]。在骨骼肌中，卫星细胞衰老在肌肉衰老中发挥重要作用[71]。在衰老过程中，细胞周期阻滞也增加了与分泌表型相关的代谢活动[72]。衰老细胞和其他有毒废物在卫星细胞中的积累影响了静息状态的稳态，自噬活性被破坏，这也是衰老的重要因素[68]。活跃的基础自噬可负责维持细胞器，然而，在老年小鼠中，基础自噬通量受损，造成细胞器（包括线粒体）凝集[68, 73]。

自噬相关基因（ATG）是高度保守的，可作为自噬的标记[54]。卫星细胞表达 Atg7，在年轻卫星细胞自噬小体的形成中起重要作用（图 9.3A）。Atg7 在衰老过程中的表达下降可反映自噬活性下降（图 9.3B）。自噬活性下降增加了活性氧水平，对线粒体功能产生负面影响。此外，卫星细胞中 Atg7 的缺失导致卫星细胞数量减少，从而引起卫星细胞功能障碍。因此，基础水平的自噬是终身维持静息卫星细胞的必要条件。重要的是，自噬是与年龄相关的重要机制之一[68]。

Garcia-Prat 等人[68]的研究表明，抗氧化处理上调了衰老和成年卫星细胞的表观遗传因子 p16^{Ink4a} 和 Atg7，导致线粒体中的活性氧减少。有趣的是，Cerletti 等人[74]报道称，短时间的热量限制维持了卫星细胞的功能，显示出适当的内稳态。此外，它还增加了线粒体的数量和活动，并提高了年轻老鼠和年老老鼠肌肉中的卫星细胞的寿命。热量限制似乎与发育阶段无关，它可能对肌肉卫星细胞的功能有同样的影响[74, 75]。

mTOR 是影响细胞代谢和生长的营养反应通路的主要调节因子，抑制其作用可以延缓衰老，延长细胞和生命体的寿命[76]。因此，下调 mTOR 通路可激活成年卫星细胞的自噬通量，增加衰老卫星细胞的活性。已有研究表明，自噬对维持细胞的 G_0 静息期和细胞干性至关重要，进而防止细胞衰老。自噬下降会导致细胞代谢和细胞周期的完全改变。

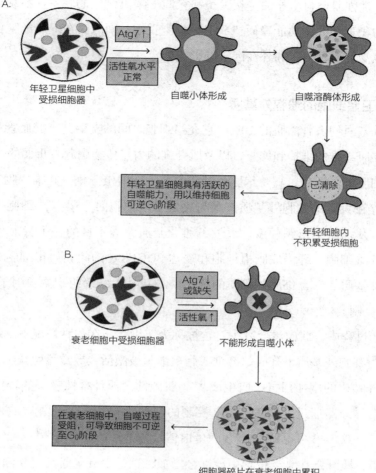

图9.3　自噬在年轻和衰老卫星细胞中的作用。卫星细胞中受损细胞器的自降解过程是通过巨噬发生的。A. 在正常年轻卫星细胞中，Atg7的表达有助于形成自噬小体，活性氧水平正常，自噬体携带胞浆蛋白进入溶酶体进行清除，有毒废物无累积，因此可保持G_0可逆静息状态。B. 在衰老卫星细胞中，Atg7表达低或缺失，不能形成自噬体。自噬活性降低对线粒体产生负面作用，包括增加活性氧、诱发衰老导致细胞周期阻滞、有毒废物出现积累，不能保持G_0可逆静息状态。箭头符号分别表示上调或下调。

5. 卫星细胞老化及外界因素

对于肌肉卫星细胞的正常功能发挥和再生能力而言，微环境中的局部因素至关重要。微环境涉及肌纤维、纤维脂肪源性祖细胞、生长因子、循环因子、巨噬细胞、细胞因子等。肌纤维被富含胶原的肌内膜包围，其中包括细胞外基质[77]。基板和肌内膜之间连接形成了一种像网状结构的黏附分子胶原IV。这种胶原蛋白可作为桥梁，加强肌肉再生相关生长因子和它们受体[1]之间的联系。在衰老过程中，有毒废物的积累和代谢功能障碍造成卫星细胞受损；同时，在卫星细胞自身衰老的过程中，也受到多种内在和外在因素的影响。

5.1 卫星细胞的细胞外基质

细胞外基质约占骨骼肌的 10%。它充当细胞之间的支架，支撑血管和神经。细胞外基质在肌纤维的维护和修复，以及肌纤维的力量传递中起着重要的作用[78]。静息的卫星细胞被激活后，随着细胞外基质的产生而增殖分化，并维持肌生成[79-82]。骨骼肌中存在大量的细胞外基质，参与决定卫星细胞的命运[83]。细胞外基质可促进纤维化，从而增加组织硬度[84,85]。纤维化是肌营养不良的一个特征[86]。在损伤过程中，纤维细胞、纤维成脂祖细胞和表达 PDGFRα 的间充质祖细胞会形成新的临时细胞外基质[80,87]。细胞外基质的沉积受 TGF-β、结缔组织生长因子（CTGF）和 RAS 的控制[88,92]。

在衰老过程中，肌肉量会减少，这被称为肌少症。在这种情况下，纤维化程度更高[93]。当细胞外基质下降时，纤维成脂祖细胞被激活，导致增殖减少，引起纤维化[94,95]，纤维化的增加损害了肌生成[84]。肌源性向成纤维性表型的转化是由 Wnt/β 联蛋白信号通路通过上调 TGF-β2 控制的[84,96]。Wnt/β 联蛋白与 TGF-β 信号通路存在交叉，TGF-β 可上调 Wnt/β 联蛋白信号分子，反之亦然[97]。

据报道，肌纤维在衰老过程中硬度会增加，这是由衰老肌肉卫星细胞中的胶原交联增加导致的[98,99]。Lacraz 等人[98]报道，水凝胶培养的成体原代成肌细胞模拟出了与分化相关的衰老肌肉细胞的僵硬感。然而，Gilbert 等[83]报道称，当将成体干细胞分离并培养在类似柔软性的水凝胶中时，如细胞外基质涂层的塑料皿中，增殖和自我更新会加速，从而改善移植。增殖对于维持肌肉再生的稳态是至关重要的。考虑到 PDGFRα 是纤维成脂祖细胞产生的靶点，抑制 PDGFRα 信号通路可减少衰老肌肉再生过程中的纤维沉积[100]。

5.2 循环因子和卫星细胞

在衰老肌肉卫星细胞中，再生能力下降可通过健康的微环境进行有效修复。异种共生通常被用来检验系统因素之间的关系和它们在动物之间的差异[101]。异种共生和全肌肉移植显示了这种外部环境的重要性。Carlson 和 Faulkner[40] 报道了从幼鼠到老年鼠的全肌肉移植完全取决于年龄。在年轻的宿主身上，年轻肌肉和衰老肌肉都显示移植成功，而在年老的宿主身上，卫星细胞的再生都失败了。在另一项研究中，Lee 等人[39] 观察到卫星细胞的再生延迟，而不是受损。观察到的这些差异可能是由于实验对象的年龄、性别、模型、伤害类型不同。

在短期损伤中，衰老因素造成了修复延迟，而年轻因素为肌肉修复铺平了道路。循环因子和微环境的"年龄"与肌肉的衰老呈正比[102]。当老年小鼠的卫星细胞暴露于幼龄环境（血清）中，体外卫星细胞增殖增加。此外，年轻小鼠血清可促进衰老卫星细胞的再生[84, 102]。这些结果表明，循环因子可以调节衰老卫星细胞。因此，通过调控 RTK、Notch、Wnt、TGF-β、催产素等信号通路，可以减轻老年人的肌肉损伤[84, 103-108]。现有的研究支持生长因子和炎症细胞因子在衰老中的作用。在衰老过程中，炎症会增加。然而，老年小鼠对损伤有延迟反应[109, 110]。GDF11 在衰老过程中循环减少。然而，重组 GDF11 可使其恢复，并能增强其在衰老肌肉中的作用[108]。这些发现表明，在衰老过程中受损的肌肉卫星细胞可以通过模拟年轻的和健康的外部微环境来实现逆转。

5.3 生长因子和卫星细胞

生长因子在卫星细胞功能中起着至关重要的作用[82, 111]。HGF 和 FGF 参与体外衰老卫星细胞的激活和增殖[112, 113]。FGF2 在衰老肌纤维中高表达，在卫星细胞中不发生任何年龄依赖性变化[37]。此外，老化卫星细胞暴露于 FGF2，影响静息状态。当使用 FGFR1 抑制剂下调 FGF2 时，衰老肌肉细胞的数量和功能下降[37]。这表明，FGF 在肌肉干细胞或卫星细胞的调控中发挥了关键作用。

IGF 在肌细胞的增殖和分化中也发挥着重要作用。IGF1 具有合成代谢作用，可诱发肌肉肥大；它还可以增加肌肉 IGF1 亚型特异性[114]。糖皮质激素可干扰 IGF1 信号通路，导致肌肉萎缩[115, 116]。生长激素和 IGF 等药物调节肌肉细胞，维持肌肉质量。给予 IGF1 可防止年龄相关性肌纤维减少和功能丧失[117]。

TGF-β 调节胚胎发生和成体的组织稳态。TGF-β 可减少成肌纤维，增加年轻卫星细胞[118, 119]。衰老肌肉显示，TGF-β1 水平升高，TGF-β 信号导致 SMAD 复合体磷酸化，细胞周期延迟。当 TGF-β 信号被中和时，衰老肌肉的再生过程就开始了。由此可见，通过抑制 TGF-β 活性可以缓解衰老表型[120, 121]。

5.4 细胞因子和卫星细胞

多项研究表明，细胞因子在细胞增殖、蛋白质合成、组织修复所需重塑和血管生成等方面发挥着关键作用[122]。在肌肉受到应激时，它们开始产生内流，帮助愈合并释放炎症细胞因子，如 IL-6、TNF-α 和 IGF1[123, 124]。IL-6 似乎与肌肉功能有关，在肌肉功能下降的过程中，IL-6 增加[125, 126]。此外，在转基因小鼠中，IL-6 的水平升高会导致肌肉萎缩，并参与蛋白质分解[127]。

IL-6 可以代表一种不同于炎症细胞的亚型，肌肉来源的 IL-6 可抑制 TNF-α[126]。TNF-α 增加可引起衰老肌肉的肌肉再生障碍，导致肌肉减少。TNF-α 增加与附肢骨骼肌质量低有关，从而导致年龄相关性损伤[128]。

6. 卫星细胞老化及内在因素

6.1 卫星细胞中的端粒

端粒磨损是衰老的标志之一[129]。端粒是覆盖在染色体末端的保护帽。它们是由 2～20 kb 的重复双链 DNA 序列 TTAGGG 组成，被一种复杂的端粒蛋白复合体蛋白包围。端粒蛋白复合体有 6 种类型（表 9.2）。端粒蛋白复合体和端粒共同作用，保护染色体末端 DNA 不被破坏[130-134]。

表9.2 端粒蛋白复合体的蛋白质成分	
端粒蛋白复合体蛋白列表	
TRF1	端粒重复结合因子1
TRF2	端粒重复结合因子2
RAP1	阻遏/激活蛋白1
TIN2	TRF1相互作用核因子2
TPP1	三肽基肽酶1
POT1	保护端粒1
最近发现的端粒蛋白	
HOT1	顺子端粒结合蛋白1
TZAP	端粒锌指相关蛋白

骨骼肌由有丝分裂后的多核肌肉纤维或细胞组成，了解其端粒的结构和功能为衰老和端粒生物学提供了重要的思路。端粒长度必须保持恒定，避免DNA损伤[135]。端粒及其功能的丧失导致基因组不稳定，进而导致早衰、衰老和癌症发生。当端粒蛋白复合体受到干扰时，端粒长度的稳态就会丧失[136]。卫星细胞是肌肉再生的关键。当单个有核卫星细胞不对称分裂时，一个子细胞去补充卫星细胞池，另一个则刺激肌肉再生。Daniali 等[141] 报道骨骼肌端粒随着年龄的增长而缩短；作者收集了87 个样本，包括 19～77 岁的皮肤、免疫细胞和骨骼肌，有趣的是，他们观察到端粒的年龄依赖性缩短。在氧化应激反应和 DNA 中的 8-OXOG 形成的过程中，可以观察到端粒缩短[142, 143]。碱基切除修复途径是去除氧化应激引起 DNA 损伤的重要途径，包括去除受损碱基、切割碱基部位、清洁 DNA 末端、插入正确的核苷酸，以及连接 DNA 骨干的裂口[144]。核苷酸切除修复（NER）参与调控端粒和保持其完整性[145]，有 TC-NER 和 GG-NER，其中 TC-NER 负责清除活性基因中的病变，而GG-NER 识别并清除整个基因组中的 DNA 病变[146]。此外，着色性干皮病 B（XPB/ERCC3/p89）在 DNA 损伤修复和端粒动力学中发挥重要作用[147]。

端粒的结构和长度可以被包括表观遗传因素在内的各种因素改变。组蛋白甲基化参与 hTERT 的调控，而 *hTERT* 位点的表观遗传状态对于其在正常体细胞和肿瘤细胞中的调控至关重要[148]。此外，hTERT 启动子的初始转录抑制与组蛋白脱乙酰化无关，核小体沉积在核心启动子（核小体重塑）是人类体细胞中 hTERT 转录抑制的原因[149]。因此，端粒在骨骼肌衰老的调节中起着关键作用。

相对于内在变化，衰老与卫星细胞完整性呈负相关[150]。此外，在培养的衰老卫星细胞中，Pax7 的表达也有所下降，衰老肌肉细胞凋亡增加，导致卫星细胞池减少[151-153]。在衰老过程中，参与肌发生及其改变的信号通路将在下面讨论。

6.2 卫星细胞的 Notch 信号通路

在 Notch 信号通路中，δ 配体与 Notch 受体结合引发蛋白水解事件，导致 Notch 细胞内结构域释放，它易位到细胞核并激活表达 Notch 靶基因的转录因子[102-104, 154]。有趣的是，与显示肌肉再生潜能较低的年轻卫星细胞相比，在分离的老年小鼠卫星细胞中观察到 δ 配体表达降低，这表明老年骨骼肌中 Notch 信号通路减弱[102]。

循环中的外部因素可能会增加 Notch 信号。Conboy 等[102] 报道，在受损的衰老小鼠卫星细胞中，δ配体的表达大约增加了5倍；当来自老龄小鼠的卫星细胞暴露于年轻血清时，会导致Notch信号通路增强。因此，卫星细胞的年龄相关性功能障碍可能受到全身因素的影响[102]。

激活Notch信号的上游分子的失活[121,155]和Notch信号抑制剂的增加[103,154]可能是衰老卫星细胞中Notch信号减弱的原因。Notch激活最重要的因素之一是MAPK/PERK，它在肌肉细胞中减少。在衰老过程中，用MAPK激动剂处理衰老卫星细胞，导致Notch信号通路增加[155]。TNF-α和TGF-β是两种重要的Notch信号抑制剂。TNF-α在衰老过程中升高，抑制Notch信号，导致肌肉细胞减少[156]。另一种Notch信号的活性抑制剂TGF-β也增加了，因此TGF-β与Notch信号呈负相关，从而导致卫星细胞再生受损[103,154]。此外，激素在Notch信号调节中也起关键作用。衰老过程中睾酮水平的下降与Notch信号通路的减少直接相关[104,155]。

6.3　卫星细胞的Wnt/β联蛋白信号通路

Wnt/β联蛋白通路参与重要的细胞事件，如细胞增殖、侵袭、衰老和血管生成[157,158]。当Wnt配体与Fzd和LRP结合时，通过抑制β联蛋白的GSK3β磷酸化激活信号级联，积累的β联蛋白转移到细胞核中，并与TCF/LEF结合，引起骨骼肌修复相关基因的表达[159-161]。

Wnt信号在肌形成的早期起重要作用。Wnt1和Wnt3a形成背神经管，Wnt7形成外胚层，产生肌源性前体[162,163]。老年肌肉中Wnt信号异常导致肌生成功能障碍[84,164]。Liu等[165]报道，klotho小鼠表现出高Wnt信号，导致细胞衰老和寿命缩短。据报道，老年肌肉中Wnt拮抗剂即分泌型卷曲相关蛋白2和Wnt抑制因子1的水平低于年轻肌肉[164]，同时β联蛋白增加，GSK3β减少[84]。这些结果提示，肌肉卫星细胞中Wnt/β联蛋白信号通路增加，促进了衰老卫星细胞的功能障碍和损伤。

当老年小鼠与年轻小鼠配对比较时，观察到GSK3β增加和Wnt信号减少[84]。循环中的GSK3β有助于减少衰老卫星细胞中Wnt/β联蛋白信号通路，提示Wnt信号上调可能促进衰老。Wnt还通过将老化骨骼肌转变为纤维原性组织来促进纤维化形成；它会促进衰老[84,165-167]。从肌生成转变为纤维化有很高的亲和力[84]。有趣的是，在年轻小鼠中注射DKK1，显示纤维化减少[168]。

Notch 和 Wnt 信号在肌细胞功能中起着至关重要的作用。Wnt 信号的增强和 Notch 信号的减弱导致衰老骨骼肌修复功能障碍 [84, 103, 154, 169]。

7. 卫星细胞的衰老和表观遗传调控

染色质（即基因组 DNA 和组蛋白）修饰和染色质重塑是产生可遗传染色质特征 / 标记的关键表观遗传机制，并参与转录和基因激活的表观遗传调控、干细胞维持和分化过程中的抑制 / 沉默或表达 [170]。表观遗传机制也在干细胞中产生二价结构域，这些二价结构域是染色质区域，具有活跃和抑制染色质标记的作用。二价结构域通常在基因表达水平低的启动子上观察到。有趣的是，在成肌细胞中有 400 多个基因显示出二价结构域 [171]。一般情况下，活化的卫星细胞会离开静息状态，在肌肉再生过程中进行增殖和分化，许多转录因子如 Pax3、Pax7 和 MRF 参与了这些过程，因此，了解转录因子和表观遗传调节因子在年轻肌肉和衰老肌肉细胞再生中的作用是很重要的。本节讨论的是肌细胞再生中的表观遗传调控机制和作用。

7.1 卫星细胞静息状态下的表观遗传事件

不同类型的表观遗传机制可以调节卫星细胞在肌生成中的基因表达或功能。Cao 等人 [172] 经全基因组分析后报道，MyoD 与骨骼肌细胞中几个不同基因的启动子区结合，MyoD 结合水平与局部组蛋白高乙酰化水平相关。这表明，在骨骼肌分化过程中，MyoD 在通过 HAT 募集细胞重编程的表观遗传调控中具有更广泛的作用。

参与卫星细胞依赖性肌生成表观遗传调控的各种机制包括染色质重塑、DNA 甲基化及组蛋白和转录因子的共价修饰。这些机制通常导致基因的可逆激活或抑制 [173, 174]。H2A、H2B、H3 和 H4 是形成核小体的四个核心组蛋白，染色体 / 基因组 DNA 包裹在核小体上构成染色质。通常，组蛋白的氨基末端会发生翻译后修饰。H3K4me3 组蛋白修饰 / 标记表明染色质处于转录激活 / 许可状态，而 H3K9me2 和 H3K27me3 组蛋白修饰 / 标记表明染色质处于转录不活跃 / 抑制状态 [170]。在肌肉再生过程中，组蛋白标记以分化信号的形式响应转录线索，参与基因表达的快速信号依赖调控 [171]。

Liu 等人 [8] 研究表明，卫星细胞中组蛋白水平下降时，转录水平也降低。这说明染色质及其修饰和表观遗传事件可影响随时间老化的卫星细胞基因表达和状态。在衰老过程中，静息的卫星细胞中的组蛋白基因上的抑制性 H3K9me2 和 H3K27me3 组蛋白标记水平升高，而许可性 H3K4me3 组蛋白标记水平保持不变。因此，这将导致组蛋白基因转录潜能丧失和组蛋白水平降低，并在衰老过程中改变卫星细胞功能的表观遗传调控 [8, 175, 176]。值得注意的是，只有 Pax3 基因上有二价染色质结构域，而 Pax7 基因上有 H3K4me3 或 H3K27me3 标记，三空腔结构蛋白复合物负责 H3K4me3 标记，PRC 负责 H3K27me3 标记 [8]。

卫星细胞从静息状态激活，并在骨骼肌修复和再生过程中参与肌源性程序，涉及 Pax7 蛋白，但也需要 Myf5 的表达。为了激活 Myf5 基因表达，与激活因子相关的精氨酸甲基转移酶 1 首先与 Pax7 蛋白相互作用，使 Pax7 蛋白甲基化。甲基化的 Pax7 蛋白将 H3K4 组蛋白甲基转移酶复合物募集到 Myf5 基因的启动子和增强子区域，导致其表达的表观遗传诱导 [177]。Ezh2 是一种组蛋白甲基转移酶及 PRC2 的催化亚基，产生 H3K27me3 抑制组蛋白标记。在一项研究中，Woodhouse 等人 [178] 使用了条件性 Ezh2 缺失小鼠，并报道了来自这些小鼠的卫星细胞缺乏 Ezh2 活性，表现出肌肉生长、修复缓慢和干细胞数量减少。PRDM2 是一种 H3K9 组蛋白甲基转移酶，在静息卫星细胞中处于高水平。在 G_0 期成肌细胞中，PRDM2 与几个 H3K9me2 标记的基因启动子结合，包括那些参与调控肌肉生成的细胞（如 *Myog* 基因）和细胞周期蛋白［如 *Ccna2* 基因］。有趣的是，*Ccna2* 基因位点在细胞周期 G_0 阶段的二价染色质域，PRDM2 与 Ezh2 蛋白结合，并调节其与 *Ccna2* 基因二价结构域的相互作用 [179]。Ezh2/PRC2 和 PRDM2 共同参与了静息卫星细胞基因表达的表观遗传调控。细胞周期阶段可以由几种周期蛋白依赖性激酶或激酶抑制因子调控，包括 Cdkn2a。*Cdkn2a* 基因表达几种转录本和交替剪接形式，编码不同的蛋白质。*Cdkn2a* 基因表达的一个重要转录本是 p16 蛋白。p16 作为肿瘤抑制基因 / 蛋白，在细胞衰老过程中调控细胞周期。欲了解更多有关细胞衰老的详情，可以参考第十四章。值得注意的是，Sousa-Victor 等人 [71] 在衰老的小鼠骨骼肌卫星细胞中发现静息、Cdkn2a/p16^{Ink4a} 基因表达的表观遗传调控与细胞衰老之间存在联系。

7.1.1　Cdkn2a/p16^{Ink4a} 与卫星细胞的表观遗传调控

它们的 Cdkn2a/p16^{Ink4a} 基因表达被表观遗传学抑制，以维持这种状态。然而，Sousa-Victor 等人 [71] 的研究表明，当老年小鼠卫星细胞中的 Cdkn2a/p16^{Ink4a} 基因的表达通过表观遗传调控去抑制时，通过衰老转换，它们从可逆的静息状态转变为不可逆的衰老状态。这是一个衰老程序，其中有无用的生长周期阻滞细胞。即使周围环境是年轻的，衰老卫星细胞也会发生老年性转化。重要的是，Cdkn2a/p16^{Ink4a}基因在人类肌肉中的衰老卫星细胞中表达也异常。骨骼肌再生需要依靠处于可逆 G_0期的静息卫星细胞，而处于不可逆 G_0期的衰老卫星细胞妨碍了这一功能发挥[180]。此外，Cdkn2a/p16^{Ink4a}表达阳性的细胞增加及积累降低了卫星细胞池的质量，从而损害了骨骼肌再生[181]。在衰老过程中，卫星细胞产生高水平的活性氧，并诱导细胞损伤和衰老。用于识别衰老卫星细胞的衰老标记物有与衰老相关的 β - 半乳糖苷酶（SA-β-gal）活性和 Cdkn2a/p16$^{Ink4a[71]}$。此外，Sousa-Victor 等[71]也报道了在衰老卫星细胞中"沉默"Cdkn2a/p16^{Ink4a}的表达，可以恢复卫星细胞在骨骼肌再生中的正常功能。此外，Baker 等人[180]在含有衰老细胞活性 p16^{Ink4a}最小启动子的 *INK-ATTAC* 转基因小鼠中证实，使用可渗透细胞的化学药物 AP20187，药物诱导和靶向清除衰老阳性细胞，可以延长老鼠的寿命。本研究表明，衰老细胞在动物组织器官的衰老过程中起着至关重要的作用[180]。总之，这些报告强调了静息状态和衰老状态通路的关键作用，以及它们与卫星细胞的正常功能和有效功能的联系，特别是在衰老时期的骨骼肌再生方面。

7.2 卫星细胞增殖状态的表观遗传事件

在卫星细胞的增殖状态和静息状态下，表观遗传对基因表达的调控起着关键作用。在成体肌形成时增殖的卫星细胞中，DNA 甲基化是一个重要的表观遗传机制和调控基因座的抑制系统[182]。此外，在增殖的卫星细胞中，参与骨骼肌分化的基因启动子区含有低乙酰化的组蛋白和 H3K9me2、H3K9me3、H3K27me3 组蛋白标记，导致基因抑制。组蛋白低乙酰化由 HDAC 催化，甲基化由 Polycomb 家族基因和 Suv39 家族的组蛋白甲基转移酶催化[174, 183]。MyoD 是一种重要的肌源性调节因子，在卫星细胞来源的成肌细胞中表达，参与其增殖。值得注意的是，在骨骼肌形成过程中，MyoD 与其他肌源性因子和表观遗传调节因子协同工作[184]。在增殖的成肌细胞中，Ezh2 通过与转录调控因子 Ying Yang1（YY1）的关联来阻止成肌细胞分化，YY1 又将 HDAC1 募集到肌肉特异性基因启动子中的低乙酰化组蛋白中[185]。此外，Ezh2 在增殖的成肌细胞中通过募集 DNMT3A 和 DNMT3B，在肌肉特异性基因的启动子上直接产生 H3K27me3 抑制组蛋白标记，并间接抑制 DNA 甲基化标记[186]。总之，这些表观遗传机制有助于在成肌细胞增殖过程中抑制肌肉特异性基因的表达。Pax7 转录因子在卫星细胞增殖中发挥重要作用，其表达使卫星细胞保持分化潜能。有趣的是，Palacios 等人[187]发现 TNF-α 炎症信号通路通过 p38α 激酶、PRC2/Ezh2 和 YY1 在肌肉再生过程中卫星细胞介导的肌生成中调控 Pax7 基因表达。正如前面章节所讨论的，Notch 信号对卫星细胞的功能至关重要。然而，Terragni 等人[188]报道称，在基因水平上，即在 Notch1/2 受体及其配体 DLL 或 JAG2 的基因间或基因内区域，成肌细胞中的 DNA 发生羟甲基化和低甲基化。这一发现表明，Notch 信号的成分可能在肌生成过程中受到表观遗传调控。目前已知的 DNA 甲基转移酶抑制剂有几种，5-氮杂胞苷是其中的主要抑制剂之一。有趣的是，使用5-氮杂胞苷抑制 DNA 甲基转移酶可导致成纤维细胞分化为成肌细胞[189]。这些研究表明，表观遗传调控在成肌细胞增殖过程中显著抑制肌肉特异性基因的表达，从而有助于防止成肌细胞的过早分化。

7.3　卫星细胞分化状态的表观遗传事件

由卫星细胞衍生的成肌细胞向肌细胞的分化开始于它们增殖的末期，并在细胞周期之后退出。然而，涉及这一过程的分子机制的完整细节仍然是未知的。

转录因子 Pax7 在卫星细胞增殖的过程中具有重要作用，Pax7 的表达有助于其保持骨骼肌分化能力。值得注意的是，在肌肉分化过程中，TNF-α、p38α 激酶、PRC2、Ezh2、YY1 参与的炎症信号通路调节了 Pax7 基因的表达[187]。重要的是，Rb 蛋白在有丝分裂细胞周期退出中发挥重要作用，通过维持细胞周期基因上的 H3K27me3 抑制组蛋白标记，使成肌细胞的细胞周期永久停滞，并促进成肌细胞分化[190]。此外，与高迁移率族蛋白相关的小染色质相关蛋白 p8 与 HATp300 结合，促进细胞周期阻滞和成肌分化。

在成肌细胞分化过程中，在 MyoD 靶肌基因转录激活之前，60 KDa 的 Brg-1/BAF60C 与 MyoD 相互作用，并在 MyoD 靶基因上形成 MyoD-BAF60C 复合物。BAF60C 是 SWI/SNF 复合物的一个亚基。在成肌细胞中，分化时 p38α 激酶信号被激活后，MyoD-BAF60C 复合物在 MyoD 靶基因上组装，募集 SWI/SNF 染色质重塑的核心复合物，激活肌肉特异性基因的转录[192]。因此，促进肌生成，染色质重塑至关重要，这有赖于激活的 p38 信号级联和 SWI/SNF 复合物的协同作用，SWI/SNF 复合物作用于肌肉特异性基因位点[193]。

7.3.1　p38 MAPK 与卫星细胞的表观遗传调控

SNF2 相关 CBP 激活蛋白（SRCAP）/H2A.Z 介导的染色质重塑是肌肉特异性基因表达的早期事件，它有助于组蛋白替换。SRCAP 沉积 H2A.Z 于核质，SRCAP 的这种替代是以 p38 MAPK 依赖的方式发生的[194]。MAPK 是细胞内丝氨酸/苏氨酸蛋白激酶的一个超家族，在应激反应中受到调控，尤其是 p38 亚群[195]。此外，p38 在非应激条件下也被激活[196]。p38α/β 抑制剂的治疗阻止了成肌细胞进入肌管融合，而 p38 MAPK 通路在骨骼肌分化中发挥了重要作用[197]。Brien 等人[198]证实 p38α 可以促进成肌细胞分化并调节增殖。这些报告强调了 p38 MAPK 在肌生成中的重要作用。

衰老导致骨骼肌卫星细胞或干细胞功能、分化和再生能力下降。这种下降与衰老标记物水平和发病率的升高及衰老卫星细胞中 p38 MAPK 活性的升高有关。此外，在年轻小鼠和老年小鼠中，干细胞功能的下降与干细胞生态位无关。重要的是，与年轻小鼠相比，p38 蛋白及其直接靶蛋白 MAPK 活化蛋白激酶 2 在老年小鼠的卫星细胞中显示磷酸化水平升高。此外，与年轻卫星细胞相比，衰老卫星细胞需要更长的时间才能被激活[49, 57]。这些发现强调了 p38 MAPK 信号通路在衰老过程中干细胞维持和成肌分化方面的重要作用。

Jones 等人[199]的研究表明，在衰老卫星细胞中，增加的 FGF2 可以通过 FGFR1-p38 MAPK 信号通路[57]直接激活 p38。此外，给老年小鼠注射 FGFR1 抑制剂，能够减少体内的年龄相关表型[37]。利用小干扰 RNA（siRNA）敲低技术可以降低 p38 蛋白水平，从而靶向衰老卫星细胞中的 p38 活性。总之，这些研究表明，靶向 p38 可以帮助改善由于 p38 MAPK 信号通路激活增加而导致的与年龄相关的问题[49, 57]。重要的是，Liu 等人[8]观察到 H3K27me3 染色质的分布和质量发生了变化。此外，在衰老卫星细胞中，Cdkn2a/p16^{Ink4a} 表达增加导致卫星细胞由静息向衰老转化[71]。p38 在应激条件下受到调节，它被募集到应激诱导的基因中。这种结合以 p38 依赖的方式诱导应激反应基因的表达[200]。p38 MAPK 信号可以使成肌细胞在增殖和分化之间做出选择。它涉及通过 TNF-α、p38 MAPK、YY1、PRC2、Ezh2 对

Pax7 基因表达进行表观遗传调控。这导致在肌肉再生过程中 Pax7 启动子区域抑制组蛋白标记的产生。Pax7 位点具有二价染色质结构域，在 p38 激活时分解为抑制染色质结构域。此外，在分化过程中，染色质重塑复合物 SRCAP 以 p38 依赖的方式被募集到肌原蛋白启动子中。SRCAP 对肌原蛋白启动子的募集启动了组蛋白交换，在此过程中，组蛋白变体 H2A.Z 取代核心组蛋白 H2A。这些事件导致 H2A.Z 积累在肌原蛋白启动子染色质上。随后，H2A.Z/SRCAP 介导的染色质重塑导致肌肉特异性肌原蛋白基因表达。因此，在卫星细胞来源的成肌细胞最终分化为肌细胞的过程中，p38 MAPK 信号导致启动子区域的结构改变，这种表观遗传机制促进了肌生成素基因的表达[187, 194, 201]。MyoD 的靶肌特异性基因和 BAF60C 参与成肌细胞分化。值得注意的是，p38 激酶对 BAF60C 的磷酸化是帮助 MyoD-BAF60C 并入 SWI/SNF 复合物的线索，它重塑染色质并激活 MyoD 靶基因的转录。此外，p38 MAPK 介导的 E47 蛋白磷酸化诱导 E47/MyoD 相互作用，从而调控功能性 E47/MyoD 异质二聚体的形成，激活肌肉特异性基因的表达。同时，促分裂原活化的蛋白质激酶激酶 6 的炎症信号和由 PI3K/RAC-α 丝氨酸 /Akt 诱导的 IGF1 在功能上相互依赖，并聚集在肌肉特异性基因上调节其表达。重要的是，p38 MAPK 信号通路至少部分通过激活肌细胞增强因子 2C（MEF2C）来调节 MyoD 活性，从而促进骨骼肌分化[192, 202-204]。这些研究和发现强调了 p38 MAPK 信号通路的重要性及其在成肌分化过程中的不同表观遗传机制调控。因此，参与卫星细胞功能表观遗传调控的任何关键分子的功能受损，将对衰老过程中的肌源性程序和骨骼肌修复或再生产生重大影响。

8. 结论

骨骼肌的高再生能力归因于其固有的组织特异性肌肉干细胞，这解释了肌肉细胞谱系和自我更新的潜力。骨骼肌再生是通过卫星细胞或干细胞数量的适当平衡来实现的，这些卫星细胞处于静止 /G_0 阶段，而激活的分化卫星细胞参与了受损 / 受伤肌肉的修复。在衰老过程中普遍发生的一个可见的变化是肌肉细胞复杂代谢的改变或损伤导致的感觉知觉和肌肉运动能力的下降。随着生物体或个体衰老，线粒体应激诱导或刺激活性氧的产生、积累。这导致了自噬活性下降，而自噬活性促进了细胞周期阻滞诱导的细胞衰老，从而导致修复肌肉和维持肌肉质量的能力受损。在肌肉的修复和维护中，外部环境因素是至关重要的，因为Ⅳ型胶原是连接生长因子、循环因子和细胞因子及它们相应受体的纽带。FGF2、TGF-β、细胞外基质、纤维成脂祖细胞、IGF、TNF-α 和 IL-6 的水平存在年龄依赖性改变。细胞外基质减少直接影响纤维成脂祖细胞增加，可引起与年龄相关的疾病——肌少症。然而，有证据表明，系统环境恢复到年轻环境可以维持生态位，并恢复其再生能力。但是，内在因素也很重要，必须加以考虑。一些重要的内在因素如 Wnt、Notch、p16 和 p38 参与肌生成，在衰老过程中被循环的外部因素改变。内源性和外源性微环境因子是相互关联的，相互作用的信号通路在衰老的过程中发生改变。参与肌生成的转录因子也可以通过 HAT 的募集来促进表观遗传改变。p38 及其信号通路在卫星细胞通过肌生成或自我更新向肌细胞分化的过程中起关键作用。p38 和这些机制（分化或自我更新）都在衰老过程中显著受损或改变。因此，未来的研究可以更详细地探索卫星细胞与肌肉细胞衰老过程中的外在因素与内在因素、代谢活动和表观遗传改变之间的联系，以更好地理解骨骼肌衰老的基础生物学；也可专注于开发新的治疗干预措施来治疗或缓解衰老，以提高寿命。

扫码查询
原文文献

第十章

心肌细胞的老化与稳定性

Shouvik Chakravarty, Johnson Rajasingh, Satish Ramalingam

1. 简介

复杂的系统性疾病或神经退行性变性疾病的高发病率常与年龄因素密切相关，如癌症、帕金森病、阿尔茨海默病等。同时，年龄也是导致心血管疾病相关死亡率居高不下的主要风险因素之一[1, 2]。心脏病仍然是威胁着包括美国在内的几个发达国家的常见疾病之一。与其他年龄组相比，老年人受到的健康威胁最为严重。美国疾病控制与预防中心称，美国人口中12%的成年人（≥18岁）患有高血压、脑卒中、心肌病或心力衰竭[3]，心肌细胞所产生的收缩力对心功能的正常维持至关重要，同时，心肌细胞还可使心脏有节律地跳动[4]。心肌细胞功能下降可使心功能降低，对压力的耐受性减弱，而心肌细胞的这些变化通常是由于其坏死和凋亡机制导致了功能性心肌细胞总数的减少，并最终导致疾病的发生。当这种情况持续无法满足增加收缩力的需求时，可导致心排血量不足，低于机体的需要，该过程也被称为心力衰竭，在西方国家，这是导致死亡的主要原因。人类在出生后，心肌细胞的大小增加，但细胞数量并没有显著增加，背后的分子机制还不是很清楚。然而，许多研究已经确定了几种可能起作用的细胞内信号通路[5]。

首先，作用于心脏基因表达的变化往往与年龄有关。它主要涉及对心脏功能至关重要的蛋白质，如收缩和放松相关蛋白[1, 6, 7]。这方面研究涉及的相关基因分析主要集中在肌球如收缩和舒张相关蛋白结构完整性上。一些研究表明，在啮齿类动物和人类心房老化的情况下，肌球蛋白重链转录物 / 蛋白的丰度出现了异构体的变化。此外，还有报道称肌球蛋白 ATP 酶的活性发生了改变[8-10]。人类心脏主要含 β 肌球蛋白重链异构体，α 肌球蛋白重链的含量较低。在啮齿类动物中，β 肌球蛋白重链基因的活性在疾病或衰老的情况下被发现是上调的[11]。在 β 肌球蛋白重链基因中发现的主要突变之一是 R403Q，这些突变已知会导致人类 45% 的家族性肥厚型心肌病病例[12]。

随着年龄的增长，肌质网、内质网 Ca^{2+}-ATP 酶 2（SERCA2）泵可发生一系列变化（主要是功能性的）。研究表明，当 SERCA2 处于非磷酸化状态时，调节蛋白磷蛋白可抑制 SERCA2 活性。当 SERCA2 被两种蛋白质之一磷酸化时，抑制情况就会逆转，这两种蛋白质是蛋白激酶 A 和钙调蛋白激酶 II，分别位于氨基酸位置 Ser16 和 Thr17，这些蛋白质负责将胞质钙离子泵入肌质网[13-15]，这种变化可能导致心肌舒张减慢。正如 Koban 等人[16]的研究所证明的那样，NCX1 蛋白（实际上是一种 Na^+/Ca^{2+} 交换剂）中表达的变化也会随着衰老对心脏舒张产生影响。这些研究为心脏的生物性老化提供了分子水平的解释。

还有研究发现，许多其他心脏因子会随着年龄的增长而改变[17]。在大鼠的心房和心室中，研究发现，三磷酸肌醇受体（IP3R）和瞬时受体电位通道的 mRNA 水平增加与年龄有关[18]。此外，还发现血管紧张素 II 受体亚型 1 和亚型 2、环氧合酶 2 和 NF-κB 的表达水平随着年龄的增长而升高[19]。许多研究发现，M2-胆碱受体、β1-肾上腺素能受体、腺苷酸环化酶和雌激素受体的表达与年龄呈反相关[20-23]。有两种标记物与衰老相关肥大改变有关，即心房利钠肽和脑利钠肽[24]。此外，线粒体编码的转录本也会随着年龄的增长而减少，这通常会导致线粒体功能随着年龄的增长而恶化[25, 26]。

2. 心肌细胞与衰老

心脏老化涉及多个水平的改变：这些变化可能在细胞水平上，也可能涉及某些大分子，还可能与线粒体和能量有关，细胞自我更新（干细胞功能）也可能牵涉其中。细胞外基质的改变通常可能有助于细胞结构变化，这种变化会促进心脏机械性能的障碍，并最终对老年人的心脏产生破坏性影响[27]。细胞衰老对于干细胞池的稳态至关重要，其在组织重塑（正常和病理条件下）中发挥着关键作用[28]。

2.1 心肌细胞的稳定性和潜在的再生能力

最近，研究人员采用了不同的方法来再生功能性心肌细胞。一些研究人员建议利用心肌细胞的内在增殖能力进行再生，而其他研究人员则试图通过增强驻留／非驻留祖细胞分化来解决心肌细胞再生问题[29-32]。在发表于 2006 年的一篇具有开创性的论文中，Takahashi 和 Yamanaka[33] 发现了诱导多能干细胞，它的发现彻底改变了心脏再生医学，也在心脏再生方面开辟了新天地。在这一发现之后，不同的再生机制被提出，例如，诱导多能干细胞的心脏分化和绕过多能中间细胞直接分化为体细胞（称为直接重新编程）。一些研究也支持了包括心肌细胞在内的许多细胞类型的重编程过程[34]。

2.2 心肌细胞衰老机制

研究人员已经确定衰老是细胞重编程的主要障碍。老化细胞需要针对某些与年龄相关的特征进行调整，以帮助控制不利影响因素并显著提高重新编程的效率[35, 36]。衰老可以通过下列机制发生。

2.2.1 作为组织重塑机制

细胞衰老已经演变为一种机制，不仅可以防止受损 DNA 的复制，也可防止其在后代细胞中传代。因此，它在介导组织重塑和修复中起着至关重要的作用。据说细胞衰老还在肿瘤抑制机制中发挥作用。有证据表明，胚胎发育也与细胞衰老有关[37]。在衰老细胞中可见一种特殊的促炎行为，称为 SASP，它可以使衰老细胞对周围正常组织进行诱导[38]。SASP 通过多种机制发挥功能，即趋化因子介导的、促炎细胞因子介导的或白细胞介素介导的炎症[39, 40]。SASP 还可以通过活性氧生成相关机制介导下游的 DNA 损伤[41]。衰老细胞的其他特征还包括衰老相关异染色质病灶的出现和衰老相关 SA-β-gal 的表达。

表观遗传学改变和基因组损伤加上 DNA 损伤反应的激活是衰老诱导刺激的突出特点。这类刺激物在小鼠和人类（体外和体内）介导了衰老生长停滞的启动和维持[42]。错误的复制起源和复制叉"崩溃"——争链区域的断裂可以由致癌基因驱动的有丝分裂信号或促进增殖的基因过度表达引起。这种情况会产生一种叫作致癌基因诱导的衰老的情况，这基本上是一种衰老的生长停滞[43]。总的来说，衰老的作用是保持和维持体内的重编程，相应地调节组织的微环境[44]。

2.2.2　重编程诱导的衰老，一种细胞自主方法

重编程过程本身可以启动和触发衰老，它被称为重编程诱导的衰老（图 10.1）。它使用依赖于 p16/p21 的衰老应答，在决定和操纵衰老细胞命运方面发挥着关键作用[45]。它还被证明是一些年龄相关性特征逆转的原因，如细胞周期阻滞、DNA 甲基化/组蛋白修饰[46]、端粒长度变化[47]和促炎因子表达[48]。

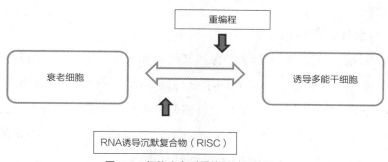

图 10.1　细胞衰老对重编程过程的影响

2.2.3　体内重编程

2016 年，研究人员首次发现山中因子（Oct3/4、Sox2、Klf4、c-Myc）除直接负责启动细胞重编程过程外，还会对许多其他细胞造成 DNA 损伤。这些因子可以驱动细胞达到衰老阶段[49]，由此产生的衰老细胞（重编程诱导）显示出在体内重编程功能，它们可以结合某些 SASP 成分（如 IL-6，一种白细胞介素），从而发挥旁分泌作用[50]。由于已经表明 SASP 可能具有在许多组织中启动干细胞或祖细胞特性的能力，因此可以证明，SASP 能够诱导组织再生以最终修复组织[51]。该过程由基因 Oct4、Sox2、Klf4 和 c-Myc 及 SASP 介导。

心脏衰老可以被定义为心肌细胞数量减少和体积增大（通常与年龄和心血管疾病相关）。细胞外基质的增加，是心脏重塑的基本特征之一[52]。端粒长度变化也是衰老的一个重要特征。这些经常被认为是老年患者发生心血管疾病和相关死亡的原因之一[53]。心肌细胞衰老主要体现在两个方面：肾上腺素能信号传递缺陷（取决于年龄）和钙处理缺陷。有缺陷的（降低的）血浆清除率和损伤组织的过度溢出可导致循环中去甲肾上腺素水平升高，而 SERCA2a 的功能障碍可导致钙处理受损。心肌细胞老化是以上两种情况发生的原因[54]。线粒体无法维持活性氧的稳态，导致这些高活性、通常有毒的产物积累。Sirt 与衰老有关，并被证明其在衰老中发挥

作用[55]。当几种细胞外基质蛋白（如胶原蛋白、纤连蛋白、整合素 α5）过度表达时，也会发生衰老[56]。

3. 心肌细胞的再生机制概述

心肌细胞的再生存在很多潜在可能的机制。

3.1 心肌细胞存活与保护

如果心脏保持功能正常，就必须保留其组织和细胞功能。心肌细胞存活对于心肌保护至关重要。心肌细胞存活有助于维持血流动力学性能。许多信号通路与心肌细胞存活有关[57-59]。这些途径通过联合机制发挥作用，即抑制衰老和减少炎症。Akt 是一种 Ser/Thr 激酶途径（图 10.2），在生存信号传递方面被广泛研究和报道[60]。Akt 信号通路已被证明可以促进人类[61]和其他模型中的心肌细胞存活[62, 63]。在几项研究中，发现心肌细胞中 Akt 的下游靶点包括 Ras/ERK1/2（细胞外信号相关激酶 1/2）[64]、mTOR[65]、Raf1[66]、CREB[67]、FoxO[68]和 PIM-1[69]等。因此，Akt 可以作为包括生存在内的不同生物活动的关键调节因子。

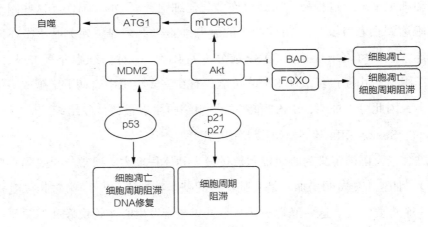

图 10.2　Akt 介导细胞生存过程

自噬可能是损伤后心肌细胞存活的一种机制。BCL2 相互作用蛋白 3（BNIP-3）的激活有助于实现这一目标[70]。抗凋亡蛋白 Bcl-2 是 ATG6 的抑制剂。ATG6 有助于在发生初始损伤后调节细胞存活[71]。抗凋亡信号还具有促进心肌细胞存活的潜力。如果发生心肌缺血，随后的细胞凋亡也会达到峰值。外在和内在途径均具有促进细胞凋亡的能力[72]。充血性心力衰竭可增加 TNF-α 的数量[73]，当应激蛋白 HMGB1 被释放时，TNF-α 活性增加[74]，它对心肌细胞的凋亡作用有显著影响；在内在途径中，发现 Bcl-2 相关的 X 蛋白（BAX）和促凋亡蛋白具有通过促进细胞凋亡来破坏线粒体外膜的能力。随后，半胱天冬酶被激活[75]。

3.2 炎症反应降低

心脏愈合涉及多种类型的细胞，其中，单核细胞和肥大细胞浸润可对不同的细胞因子和生长因子产生应答。这些因子包括 C5a、TGF-β1、甲基受体趋化性蛋白、IL-8、组胺、TNF-α、IL-6 等[76]。在某些情况下，肥大细胞会积聚在发生损伤或梗死的区域。该过程由化学诱导物介导，主要是干细胞因子、PDGF、VEGF 和 bFGF[77-81]。肌成纤维细胞表达一个卷曲的 2 同源基因。细胞凋亡可发生于瘢痕组织中。因此，心脏愈合（降低炎症反应）也可以在空间上得到控制[82]。此外，还可能有其他炎症反应介导的机制，如中性粒细胞浸润、中性粒细胞 – 内皮相互作用、选择素激活、趋化物质和趋化因子介导的机制等。中性粒细胞则通过释放氧化酶、蛋白酶等将额外的细胞募集到所需的位点[83]。有研究提供了强有力的证据，即体液炎症反应和抗体介导的免疫反应参与了协调炎症过程的调控[84]。

3.3 细胞间通信

心肌机械力的变化可以使心脏保持合理稳定的功能。细胞和细胞外基质之间的信号传递可以介导这一过程。它可以在心肌突然损伤的情况下保持适当的心脏功能。成纤维细胞诱导的细胞 – 细胞外基质信号受到多种因素的影响，包括整合素、细胞外基质蛋白（胶原蛋白、层粘连蛋白、纤连蛋白等）和金属蛋白酶。组织的僵硬可以触发 FAK 和 yes 相关蛋白（YAP）/ 具有 PDZ 结合基序的转录辅激活因子（TAZ），它们可一同激活间质细胞[85]。心肌细胞之间的通信是必要的，这通过许多机制发生，如间隙连接和黏附复合物。分泌组因子也可能在这方面发挥作用。内皮细胞可以通过神经调节蛋白（NRG）调节机制在心肌细胞反应中发挥作用，并可以防止缺血性损伤，这也是旁分泌信号传递的一个例证[86]。

3.4 通过血管生成和血管化

血管生成反应中止和内分泌性血管信号（由内皮细胞介导）可能引起小鼠出现心力衰竭[87]。内皮祖细胞通过从骨髓移动到损伤部位，被整合到新形成的毛细血管中，并可在心肌损伤后的血管重组和修复中发挥重要作用[88]。已知内皮祖细胞具有促血管生成的活性，这主要是由旁分泌信号介导的。不同类型的炎症细胞可能与内皮祖细胞共同作用以实现相同的目标，即脂肪组织来源的造血祖细胞、单核细胞、T 细胞亚群及骨髓和组织来源的间充质细胞[89]。

3.5 心肌生成

新心肌细胞的形成主要通过两种途径：一是来自常驻干细胞和祖细胞池的分化；二是预先存在的心肌细胞的去分化。正如许多研究所证明的那样，第二种机制被认为在功能上是较少发生的[90, 91]。在低等脊椎动物中，心肌细胞去分化和增殖是心脏再生的主要机制[92]。哺乳动物出生后，心肌细胞仍可观察到相当大的可塑性。表观基因组重新编程（如甲基化）是心肌细胞去分化的主要机制。维持心脏结构和功能的基因可能会失去表达，并采用不同于细胞周期折返的机制[93]。

3.6 增殖和细胞周期背后的分子机制

识别在成人心脏中介导心肌细胞有丝分裂的遗传因素，对研究人员和临床医生都至关重要，因为这些因素可以帮助确定心脏再生的目标（图 10.3）。Hippo/YAP信号通路是调节心肌细胞增殖的主要通路（图 10.4）。研究证明，Hippo 缺陷小鼠胚胎会发生心脏肥大症（心肌细胞大量增殖）。典型的 Wnt/β 联蛋白信号也在其中发挥作用[94, 95]。激活 YAP 可增强心脏再生能力和心脏功能。如果发生心肌损伤或心肌梗死，YAP 会促进心肌细胞增殖和更新[96]。调节心肌细胞增殖的因子还有Meis-1（一种同源域转录因子，对胚胎造血至关重要）和 NRG-1。成人心脏中的Meis-1 缺失会导致细胞质分裂增加，与此同时，心肌细胞进入细胞周期[97]。在新生儿时期，Meis-1 的过度表达会导致细胞周期过早停滞。重组 NRG-1 具有促进新生儿损伤后新心肌生成的能力。因此，使用重组 NRG-1，有可能成为患有先天性心脏病的婴儿的手术替代方案[98]。心肌修复可以通过不同的旁分泌因子和相应的信号通路介导。FGF 被证明对肌肉再生至关重要，它主要通过协调心外膜和心肌之间的相互作用来介导再生过程。因此，FGF 可以促进受伤哺乳动物的心肌细胞存活并促进血管生成[99]。成纤维细胞也在心肌再生中发挥着重要的作用，可以促进 Wnt 信号通路介导的转分化过程。在成纤维细胞转分化过程中，收缩蛋白表达和应力纤维形成，从而促进了心肌修复[100]。

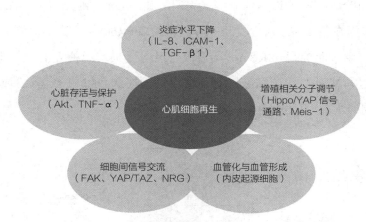

图10.3　心肌细胞再生的主要机制及相关因素

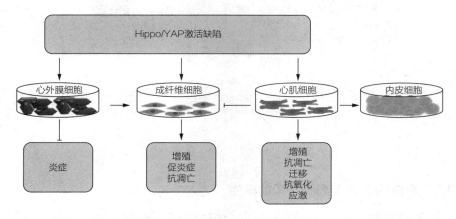

图10.4　心脏的 Hippo/YAP 信号通路

3.7　miRNA 介导的再生

miRNA 通常具有所谓的分子开关（具有激活或抑制调节细胞和组织发育的机制的能力，可更简单地表述为促进开 / 关情况）作用[101]。miRNA 在心脏发育中也发挥着重要作用（图 10.5）[102]。在小鼠心室的 miRNA 表达谱研究中，研究人员发现 71 种 miRNA 在两个发育阶段被上调或下调，这两个发育阶段分别在特定再生窗口之内和之外[103]。miRNA-195 是上调最明显的 miRNA。在 Eulalio 等人[104] 的一项研究中，研究人员试图确定可以促进心肌细胞增殖的 miRNA。在新生小鼠和大鼠心肌细胞中，发现近 40 种 miRNA 可增加 DNA 合成和胞质分裂过程，研究还发现两种 miRNA，即 miRNA-590 和 miRNA-199，具有促进心肌细胞重新进入细胞周期的能力。miRNA-34a 还具有调节细胞周期活性和心肌细胞死亡的能力，miRNA-34a 的这种作用在新生儿和成人心脏中均存在。miRNA-34a 过表达则可阻止新生小鼠的心脏再生，而抑制 miRNA-34a 可改善已遭受损伤或梗死的成年小鼠的心脏功能并对其进行修复。许多细胞周期和存活基因在这个过程中起着关键作用，如 Bcl2、细胞周期蛋白 D1 和细胞周期蛋白 Sirt1 等[105]。

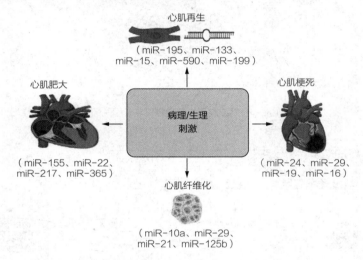

图10.5　心肌再生和其他心肌条件下的不同 miRNA 变化

3.8　心脏内源性干细胞介导的再生

成年小鼠心脏包含一群 c-kit$^+$Lin$^-$ 的细胞。这些细胞表达心肌细胞祖细胞的标记物。它们具有自我更新的潜能，也可以分化为心肌细胞[106]。人们已经在成年小鼠心脏损伤模型中研究了这些细胞的心肌祖细胞活性[107]。据报道，人类心脏也有一个具有分裂和分化成肌细胞能力的 c-kit$^+$ 干细胞群[108]，其通常被认为与端粒酶活性降低和（或）细胞衰老有关。尽管长期以来研究人员一直认为新生儿心脏的再生是通过心肌细胞的去分化发生的，但实验证据很少，特别是心脏祖细胞/干细胞所起的确切作用尚不清楚。

4. 结论和未来展望

自从提出了人类心脏能够再生和修复的开创性思想以来，该思想在心脏研究领域取得了相当大的进展。心脏研究的重点集中于研究成年人早期心肌结构的特征，并与新生儿的心肌结构相区分。在这方面，细胞行为的分子调控被认为是至关重要的。然而，研究人员仍面临重大挑战，动物水平细胞再生潜力的分子调节特征假设仍需要在人体内验证。大量的理论和实践问题仍待解决。我们必须承认当前方法和认知的局限性，这将有助于在已有知识的基础上，制定和设计新的有效治疗策略。

扫码查询
原文文献

第十一章

影响干细胞自我更新和分化的信号通路——心肌细胞的特殊性

**Selvaraj Jayaraman, Ponnulakshmi Rajagopal, Vijayalakshmi Periyasamy,
Kanagaraj Palaniyandi, R. Ileng Kumaran, Sakamuri V. Reddy,
Sundaravadivel Balasubramanian, Yuvaraj Sambandam**

1. 简介

人体结构包含细胞、组织和器官，其中，心脏通过血流在向细胞、组织、器官供应氧气和营养方面起着至关重要的作用。心脏以每分钟 72 次的速度有节奏地跳动，将血液泵向全身。心脏是一种肌肉器官，由心肌细胞、心脏传导系统细胞、平滑肌细胞、内皮细胞、心脏成纤维细胞、心脏祖细胞等多种细胞组成。其中，心肌细胞占心脏细胞数量的 40%，体积占整个哺乳动物心脏组织的 70% ~ 85%[1-3]。

心脏是哺乳动物胚胎中最早发挥功能的器官之一，通常在脊椎动物胚胎生长第 21 天左右开始发挥功能[4]。心脏组织来源于中胚层，但诱导心肌的表型在很大程度上依赖从相邻的内胚层和外胚层获得的信号[5]。尽管心肌的发育很早，但这是一个高度调控的过程，这个过程包括细胞类型的分化、特化和空间整合，最重要的是各种信号通路的协调。

心血管疾病是常见的非传染性疾病，2017 年，全球估计有 1790 万人死于心血管疾病[6]。随着年龄的增加，心血管问题带来的高死亡率已成为重视相关治疗开展的重要因素。基于细胞的疗法被认为是传统医学的重要替代。干细胞库耗竭和干细胞再生群丧失是导致衰老并伴随器官功能丧失与组织稳态丧失的主要因素。衰老和慢性病（心血管疾病等）通常伴随有糖尿病、高血压、肥胖症等并发症，以及与心脏功能相关的各种生物物质水平的增加或减少[7, 8]。

干细胞和祖细胞样细胞能够分化为心肌细胞的能力已被证实作为新的靶向疗法，其可用于心血管系统的修复。已有许多研究数据支持心脏再生可以在干细胞的帮助下进行。近年来，研究重点侧重于干细胞的分化及其对受损组织（器官）再生的信号机制。这带来了以细胞为基础的治疗方法的发展，这种方法能够克服衰老带来的缺陷，并提高与衰老相关的心血管修复的有效性。此外，上述发展进一步加深了对干细胞治疗的分子机制的认识，并证实干细胞可用于心脏的修复和损伤的治疗，且对与年龄相关的心脏问题的治疗非常重要[7, 8]。

之前的研究表明，在细胞衰老的过程中，对细胞损伤固有应答，导致正常器官功能被破坏和年龄相关性疾病的发生风险增加。随着年龄的增长，心脏干细胞发生凋亡，端粒长度减少。心血管修复机制涉及许多信号因子，包括基质细胞衍生因子1、血管内皮生长因子、粒细胞集落刺激因子和生腱蛋白C[9-12]。其他证据表明，PDGF通路在维持Oct3/4水平和在随着年龄增长而降低的来自骨髓间质细胞的心肌细胞分化过程中发挥作用[13]。

尽管医学研究中，新技术的应用日益广泛，但心脏疾病仍是全球范围内造成死亡的主要因素[14]。心脏病被称为世界上最大的杀手[15, 16]。为了战胜这一重大威胁，科学界需要同心协力以降低人类患心脏病的风险。临床试验已经证明，干细胞疗法可以成为治疗心血管疾病的有效方法[17]。在这个关键阶段，了解在干细胞自我更新和分化过程中至关重要的信号通路，将有助于制定有效的干细胞治疗策略[18]。

在本章中，我们提供有关影响干细胞信号通路的信息，重点描述这些信号在心肌细胞自我更新和分化中的潜力。

2. 干细胞

干细胞能够长期自我更新，并具有分化成特定细胞类型的能力，包括心肌细胞[19]。它们具有修复和再生心脏受损组织的潜力，大致可分为全能干细胞（能够分化成任何种类的细胞，包括胎盘）、多能干细胞（能够分化成几种不同类型的细胞，三胚层分化，但不包括胚外组织）和专能干细胞（在特定谱系中分化成有限数量的细胞类型）。与正常细胞不同的是，干细胞能够进行多轮复制[20]。干细胞疗法被认为是治疗心脏疾病的一种有价值的方法，如心肌梗死、冠状动脉疾病、外周动脉疾病、脑卒中和心力衰竭[21]。干细胞的来源有胚胎干细胞、间充质干细胞、骨髓、脐带血、胎盘、造血干细胞、心脏干细胞。胚胎干细胞属于多能干细胞类别，其他细胞属于专能干细胞[22]。

胚胎干细胞来自受精后大约5天发育的囊胚。胚胎干细胞系来自小鼠囊胚，由不同的研究小组于1981年建立[23,24]。此后，在1998年建立了第一个人类胚胎干细胞系统[25]。体干细胞或成体干细胞自我更新能力低，分化能力受限[26]，所有专能型细胞都属于这一类——由于生理或病理的限制，细胞只能在器官范围内得到补充。

3. 干细胞培养和治疗

研究人员一直致力于将干细胞应用于心脏病治疗，目前已经探索出两种有前景的方法。第一种是在实验室内使用干细胞培养心肌，这有助于根据心脏病的遗传起源确定新药；第二种是开发用于修复和替代受损心脏组织的疗法。已付诸实践的治疗策略包括干细胞移植、组织工程和干细胞的直接重新编程[27]。这些方法可以改善已移植细胞的功能，并且还能够刺激已存在的细胞转化为心肌细胞。人多能胚胎干细胞首先在囊胚阶段从受精卵母细胞/原始胚胎（2n）中分离出来。由于伦理和法律问题，还可使用替代方法来获得胚胎干细胞或胚胎干细胞样细胞，例如，使用化学或物理物质人工激活卵母细胞（1n）获得孤雌激活胚，以及通过去核卵母细胞的核移植方法使用体细胞重新编程的卵母细胞（2n）。此外，该技术还应用于仅从体细胞产生诱导多能干细胞，其模拟胚胎干细胞可发育成任何特定细胞类型，包括心肌细胞（图11.1）[28]。

与其他治疗方法相比，细胞治疗为心脏畸形提供了有效的治疗方法[29]。世界各地的科学家使用多种干细胞来修复受损的心脏组织[30-32]。细胞疗法的主要焦点集中于心肌细胞，即构成心房、心腔和心室的可跳动肌肉细胞。这些细胞可以在实验室中从胚胎干细胞和多能干细胞中培养获得[33]。

胚胎干细胞源自生物体的胚胎，该胚胎能够发育成体内任何类型的细胞。培养的胚胎干细胞显示出独特的多能性、巨大的分化潜能和永生性。它们保持未分化状态并保持正常的染色体组成。已知胚胎干细胞表达丰富的细胞表面和其他标记物（胞内等），如CD9、CD24、CD324、CD90、CD49f/CD29、TRA1-60、碱性磷酸酶（ALP），以及与多能性相关的基因，包括*Oct4*、*Rex1*、*Sox2*、*Klf4*、*LN28*、*DCT4*、

NANOG、*c-Myc*、*Cripto-1*、*SSEA3/4*、*Thy-1*[34-38]。在体外培养细胞的永生性与其端粒酶表达增加有关。尽管保持胚胎干细胞特性的方法在技术上很复杂，但胚胎干细胞对治疗危及生命的疾病非常重要，因此，提高其获得效率变得重要且必要。当涉及人类胚胎干细胞时，需要制定策略以在长期培养中维持胚胎干细胞特性，且在培养中不使用动物产品，如作为饲养细胞的小鼠成纤维细胞。此外，针对特定疾病的治疗，需要允许细胞分化为特定的细胞类型。

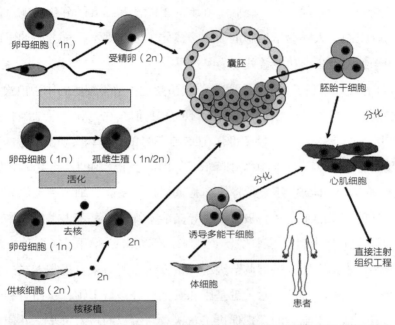

图11.1　体外心肌细胞的产生。多能干细胞的最佳来源是人类胚胎干细胞和诱导多能干细胞。人胚胎干细胞首先在胚泡阶段由早期人类胚胎分离，但效率低下，技术进步将产量提高了约90%。这些多能干细胞可以从受精胚胎（通过精子对卵母细胞进行受精）、化学或人工激活的卵母细胞中获得，并通过体细胞核转移将细胞重新编程为去核卵母细胞。相比之下，诱导多能干细胞是由体细胞产生的，因此，它们是有更多可能的，没有伦理限制，并且具有较少的免疫并发症。

诱导多能干细胞是在体外重新编程并模拟胚胎干细胞发育过程的细胞，其具有发育成任何特定细胞类型（包括心肌细胞）的能力。这种干细胞来源的心肌细胞与活心肌细胞的特性相似。这些细胞在培养皿中实现跳动一致。来源于诱导多能干细胞的心脏细胞可用作建立人类心脏病模型，有助于研究与心脏相关的异常并测试药物或治疗技术的作用。诱导多能干细胞也有可能成为一种理想的救治措施，以取代心脏病患者需要的心脏移植手术 [39]。

人们正在努力发展重建受损心肌的策略。其中一种方法是使用成体干细胞，人们认为它是心脏细胞再生的可靠来源。研究已经证明了这些细胞表达心肌细胞特异性标记物并具有获得心肌细胞功能的能力。对成体干细胞进行的初步研究显示，尽管成体干细胞会在短时间内死亡，但其仍获得了与心脏功能相关的积极结果[40]。近40年来，造血干细胞已成功应用于临床[41]。基质来源的间充质干细胞可以相对容易地从许多组织中分离出来，以广泛用于临床实践。基于成体干细胞的大型试验已证明其安全性和可行性，但在恢复失去的功能方面效率较低[42]。使用胚胎干细胞而不是成体干细胞的主要优势在于胚胎干细胞的多能性和巨大的分化潜能。但是，伦理和安全问题限制了人胚胎干细胞的使用，成体干细胞则不受这方面的限制。当然，现在预测干细胞疗法的功能益处还为时过早。

为了获得干细胞治疗的有益方面，我们需要清楚地了解干细胞的作用模式和调节其功能的重要因素。目前已经证明 TGF-β 和 NODAL 信号在人胚胎干细胞自我更新中发挥重要作用[43, 44]。SMAD4 有助于增强 TGF-β 信号的调节和实现干细胞的自我更新能力[45]。显然，SMAD4 的靶向缺失则降低了体内造血干细胞的自我更新能力[46]。

Takahashi 和 Yamanaka[47]建立了将体细胞重编程为多能干细胞（类似胚胎干细胞）的步骤，这些获得的细胞随后被称为诱导多能干细胞，基于人类细胞中成功建立，随后又在鼠类细胞中建立起来[48]。近年来，研究者已经开发了多种方法用于在体细胞中强制性表达多能性关键调节因子。该方法需要对来自捐赠者或患者的成熟细胞进行处理，这种处理需要对关键基因和其他成分进行干预，从而有利于健康细胞的获得。诱导多能干细胞的发现促进了直接重新编程的技术进步，并使其成为再生医学领域的潮流引领者。这项技术已经使成纤维细胞、神经元、心肌细胞、内皮细胞、肝细胞等细胞类型发生转分化[49]。

有研究假设诱导多能干细胞衍生的心肌细胞能够发育成可释放信号的心肌细胞，这些细胞可用于替换因心脏病而受损的心肌[50]。这种移植在动物模型中被证明是成功的[51-53]。在取得一系列成果后，大阪大学的研究人员最近开始使用诱导多能干细胞进行临床试验，并且正在试图用此方法恢复人类的心脏功能[54, 55]。

4. 参与心肌细胞自我更新和分化的信号通路和因素

多能干细胞能够产生大量的心肌细胞，因此可作为预测心肌分化过程的细胞模型。可以使用某些调节因子和（或）改变信号通路中关键调节元件的比例来培养和研究心脏细胞的发育。涉及心脏发育阶段的此类调节因子包括 BMP、激活素和 Nodal、FGF、Wnt 信号通路[56]。

首先，心脏细胞到达心脏部位需要来自相邻胚层的正向作用信号。主要的信号分子有 BMP 和 FGF。BMP2 和 BMP4 在启动非心前体中胚层细胞合成心肌细胞方面发挥着关键作用。BMP2 信号传递是心源性诱导分化、细胞谱系维持，以及它们进一步分化为心肌样细胞的主要因素[57]。BMP 信号转导通路的激活依赖于 1 型和 2 型 BMP 受体，一旦 BMP 与这些受体结合，它们就会被激酶受体磷酸化。而这会进一步启动激活 TAK1/MKK3/6/p38 和 JNK 通路，以及 SMAD 通路。转化生长因子 β 活化激酶 1（TAK1）属于 MAPK 家族，随后的磷酸化导致一系列事件的激活，这些事件通过下游基因的上调刺激转录激活因子 2 的表达。在 SMAD 通路中，BMP 通过 SMAD1 蛋白激活 1 型受体，从而进一步进行磷酸化和募集 BMP 配体特异性 SMAD，以与 SMAD4 协调，最终导致转录复合物的形成。这种复合物从细胞质转移至细胞核中，导致转录激活因子 2 激活，从而使与心肌发育相关的基因转录。SMAD4 信号通路被认为在人类心脏中胚层的形成及其进一步分化中至关重要[58-60]。

FGF 拥有四种受体，均属于能够被配体激活的酪氨酸激酶。一旦 FGF 分子与这些受体结合，就会引起细胞内残留酪氨酸的二聚化和自磷酸化，作为形成和诱导存在于下游的信号复合物的信号。FGF 信号主要通过三种途径促进分化，包括磷脂酶（C-γ/Ca^{+2}）通路、Ras/MAPK 通路和 PI3K/Akt 通路。参与 FGF 信号传递的主要途径是 Ras/MAPK 通路[61]。FGF 还能促进自噬抑制并防止心脏祖细胞过早分化[62]。

5. Wnt/β 联蛋白信号通路

Wnt 家族也是诱导中胚层心脏谱系细胞的主要信号分子，Wnt 家族由心脏发育的正向调节因子和负向调节因子组成。这些分泌的糖蛋白参与各种细胞的发育过程，如组织构建、分化、增殖和迁移等。根据在非洲爪蟾和鸡中进行的研究，中胚层祖细胞向心脏谱系诱导需要 Wnt/Ca^{+2} 和 Wnt/polarity 的激活，同时 Wnt/β 联蛋白通路抑制。Wnt/Ca^{+2} 激活蛋白激酶 C，Wnt/polarity 家族则触发 JNK 通路，最终导致核基因的转录。细胞表面受体如卷曲蛋白和低密度脂蛋白受体相关蛋白，是 Wnt 信号传递的基本要素[63]。DKK1 促进了前外侧中胚层中 Wnt/β 联蛋白信号传递的抑制，而 Wnt（Ca^{+2}/polarity）通路的激活需要心前中胚层中的 Wnt2。β 联蛋白是一种双功能蛋白，既参与转录的调节，又在干细胞分化所需的黏附中发挥作用。在 GSK3β 抑制剂（CHIR99021）存在的情况下，TCF3 被降解，这使得 β 联蛋白能够诱导 ESRRβ 的表达。随后，β 联蛋白在启动子区域与 LEF1、KLF4 结合，诱导 TERT 表达以维持新形成的初始细胞的自我更新状态。抑制 MEK/ERK（PD0325901）及其下游 E26 转录因子（ETS）可防止 β 联蛋白、LEF/TCF 复合物形成，从而诱导分化相关基因表达。在早期的多能细胞中，Axin2 连同端锚聚合酶抑制剂 XAV 将 β 联蛋白保留在细胞质中，从而促进细胞即使在基础培养基中也能进行自我更新。低剂量的 Wnt/β 联蛋白信号也在一定程度上有利于细胞多能性，体现在其表达 OCT4 和 NANOG。在分化过程中，β 联蛋白、LEF/TCF 复合物与 ETS 结合，ETS 主动诱导负责谱系特异性分化的中内胚层相关基因。此外，β 联蛋白复合物与 SMAD2/SMAD3 的结合会刺激 MIXL1 表达并诱导分化（图 11.2）[64]。

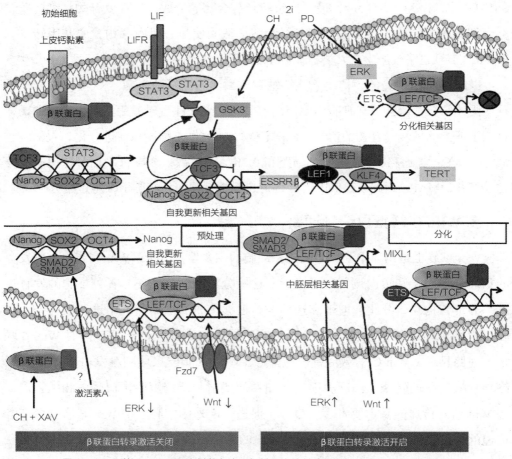

图 11.2 LIF 激活 STAT3 通路刺激自我更新基因表达并维持初始细胞的自我更新状态

6. 干细胞的分化

研究者从早期小鼠胚胎中建立了胚胎干细胞作为未分化多能细胞的永久细胞系。小鼠胚胎干细胞具有在含有血清 BMP、LIF、GSK3 和 MEK1/MEK2（也称为 2i 抑制剂）的培养基中进行自我更新的能力 [65]。

胚胎干细胞来源于胚胎生殖嵴的内细胞团、胚胎外胚层和原始生殖细胞。胚胎干细胞是多能细胞，具有自我更新和分化的能力。胚胎干细胞培养需要饲养层，如小鼠胚胎成纤维细胞或诱导分化抑制因子以维持其稳定的核型 [66]。人胚胎干细胞分离和培养用于与治疗有关的研究，但伦理问题仍然是人胚胎干细胞产品研发面临的一个严重问题 [67]。

胚胎干细胞的体外分化始于被称为类胚体的初始聚集。一些特定的因素会影响类胚体发育分化产生不同谱系细胞的过程，如类胚体向心肌谱系细胞分化的过程，这些因素包括类胚体中初始细胞的数量、培养基、FBS、生长因子（FGF、EGF、激活素等）、细胞系和培养时间 [68]。

在类胚体内部，心肌细胞位于上皮细胞层和基底层间充质细胞之间。这些细胞可在贴壁后 1~4 天内精确识别，因为它们会自发成团生长。在分化过程中，自发搏动细胞的数量增加，从而在类胚体中形成搏动细胞的局部区域。经过分化，每个搏动区域的收缩率迅速增加，然后在达到成熟时平均搏动率下降 [69]。因此，心肌细胞的发育阶段可能与时间跨度密切相关，并分为早期（起搏器样或原发性心肌样）、中间期和终末期（心房、心室、结、组氨酸、浦肯野细胞）三个分化阶段。在分化的早期阶段，类胚体中存在的心肌细胞小而圆。成熟后，它们变长，具有发育良好的肌原纤维和肌节 [70]。

胚胎干细胞来源的心肌细胞表达 GATA4，可调节心脏特异性基因，如心房肽、肌球蛋白轻链 -2v、α - 肌球蛋白重链、钠钙交换剂。还发现肌小节蛋白如肌联蛋白、肌球蛋白、α - 肌动蛋白、心肌肌钙蛋白 T 和 M 蛋白在培养的心肌细胞中表达。这些因子在体外培养中心肌细胞中的表达有助于我们更好地了解发育过程，因为其模拟了正常的心肌发育 [71]。

心力衰竭导致的死亡率增加使得使用干细胞进行再生心脏修复领域不断发展。一些已知使心脏祖细胞恢复活力的分子有 Pim-1 激酶、Notch1 信号和 TERT。在

Notch 信号通路激活后，观察到肌肉细胞中肌原性反应的恢复[72]。

7. Notch 信号通路

Notch 信号通路系统在大多数生物体中是高度保守的。哺乳动物中已鉴定出四种不同的 Notch 受体，分别是 Notch1、Notch2、Notch3 和 Notch4。Notch 受体是一种单跨膜受体蛋白，由具有 Notch 蛋白结合域的较大的胞外区和较小的胞内区组成[73]。该信号通路在心血管发育/分化中起重要作用。此外，在心脏损伤期间，它对心脏干细胞发挥有利和不利的影响。

Notch1 信号在人骨髓来源的间充质干细胞分化为心肌细胞中起着重要作用[74]。它参与纤维化和再生修复；因此，Notch 信号在成年人受损心脏的整个愈合过程中被认为是至关重要的。在成熟的心脏组织中，Notch 主要通过调节细胞内纤维化和再生修复的平衡来调节间充质干细胞组分[75]。此外，在 H9c2 心肌细胞中，间充质干细胞通过 VEGF/Notch/TGF-β 信号途径减弱阿奇霉素诱导的细胞衰老。因此，具有活跃 Notch 信号的间充质干细胞在抑制心脏毒性方面具有治疗益处[76]。此外，HIF1α/Jagged1/Notch1 信号的激活促进了缺氧应激条件下的早期心脏特异性分化[77]。

Notch 信号级联对于心脏祖细胞的修复和谱系限定也是必不可少的[78]。作为对心脏损伤修复的应答，Notch 信号的激活将使成人心外膜中产生多能细胞群，从而修复纤维化。Notch1 基因敲除表明 Notch 信号通路促进心肌梗死后的再生和心脏修复。此外，它通过二甲基草酰甘氨酸增强去分化脂肪细胞的早期心脏分化[79, 80]。

Tung 等人[81]研发了基于可调微粒的 Notch 信号生物材料，可在特定发育阶段增强心肌细胞数量。此外，这种纳米技术为研究人员提供了一种产生大量心肌细胞的方法。他们还观察到 Notch 信号的双相效应：未分化人胚胎干细胞中 Notch 的激活可诱导外胚层分化，而特定心血管祖细胞中 Notch 信号的激活则增强心脏分化。

Yan 等人[82]研究了胸腺素 β4（Tβ4）的作用，它是一种参与细胞增殖、迁移和血管生成的小 G- 肌动蛋白螯合肽。移植 Tβ4 过表达的胚胎干细胞增强了这些细胞在体外和体内条件下分化为心肌细胞的能力，从而促进了心脏保护并修复了梗死心脏的心脏功能。为了证明这些，使用具有红色荧光蛋白（RFP）如 RFP-ESC、Tβ4-ESC 和 RFP-Tβ4 融合蛋白的小鼠胚胎干细胞系建立稳定的细胞系。与体外单独表达胚胎干细胞的 RFP 相比，Tβ4 表达的胚胎干细胞中大量自发搏动的类胚体相对更多。在具有高水平类胚体的 Tβ4-ESC 中观察到心脏转录因子如 GATA4、MEF2C、Txb6 过表达，这表明培养中功能性心肌细胞数量增加。Tβ4-ESC 增加了与 Notch 通路激活相关的新心肌细胞的形成。此外，Tβ4-ESC 在心肌梗死小鼠中通过提高 Akt 和抑制 PTEN 水平来减少凋亡细胞。在 Tβ4-ESC 移植小鼠的左心室中观察到降低的心脏纤维化和心肌功能。总之，转基因 Tβ4-ESC 可以在体外和体内发育成心肌细胞[82]。

同样，Notch1 信号调节心脏球形干细胞的分化。在心肌梗死小鼠模型中，被 Notch 信号增强的心脏球形干细胞作用保护了心脏功能，表明心脏球形干细胞蛋白在心脏修复中的治疗潜力。Notch1 通过体外免疫球蛋白 kappa J 区依赖性信号通路的重组信号结合蛋白促进心脏球形干细胞的平滑肌细胞分化，这反过来也表明其在祖细胞介导的血管生成中具有意义[83]。

Croquelois 等[84] 已经确定了 Notch1 信号在 TG1306/1R 转基因小鼠模型中控制心脏重塑的作用。据观察，Notch1 的缺失诱导了如心脏肥大恶化、纤维化发展、功能改变、细胞死亡增加等变化。有证据表明，由于 Notch 通路的激活，小鼠胚胎干细胞衍生的心肌细胞进入细胞周期发展迅速，进而维持细胞周期蛋白 D1 的表达和核定位。细胞周期蛋白 D1 基因的转录激活是由 Notch 途径通过使用转录因子 RBPJ 介导的。

来自心脏间充质干细胞激活的 Notch 信号的细胞外囊泡增强了肌细胞的新血管生成和增殖。已发现源自心脏组织的心脏间充质干细胞负责心脏细胞再生。适当的心肌细胞发育依靠线粒体融合。小鼠胚胎心脏中线粒体融合蛋白 Mitofusin1 和 Mitofusin2 的任何消融，或小鼠胚胎干细胞中 Mitofusin2 和（或）视神经萎缩 1 的基因捕获，都会阻止心脏的发育，也会阻碍小鼠胚胎干细胞分化为心肌细胞。

此外，转录因子如活化 T 细胞核因子、GATA4 和 MEF2C 的表达与缺血性心肌病中钙调磷酸酶活性升高呈正相关[85]。另外，据报道，线粒体融合通过激活钙调磷酸酶和 Notch 信号通路来控制心肌细胞分化。在这项研究中发现，增加的钙调磷酸酶活性和 Notch1 信号调节 GATA4 和 MEF2，随后抑制胚胎干细胞分化。线粒体融合引起的心肌细胞分化表明线粒体、Ca^{2+}、钙调磷酸酶与 Notch1 信号通路之间的相互作用[86]。

除了以上有益作用，Notch 通路还在借助干细胞进行心肌细胞再生中发挥相反的作用。一种称为 DAPT 的经典 Notch 抑制剂通过激活转录因子 GATA4、HAND2、TBX5 和 MEF2C，有利于小鼠成纤维细胞分化为诱导的心肌样肌细胞[87]。此外，DAPT 与 Akt 激酶的协同有效地将成纤维细胞分化为功能性心肌细胞的过程增加了 70%。此外，DAPT 显著增强钙通量、肌节结构和自发节律性跳动细胞的数量；更重要的是，DAPT 参与细胞分化，以获得心肌细胞的特异性特征。

DAPT 对 Notch 信号的抑制通过增加转录因子 MEF2C 在基因启动子区域的结合，从而增加小鼠成纤维细胞向诱导心肌样肌细胞的重新编程。此外，DAPT 改变了与肌肉发育、分化和收缩－兴奋耦合相关的基因程序[16]。由 Numb 和 Numb 样（NumbL）组成的 Numb 家族蛋白（NFP）被认为是许多祖细胞类型细胞命运的决定因素[88]。

为了研究 NFP 在心脏发育后期的功能，Numb 和 NumbL 都被敲除以生成心肌双基因敲除（MDKO）小鼠。这个模型出现了胚胎致死，并出现了心脏祖细胞的分化、增殖、流出道排列和房室分隔方面的各种缺陷。在各种类型的心脏细胞群中消除 NFP，然后进行谱系追踪，证明胚胎第二生心区中室间隔和流出道对齐需要 NFP。通过各种方法（包括 mRNA 深度测序）在 MDKO 中观察到第二生心区祖细胞分化的缺陷。

心脏祖细胞分化的 Numb 相关调节依赖于内吞过程。在 MDKO 小鼠中，转基因 Notch 细胞系表现出 Notch 信号的上调。研究还表明，在 MDKO 小鼠中，Notch1 信号的抑制修复了 p57 表达、增殖和小梁厚度的缺陷。此外，已知 Numb 蛋白通过增强心肌细胞中 Notch1 胞内结构域的降解来抑制 Notch1 信号传递。总之，该研究表明，NFP 通过抑制 Notch1 信号通路来调节小梁厚度和心脏形态的发生。此外，NFP 通过调节内吞作用控制心脏祖细胞分化。因此，NFP 在心脏祖细胞分化和形态发生中的功能表明 NFP 对心肌再生和先天性心脏病的治疗具有潜力[89, 90]。

8. 机械力转导通路

整合素是细胞表面异二聚体（α/β）跨膜蛋白，可双向转导机械力和化学信号[91]。整合素亚型及其二聚体组合（超过 7 个 α 和 17 个 β 亚基）的由内而外和由外而内的信号传递介导细胞活动过程，包括基质黏附、扩散、细胞骨架重排、细胞外基质蛋白产生、黏附耦合转录和翻译激活，以及细胞周期进程。在与细胞外配体

（如含有 RGD 基序的纤连蛋白和玻连蛋白）结合后，整合素通过肌动蛋白－肌球蛋白收缩机制诱导细胞骨架重排。整合素在生理和病理性心脏生长中均被激活，从而导致蛋白质合成增加、心肌细胞肥大、PDGF 诱导的心脏成纤维细胞增殖和 Z 盘上的肌细胞 β- 肌动蛋白动态变化，并在心肌的整体结构维持中发挥关键作用 [92, 93]。最近的证据表明，整合素及其下游介质如 FAK 在小鼠胚胎干细胞和人胚胎干细胞分化中具有重要作用 [94]。在小鼠中，研究表明，β1 整合素激活 MAPK 信号，该信号是维持神经干细胞干性所必需的。在小鼠胚胎干细胞中，整合素 α5β1、ανβ5、α6β1 和 α9β1 的存在在维持干细胞多能性和促进自我更新方面具有重要作用 [95, 96]。也有报道称，人胚胎干细胞通过激活 ανβ5 整合素表达进行自我更新。此外，在体外，整合素蛋白表达可以有力地支持人诱导多能干细胞的生长 [97, 98]。

许多研究表明，整合素下游信号分子在胚胎干细胞多能性中起重要作用。此外，整合素激活的底物如玻连蛋白、层粘连蛋白、纤连蛋白能够保持未分化人胚胎干细胞的自我更新能力 [97, 99]。通过 CD151 蛋白激活 FAK 和 Akt 信号通路和谱系特异性转录因子 Er71（ETS 相关 71）[100]，整合素 α6β1 与层粘连蛋白 1 相互作用，从而诱导胚胎干细胞分化。据报道，纤连蛋白与整合素 β1 结合，使 Src、窝蛋白 1、FAK 磷酸化，通过激活 RhoA-PI3K/Akt-ERK1/ERK2 信号通路刺激小鼠胚胎干细胞增殖 [101]。总之，细胞外基质通过整合素 /FAK 信号机制影响人胚胎干细胞的命运和功能，这些机制有助于维持干细胞的多能性 [94]。

9. 结论

干细胞疗法在医学领域有着广阔的前景，并为临床提供了一种可治疗各种疾病的策略，包括心脏疾病。尽管在干细胞技术方面取得了很大进步，但与心肌细胞分化、成熟的安全性和有效性相关的挑战、限制仍然存在，并对其治疗应用产生进一步影响。然而，更深入地了解相关的信号通路情况，可以促进细胞疗法和组织工程的发展，从而使干细胞用于有效地解决全球数百万心脏病患者的问题。

扫码查询
原文文献

第十二章

衰老心脏中的血管生成——心脏干细胞治疗

Vinu Ramachandran, Anandan Balakrishnan

1. 简介

心血管疾病是全球范围内造成死亡的主要原因和重要疾病负担。该类疾病与年龄相关，在老龄化人群中的发病率持续上升。心血管疾病的年龄相关性风险因素主要包括氧化应激增加（可导致类似于心律失常、心房颤动、心力衰竭的心电和功能异常，这些异常是由于产生活性氧和炎症信号），以及其他风险因素（并发症）如肥胖、糖尿病和虚弱，从而导致老年人（>70 岁）人群心血管疾病患病率增加[1-3]。可见的年龄相关性表征意味着心血管健康状况不佳[4]。了解衰老心脏背后的机制有助于开发预防心力衰竭的疗法[5]。受损的血管生成和内皮功能障碍与衰老有关，诱导血管生成是缺血性疾病的一种有前途的治疗干预措施[6]。心肌梗死等缺血性心血管疾病依赖血管的生长，且这与老年患者的不良预后相关。为了延长老年心血管疾病患者的寿命，逆转心脏衰老或抗衰老干预至关重要。细胞疗法已进入临床试验（由 Psaltis 等[7]总结），并鼓励制定衰老和缺血性疾病的治疗方式[8]。干细胞通过新血管生成在内的多种机制提供心脏保护作用[9]。

2. 心脏老化

成年人心脏的结构和功能随着年龄的增长而逐渐下降。老年心脏的表型变化为心脏肥大（左心室）、舒张功能障碍、心肌纤维化和心房颤动，这些被认为是内在心脏老化[10]。在老龄化人群中遇到心血管疾病治疗的临床问题包括收缩期高血压、血管老化、射血分数正常和降低的心力衰竭、瓣膜和心脏骨架的钙化、脆弱和肌肉减少症（由 Paneni 等人[11]详细修订）。了解心脏衰老背后的细胞和分子机制对于设计更好的预防和治疗策略至关重要。

2.1 影响心脏老化的因素

细胞和分子信号共同相互作用以影响心脏的整体功能。内在细胞过程包括免疫反应（炎症、衰老相关分泌表型）、钙稳态受损、代谢失衡（自噬受损、氧化应激诱导的线粒体功能障碍、代谢过程——mTOR 信号传递）、不良的细胞外基质重塑和增加的细胞衰老，以上过程均会对心脏老化造成影响。分子变化包括改变的生长信号（mTOR 和 IGF1）、神经激素信号的慢性激活（肾素－血管紧张素醛固酮系统）、基因组不稳定（端粒缩短、单核苷酸多态性、DNA 损伤）、表观遗传变化（限制性染色质重塑、限制性甲基化、组蛋白驻留、与年龄相关的 miRNA 表达失调）、心脏干细胞 / 祖细胞老化，这些分子因素影响心脏功能（由 Chiao 和 Rabinovitch[12]、Gude 等人[13]总结）。心脏功能障碍由心肌细胞以细胞特异性和组织特异性方式介导。在细胞水平上，心血管细胞衰老与动脉粥样硬化有关，成纤维细胞和间充质细胞（间质细胞）退出细胞周期并分泌衰老相关分泌因子，心肌细胞肥大并表现出收缩功能下降，心脏祖细胞失去自我更新和再生能力。生活方式（营养水平的改变、缺乏身体活动、心理压力）、行为（社会融合）和环境（污染、化学物质暴露）等外在因素也在细胞水平上调节心脏衰老（Gude 等人[13]详细描述）。深入了解心脏衰老的外源性和内源性机制对于发展改善心肌细胞和非心肌细胞的复制和修复过程的创新策略至关重要。

2.1.1 心脏衰老中的细胞衰老

细胞衰老是一种不可逆的细胞周期阻滞，这个过程与年龄相关。这些功能较差的衰老细胞的积累导致细胞间通信受损并损害组织功能，促进炎症，从而导致细胞死亡和心肌细胞丢失。

衰老也发生在心脏的非肌肉细胞中，如内皮细胞、成纤维细胞、心脏祖细胞、造血干细胞、骨髓来源的单核细胞。这些细胞表现出细胞衰老的几个指标，如端粒缩短和分化能力降低，从而导致心脏老化[14-16]。衰老细胞的积聚和钙化是导致血管系统中动脉粥样硬化斑块的特征因素[17, 18]。缓解心脏衰老的一种重要方法是对抗心脏细胞衰老[19, 20]。

2.2　心脏衰老中的血管变化（血管生成受损）

2.2.1　血管生成

血管生成是从先前存在的血管结构中萌发新的毛细血管。这种机制是由内皮细胞的迁移和增殖引发的。新的毛细血管形成一个网络，由内皮细胞组成，但缺乏平滑肌细胞和稳定的细胞结构[21]。对心血管功能的年龄相关性影响包括失调的血管生成修复机制，该机制负责在缺血后恢复血流[22]。

2.2.2　老年心脏血管生成受损

在非心肌细胞群的几种细胞类型中，血管细胞的主要类型包括血管内皮细胞、血管平滑肌细胞和周细胞。老龄化人类心脏的临床特征之一是血管老化，其特征是内皮功能障碍和中央动脉硬化增加[23]。无论血管细胞在体外和体内损伤后的增殖能力如何，血管中与年龄相关的斑块沉积都会导致血管壁硬化、炎症、心肌梗死、血管细胞死亡。随后，导致血管结构和功能受损[17, 24]。

与年龄相关的血管生成受损表现为毛细血管密度降低、内皮一氧化氮合酶功能缺陷、胰岛素敏感性受损、衰老内皮细胞增殖能力降低、端粒酶活性受损、血管生长因子（如 VEGF-A）产生减少、内皮迁移减少、HIF1α 和 PGC-1α 活性降低，以及干细胞和祖细胞的数量和功能恶化[6, 25-27]。小鼠的慢性心理压力导致血管生成作用下降（主动脉内皮生成受损）和血管（主动脉）衰老加速[28]。

3. 心脏老化治疗

目前心脏衰老的治疗方法主要包括热量限制、药物干预（如雷帕霉素）、膳食补充剂（如端粒酶激活剂 TA-65）、重组蛋白治疗（如 ACEI）、基因治疗（miRNA 抑制剂）和细胞治疗（心脏干细胞／祖细胞）[12, 13]。在诱导多能干细胞生成的心肌细胞中，使用表观遗传修饰剂和基因编辑来治疗与年龄相关的心血管疾病是新的潜在治疗方法，但仍处于临床应用开发的早期阶段[13]。为了逆转衰老心脏，对衰老个体的骨髓细胞重新编程为诱导多能干细胞，并以此细胞发育为心脏组织，该研究证明小鼠恢复部分活力[29]。

3.1　治疗用途的心脏干细胞

心脏干细胞具有自我更新和克隆形成的能力。移植足够的细胞是在心脏中保留最大数量细胞以进行修复的关键。当前的细胞输送方式包括经血管方法（冠状动脉内、静脉内、通过细胞因子动员干细胞）和直接注射到心脏左心室壁（经心外膜、经心内膜、经冠状静脉）。应用心脏干细胞进行心脏修复目前看是安全的[30]。

3.1.1　心脏干细胞群

来自中胚层的多能干细胞分化为心脏中胚层，进一步分化为心脏祖细胞，然后再分化为功能性心肌细胞[31]。心脏干细胞谱系如图12.1所示。衰老的哺乳动物心脏传统上被认为是细胞更新能力降低的有丝分裂后器官。来自梗死的和未梗死的新生小鼠的心肌细胞和非心肌细胞（成纤维细胞、白细胞、内皮细胞）与成年小鼠心脏的转录谱对比结果证实了这一点[32]。来自成人心脏的c-kit⁺心脏干细胞具有自我更新能力，可以分化为心肌细胞和非心肌细胞（内皮细胞和平滑肌细胞），支持受损心脏的再生[33-35]。c-kit⁺细胞是多能的，表达酪氨酸激酶受体c-kit。

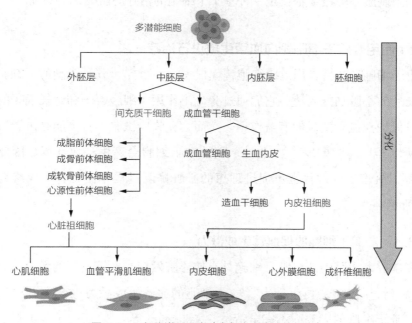

图12.1　干细胞谱系示意（参与心肌生成的细胞）

心脏祖细胞是心脏间质细胞的一个细胞群体，能够在心脏受损期间促进心脏的有限修复过程。心脏祖细胞的生物学相关性引起了人们的兴趣，其可补充成年哺乳动物心肌细胞增殖能力的不足，从而增强心脏修复。除了 c-kit[+] 细胞，在成年哺乳动物心脏中还发现了心脏祖细胞亚群。已经发现了几种心脏干细胞和心脏祖细胞，包括心脏球形干细胞[36, 37]、干细胞抗原（Sca）-1[+] 细胞[38, 39]、胰岛素基因增强蛋白 -1[+] 细胞[40, 41]、心脏侧群细胞[42] 和心脏集落形成单位——成纤维细胞[43]。这些细胞属于心脏祖细胞群体并呈现出多种标记物[44]。在心肌梗死中，心脏干细胞和心脏祖细胞对心脏修复和心肌细胞替代是必不可少的。持续存在的成年祖细胞群一直位于心外膜下和心肌间质[45]。

在患有心肌梗死的小鼠心脏中，移植 Sca-1[+] 细胞能够拮抗左心室重构[46]。细胞治疗已将自体 kit[+] 心脏祖细胞用于心力衰竭患者，其 II 期临床试验正在准备中[47]。然而，研究显示，来自老年和患病个体的干细胞修复能力减弱[48]。或许，组合干细胞治疗、通过基因工程和条件性低氧的方法处理老化心脏祖细胞可能成为更好的治疗策略[49-51]。缺氧预处理的骨髓间充质干细胞可通过自噬调节改善干细胞的存活和功能[52]。除了直接的细胞递送方法，使用外泌体、生长因子、药物、旁分泌等外源性细胞刺激心脏祖细胞也是一种基于干细胞的治疗心脏衰老的策略[53]。

3.2　使用心脏干细胞靶向血管生成进行治疗

再生干细胞疗法旨在用健康细胞替代损失的心肌[34]。几种类型的干细胞可增强心肌梗死后的心脏功能[54-56]。它们通过旁分泌作用（细胞因子和生长因子的分泌）发挥心脏保护和血管生成的有益作用。然而，在临床试验中，可能是由于分化能力有限，所以其反应为中度[57]。此外，移植的干细胞会产生缺血环境。因此，随着心脏发育，血管生成过程也可促进理想的心脏修复过程。促血管生成修复策略如图 12.2 所示。

3.2.1　心脏干细胞的促血管生成潜力

存在于成人心脏中的心脏干细胞具有使心脏发育和血管发育的潜力。衰老会影响组织特异性干细胞的再生潜力[58]，干细胞的血管生成潜力也会受损[59]。然而，年龄对心脏干细胞的影响尚不完全清楚。Nakamura 等人[60] 研究了年龄对心脏球形干细胞的影响。使用来自患者（小于 65 岁的年轻人和大于 65 岁的老年人）的右心房培养的心脏球形干细胞，结果显示，衰老对细胞数量和质量的影响是有限的。虽然老年患者的细胞衰老标记物（SA-β-gal 和 DNA 损伤）水平较高，但介导血管生成、抗细胞凋亡、旁分泌作用募集干细胞的有益因子的表达，如 VEGF、HGF、IGF1、SDF-1 和 TGF-β 没有随着年龄的增长而减少。此外，体外血管生成测定和迁移测定显示血管生成能力未受损，表明自体心脏干细胞移植治疗可用于老年人群患者。相应地，先前的报道显示，心脏球形干细胞与其他干细胞和内皮细胞在特征上相似，这些内皮细胞使用 c-kit、Sca-1、CD34、CD105、KDR 等抗原标记物进行鉴定，并显示出心脏再生潜力，在心肌梗死中减少了瘢痕大小 [61-63]。在人体试验中，自体移植从心脏组织中分离出来的心脏球形干细胞可以逆转心室功能障碍 [64]。

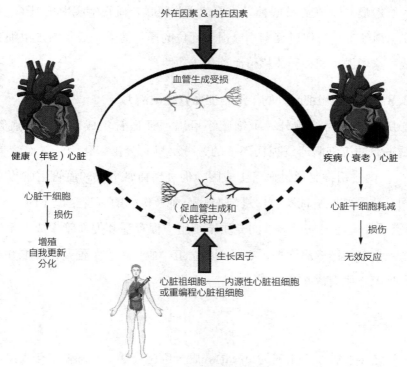

图12.2　老化心脏的促血管生成修复机制

外泌体可以通过增加血管生成、减少纤维化组织形成或减少细胞凋亡发挥心脏保护功能 [65]。人心脏祖细胞来源的外泌体在有氧条件下表现出管状结构形成能力，可将其用于一种心肌修复治疗策略 [66]。

心耳干细胞是一种心脏干细胞，具有心肌分化和再生潜力。从心肌梗死患者培养的心耳干细胞可促进心脏血管生成，其通过旁分泌机制发挥作用，如增加生长因子（VEGF、ET-1）的产生，促进内皮细胞增殖与迁移，促进管状结构形成，这些是体外血管发育和体内血管形成的重要步骤。这些迹象表明，心耳干细胞具有血管生成潜力，并且可能成为缺血性心脏病治疗的理想干细胞来源[67]。

3.2.2　心肌/血管生成刺激物

用于增强内源性干细胞或祖细胞功能的潜在治疗剂包括 SDF-1、PDGF、VEGF和生腱蛋白 C。已知这些药物可促进心脏再生，诱导血管生成和血管功能[68]。心脏干细胞与 VEGF 联合移植的作用比单独移植心脏干细胞的作用更大，可改善心肌生成和血管生成[69]。心脏干细胞和 SDF-1 的联合治疗增强了血管生成和心脏功能，同时减少了瘢痕[70]。在心脏同种异体移植之前用联合血管生成生长因子（如 PDGF和 VEGF）预处理，可促进衰老小鼠损伤部位的局部血管生成和内皮祖细胞介导的血管生成，这增加了同种异体移植血管化成功性[71]。

3.2.3　除心脏祖细胞外的干细胞促血管生成潜力

除心脏来源的干细胞外，干细胞还可以增强血管生成以对抗心血管功能障碍。骨髓来源的祖细胞通过损伤部位的旁分泌机制分泌趋化因子（血管生成素 –1和 VEGF）。内皮祖细胞通过血管生成因子促进新血管形成和血管生成[72]。内皮祖细胞和间充质干细胞被证明可促进缺血性心血管疾病的血管生成（Hou 等人[73] 综述）。缺氧预处理还增加了体外间充质干细胞中促存活和促血管生成因子的表达，还在移植入食蟹猴体内后增加了心肌细胞增殖、血管密度、葡萄糖摄取并减少了细胞凋亡，且无心律失常并发症[74]。

4. 结论

以促进老年心脏血管生成为目标的心脏干细胞疗法，对降低老年人患心血管疾病的概率和缓解由衰老造成的不良影响具有重要意义。但目前仍需要更多的研究以面对严峻的挑战：人们对干细胞在老年心脏中促进血管生成的良性机制知之甚少；干细胞的治疗效果受到移植细胞的增殖、植入、存活和持久性的限制；细胞或祖细胞的递送系统需要改进。这种疗法的成功有赖于其临床疗效和安全性，从而在改善老龄化人口的生活质量中发挥作用。

扫码查询
原文文献

第十三章

肠道干细胞：免疫系统、微生物群和衰老之间的相互作用

Francesco Marotta, Baskar Balakrishnan, Azam Yazdani,

Antonio Ayala, Fang He, Roberto Catanzaro

1. 基本背景

肠道为定性定量研究上皮稳态，特别是肠道干细胞动力学提供了独特的条件。事实上，肠道上皮细胞每天都以一种随机的方式（中性漂移）被替换，这种情况最多每周就会发生 1 次。这一代谢过程着实令人惊讶：肠道上皮细胞可沿着其通道移动，迁移至肠道上皮层表面，并脱落至管腔。这样的代谢过程也有助于提供一种形态功能上的保护，防止化学外源性物质和生物外源性物质入侵，从而导致受损上皮细胞积累。相反，肠道干细胞室是终身保留的。这是在肠道干细胞之间的精细相互作用下发生的，肠道干细胞通过瞬时扩增细胞和肺泡细胞（帕内特细胞）移动，最终迁移至肠黏膜基底隐窝处（小肠腺）[1]。这是由于它们调节肠道干细胞活性的无性系带的不对称传代，进一步分化为成肠细胞，然后分化为肠内分泌细胞或肠细胞，以及保护干细胞池特性的自我更新细胞[2]。总体而言，小肠上皮约 80% 为肠上皮细胞，杯状细胞占 10%，帕内特细胞占 5%，肠内分泌细胞占 1%。活跃干胞也被分为活跃循环的隐窝基底柱状细胞，它始终促进整个隐窝 - 绒毛轴动力学和标记 +4 位置的静止干细胞。前者为肠道干细胞稳态和增殖提供关键因子的生态位信号，并供应 R- 蛋白和强效 Wnt 信号激动剂，而后者，即静止的 +4 标记保留细胞，在损伤发生时可能生成其他细胞[3]。

在这种情况下，位于帕内特细胞之间的 Lgr5[+] 细胞被发现代表了一个关键的生态位，因此，作为肠内分泌细胞和隐窝基底柱状细胞的固有标记而受到关注。然而，虽然有较长的寿命和在自稳态下有肠道干细胞样功能，Lgr5[+] 干细胞本身对于保持完整性并不是至关重要的。

总的来说，营养因素在胃肠道的多个形态功能方面的调节中发挥着重要作用。虽然饮食调节与肠道干细胞之间的相互作用仍有待被充分解释，但明确的是谷氨酸、氨基酸和蛋氨酸对肠道干细胞 [4] 有刺激。该研究小组还发现，膳食中添加 S−腺苷蛋氨酸和蛋氨酸代谢物可以调节肠道干细胞中的蛋白质合成和来自上皮细胞的 Upd3 细胞因子信号，从而维持肠道干细胞的分裂。因此，膳食脂类通过 Notch 信号机制在实验水平上调节肠内分泌细胞数量 [5]，而己糖胺生物合成途径通过肠道干细胞上的胰岛素信号机制促进增殖 [6]。

为了深入了解这一领域，Mattila 等人 [5] 报道称，果蝇肠道干细胞利用了位于己糖胺生物合成途径中的优良细胞营养感知系统。通过 Warburg 效应样代谢调节开关，将内部代谢信号与环境增殖途径连接起来，促进肠道干细胞增殖，但这一过程也影响其胰岛素受体的敏感性。事实上，该研究小组还发现，在 N− 乙酰 −D− 葡萄糖胺（己糖胺生物合成途径的代谢物）喂养下，果蝇显示出显著的肠道干细胞增殖。

近年来，通过对健康和疾病状态下隐窝类器官的观察，研究者对肠道生理病理有了更深入的认识 [7]。这些研究内容包括一个组织培养系统，包括肠道干细胞和在包括隐窝、绒毛和管腔中心域等器官型三维结构中分化的肠道干细胞。近年来，细胞外基质在细胞功能生态位调控中的作用得到了一定的研究。You 等人 [8] 在对果蝇的研究中表明，细胞外基质通过锚定基底膜来调节肠道干细胞－细胞外基质的黏附，并通过整合素信号维持肠道干细胞的特性和增殖潜能。

2. 调控机制

之前提到过，由于任何生理或病理原因，Lgr5[+] 细胞池均会减少，这时会产生两种类型的细胞以维持上皮稳态：一种是位于隐窝内 +4 位置的缓慢循环休眠细胞单位，第二种是吸收 / 分泌祖细胞 [9]。尽管如此，如前所述，+4 细胞和 Lgr5[+] 细胞共享一些标记物 [10]。

通过使用体内谱系追踪技术已经证明，组织损伤触发小鼠端粒酶逆转录酶细胞，该细胞在 +4 位置表达类似于标记保留细胞，并能生成完整的肠细胞谱系并缓慢分裂，同时储备干细胞 "+4" 标记保留细胞减少了 EGFR 的表达[11]。遗传因素可能在肠道干细胞向成熟肠细胞分化中发挥作用。几年前，Zhai 等人[12] 报道了编码转录因子的基因 Sox21a 肯定通过 JAK/STAT 信号机制参与其中，这可能最终导致细胞优先分化为肠细胞谱系细胞而不是肠内分泌细胞。

此外，尽管在衰老状态下可能降低其效率，在组织损伤后，置于 +4 位置的帕内特前体标记保留细胞池可以获得干细胞特征[13]。简单地说，虽然损伤模型的类型差异可能会不同程度地影响这一过程，但已经证明帕内特细胞、杯状细胞、肠细胞和肠内分泌细胞可以显示干细胞潜能。尽管如此，似乎即使在稳态情况下，一些分泌祖细胞群也可能以随机的方式获得克隆／干细胞能力[14]。值得注意的是，虽然 Lgr5[+] 细胞亚群和标记保留细胞显示出不同的谱系结果，但它们具有相似的转录组特征。这表明隐窝细胞位置之间的界限相当模糊[11]。因此，尽管隐窝基底柱状细胞的功能标记物表达存在位置依赖差异，但如果被适当激活，它们似乎都能显示多能能力。这种从肠道干细胞向分化细胞的双向转变可能是染色质重塑的内在动力[15]。相反，在（去）分化过程中没有观察到显著的表观遗传修饰。另一种解释可能来自导致肠道干细胞可逆功能表型转化的生态位信号[16]。事实上，肠道干细胞密切依赖于生态位微环境的信号，尤其是来自帕内特细胞的信号，因为帕内特细胞能分泌上皮生长因子、Wnt3、DLL4 和 TGF-α[17]。事实上，在参与构成和维持肠道干细胞表型的许多途径中，如 EGFR/MAPK、Notch 和 ErbB，Wnt 信号代表了最相关的一个，它也可以被附近的间充质隐窝基底柱状细胞池补偿。同时，Wnt 配体结合其细胞表面同源跨膜受体和低密度脂蛋白受体，控制细胞质 β 联蛋白的核易位，同时与 DNA 结合转录因子共同作用，产生靶基因的反式激活。在这种情况下，Ascl2 作为 Wnt 响应的主转录调控因子具有关键作用，通过这种作用，Lgr5[+] 肠道干细胞基因的表达受限制[18]。Wnt 和 EGFR/MAPK 活性波动的相互关系似乎也在调节活跃和休眠 +4 和 Lgr5[+] 细胞之间的平衡中发挥了关键作用。在所有这些过程中，肠道干细胞从富含 Wnt 的环境信号通路转移，如通过旁分泌通路打开 Notch，分泌 DLL1 和 DLL4，来确定一个可吸收的细胞谱系。相反，Notch 信号的抑制通过 Atoh1 介导引导肠道干细胞向分泌谱系方向发展[19]。与前面提到的类似，抑制性 BMP 信号及其位于生态位 Noggin 的平衡对肠道干细胞增殖发挥了整体调节作用[20]。事实上，BMP 通路的关闭和 Wnt 信号的失活触发了肠道干细胞生态位向不同谱系的显著增殖刺激。从隐窝向上进入有丝分裂期后的绒毛间室，BMP 和 Ephrin-B 信号逐渐增强，促进上皮细胞沿隐窝 - 绒毛轴分化 [16]。隐窝基底柱状细胞丢失后，在众多修复机制中有一个至关重要，它就是新定位的帕内特细胞提供的生态位因子，以恢复肠道干细胞活性。因此，肠道上皮细胞似乎具有多能潜能，即使完全分化的帕内特细胞和肠内分泌细胞仍可能显示出将细胞状态倒回肠道干细胞阶段的能力。

上述发现具有很大的治疗意义，表明可能没有一个系统预设的不可逆的无法开启去分化的明确成熟状态。与此同时，这也考虑到外部炎性信号与促进因子（如抗凋亡蛋白 BCL-2）的结合，可能同样会导致易于发生肿瘤的细胞分化状况 [21]。的确，Schwitalla 等人 [22] 证明，高代谢更新率的 Lgr5+ 细胞其本质上高度增殖的特性使它们可能容易发生 DNA 损伤，并且不受控制的高 NF-κB 信号会导致处于肿瘤初始状态的 Lgr5+ 细胞的去分化进程，而原本分化良好的肠道上皮细胞能表现出干细胞特征。在这方面，上皮细胞在组织损伤相关的再生过程中具有广泛的可塑性，相关的外部炎症信号可能会导致在肠道干细胞中观察到具有致癌特征的分化细胞。同样的道理也适用于分化的簇状细胞，这些细胞通常在组织转换中不发挥任何主动作用，但在肠道炎症损伤时会明确地表达出肠道干细胞活性。

结肠上皮虽然在形态学上缺乏小肠壁，但在许多方面与小肠内壁有共同之处，包括干细胞赋予的隐窝细胞。Reg4+ 和 c-kit+ 细胞等隐窝基底细胞有表达生长因子的 Lgr5+ 细胞池，而没有 +4 群体（帕内特细胞）或 Bmi1+ 细胞。肠道干细胞表达 R-底板反应蛋白，其与 Lgr4 ~ 6 和 Znrf3/Rnf43 受体结合能显著增强 Wnt 信号。作为概念上的证明，无论在体外还是在体内，当用 R- 底板反应蛋白处理果蝇时，都会发生明显的隐窝增生和肠道上皮过度生长 [23]。总的来说，R- 底板反应蛋白 3 通过诱导 Wnt 信号通路在上皮修复中起着至关重要的作用，在其缺失的情况下，即使是轻度损伤，也会改变正常的隐窝再生。

新的谱系追踪技术已可以在成人结肠中研究干细胞随机动力学，并产生进一步的克隆谱系。这有助于理解在结肠水平，通过 Wnt 信号促进位于隐窝的间充质细胞池，以及被识别为 Lgr5+ 和 Ephrb2 高表达的干细胞的自我替代。拥有高度再生能力的 Lgr5+/Axin2+ 细胞和分泌型 Lgr5-/Axin2+ 细胞代表两种不同的结肠细胞簇，具有明显的 Wnt 信号特征，在隐窝再生过程中可以被迅速募集。

此外，结肠干细胞也表现出细胞周期的不同，高 Notch 和 Lrig1 表达说明了其是一个周期较慢的细胞池[24]。特别是与小鼠相比，人结肠干细胞在隐窝内的固着速度明显较慢，因为结肠干细胞被替换 1 次要长达一年多，而小鼠结肠每 3 天就能替换 1 次。

以黑腹果蝇为模型，研究通过保持足够的肠道干细胞增殖和分化能力来对抗内皮细胞损伤这一关键应激反应途径，这一复杂的现象涉及 JNK 信号传递后的细胞因子分泌和随后在肠道干细胞水平激活 JAK/STAT[25]。该通路可能从调节 JAK/STAT 靶基因 Socs36E 和转录因子 Sox21（促进其增殖和分化）的 Domeless 受体转移[8]。此外，乳酸脱氢酶（LDH）活性的降低可能不仅通过 NAD 水平的变化，还通过己糖胺生物合成等途径来改变氧化还原状态而影响肠道干细胞[15]。还需要注意的是，Nrf2 在肠道干细胞中具有结构性活性，其反调节因子 Keap1 对其的抑制在控制肠道干细胞增殖和整体细胞内氧化还原平衡中具有关键作用。

肠道基质池的作用尚不完全清楚，肠道菌群对健康和疾病的功能调控以及上皮/内皮－间充质转化机制的潜在支持作用尚不清楚[26]。

3. 生物节律和肠道干细胞

由于分子起搏器系统具有复杂的同步性和神经调节作用，其机制已经获得了广泛的科学研究兴趣。这是由松果体通过基因转录和蛋白质表达的生理节律变化在系统水平上指导的。哺乳动物的研究表明，昼夜生理节律的调节是由反激活因子 CLK 和 BMAL1 及其反调节因子隐花色素 CRY1-2 和 PER1-3[27] 共同作用的。胃肠道中的生物钟跟随髓样细胞和上皮细胞的节律性生成，这些细胞启动 JNK 应激反应通路。组织损伤后，日常调节 JNK 应激细胞因子修饰的 BMAL1 被激活，引发再生过程。

在这方面，果蝇可以作为一个极具代表性的模型，因为它的胃肠道在形态功能方面与人类有显著的相似性。有人认为，时钟节律活动存在于肠道干细胞和类胚体及分化的上皮细胞中，但在肠内分泌细胞分化过程中被关闭。确实，在肠道干细胞增殖过程中，非分化的上皮细胞需要时钟功能来产生昼夜节律。事实上，通过破坏分化上皮细胞或未分化前体（肠道干细胞＋类胚体）中特定细胞系的时钟节律功能，我们清楚地发现，存在一个相互关联的昼夜节律通路系统。

3.1 肠道中的线粒体功能和干细胞相互作用

有报道称，通过调节上皮细胞的去分化－分化机制和健康－疾病状态下的肠道功能，上皮细胞中线粒体信号和相关的丙酮酸代谢的特异性变化在肠道生理和肠道干细胞中发挥相关作用。事实上，线粒体功能障碍及其触发的未折叠蛋白反应是在所有胃肠道疾病中均能被发现的一种基本异常表现。在分化的上皮细胞中，通过激活 JAK/STAT 信号，线粒体丙酮酸代谢紊乱，足以抑制肠道干细胞的增殖。这一现象已经通过 myo1AGAL4（全肠标记）编码丙酮酸脱氢酶（PDH）复合物的靶向 RNAi 被证实。在线粒体基质中，PDH 作用于 MPC 下游，通过触发丙酮酸－乙酰－辅酶 A 转化，从而提供三羧酸循环中的第一个代谢物。Wisidagama 等人[28] 最近的一项研究对 myo1A>PDHRNAi 肠道中磷酸化组蛋白－H3 染色细胞进行了定量研究，发现肠道干细胞显著增殖。因此，他们通过在上皮细胞中添加 LDHRNAi 到 PDHRNAi，证明了肠道干细胞的增殖会明显受到抑制。由此推断，随着线粒体丙酮酸代谢的减少，上皮细胞中 LDH 产生的足够的乳酸水平需要受限于 Upd3 细胞因子的上调。以上改变发生在 JNK 激活 JAK/STAT 通路后，这是一种功能失调的肠细胞被分化细胞取代的机制。

尽管丙酮酸氧化降低诱导的线粒体功能障碍可能改变氧化还原状态，但这一特征可能并不代表上皮细胞代谢对肠道干细胞增殖的相关非自主因素。事实上，当对具有上皮细胞特异性线粒体丙酮酸摄取缺陷和 *MPC1*（dMPC1RNA）沉默（也存在于人类[29] 中的关键载体）的动物补充 N- 乙酰半胱氨酸时，会发现肠道干细胞增殖率有显著变化。

综上所述，上述研究与线粒体功能在应激和生理衰老过程中调节肠道稳态的概念相一致[29]。

4. 衰老的肠道、微生物群、免疫系统和干细胞

实验动物研究支持"衰老与隐窝高度和数量的减少及肠道干细胞的增殖有关"这样的假设，这会导致营养吸收的降低和肠道功能能力的全面衰竭[9]。最近，He 等人[30] 进一步揭示了 Ki67+ 祖细胞数量的减少，这与绒毛大小和凋亡、衰老细胞的数量一致。特别是 Mihaylova 等人[31] 观察到，在衰老过程中，针对维持良好稳定的肠细胞分化池，肠道干细胞和瞬时扩增细胞的数量和效力显著下降。事实上，

在衰老过程中，随着 p38 MAPK 和 p53 的上调，上皮细胞和肠道干细胞 mTORC1 激活增加，这导致细胞过度生长和营养失调，以及与衰老相关的肠道干细胞形态功能衰退 [32]。因此，He 等人 [30] 通过实验证明，在衰老过程中，mTORC1 信号在肠道干细胞和瞬时扩增细胞中被强烈激活，而抑制该信号可以在一定程度上恢复其在同一环境下的形态功能特征。与此一致的是，结节性硬化症的 Lgr5+ 肠道干细胞关闭，其编码一种可形成复合物的蛋白质，抑制信号转导至 mTOR，导致结肠隐窝过早老化表型。增加的细胞应激反应途径也可以来进一步解释这一现象。

衰老相关肠道微生物群多样性可能会改变管腔内和系统代谢组学，除影响线粒体失调外，也会对肠道干细胞产生影响。由于糖酵解／氧化磷酸化的延长必然导致活性氧诱导的肠道干细胞减少，这两个与衰老相关的影响因素互相关联。

衰老过程决定了复杂且众多因子参与的肠道干细胞炎症表型变化，与年轻的肠道干细胞对照组相比，衰老肠道干细胞的 IL-6 和 pNF-κB 阳性的百分比增加。总的来说，DNA 应对损伤的能力在衰老的肠道干细胞中也受到抑制。该研究小组此前还表明，衰老的间充质干细胞也会表现出一种被称为 SASP 的趋化因子，这种因子可作为衰老过程的标志。然而，SASP 的直接单向作用不能被认为是理所当然的，因为如此多的蛋白质分泌组学成分（汇集 PDGF、IGFBP、EGF、TGF-β、HGF、受体调节剂、细胞因子、趋化因子、细胞外基质重塑蛋白等）也在组织重塑和增殖途径中发挥作用。总的来说，正如最近的研究显示 [33]，随着生理的衰老，帕内特细胞通过较高的 mTORC1 活性分泌更多的 Notum，而 Notum 作为细胞外 Wnt 抑制剂，也与产生负向作用的过氧化物酶体增殖物激活受体 α（PPARα）抑制相关。

5. 肠道微生物群

肠道微生物组研究的最新进展表明，肠道微生物多样性与肠道干细胞衰老之间 [34] 存在密切关系。肠道微生物多样性异常有利于消化道有害微生物，这些微生物可以扰乱正常的细胞机制，包括免疫细胞，最终被迫对肠道干细胞进行表观遗传调节。此外，有研究报道指出，许多微生物代谢物诱导应激反应虽不直接涉及干细胞 [34]，但是会影响其老化和再生过程。特别是，宿主微生物组通过 p38 MAPK、Wnt、Notch 通路抑制，通过 TGF-β 和 JNK 信号的代谢物参与的肠道干细胞再生能力降低，最终在其他周期蛋白依赖性激酶抑制因子中募集 p16。另一种与肠道菌群衰老相关的表型表现为普氏栖粪杆菌的减少和厚壁菌群的增加，即产生乙醇的变形杆菌对组织再生有显著的阻碍作用，这与通过破坏上皮紧密连接促进肠道通透性并最终导致肠道干细胞的耗竭有关；此外，还导致乙醇相关的海马干细胞抑制。

事实上，在衰老过程中，肠道拟杆菌及其对 TGF-β 的敏感性整体下降。此外，短链脂肪酸如丁酸、丙酸和乙酸等作为肠道菌群的常见代谢物，对动物寿命有益。短链脂肪酸可能抑制组蛋白脱乙酰酶，增强肠道干细胞叉头盒蛋白的增殖活性。此外，短链脂肪酸通过控制氧化还原平衡来调节 p38 和 JNK 介导的干细胞分化信号。在果蝇的肠道菌群中，通常可以找到果实醋酸杆菌，它通过胰岛素样生长因子途径参与宿主的代谢稳态，从而增加基础肠道干细胞的数量。

随着衰老进程，G 蛋白偶联受体结合短链脂肪酸，抑制胰岛素信号传递，导致线粒体功能障碍，这与 SIRT1/PGC-1α 机制的功能障碍有关。

整体来看，这可能会引发一种级联现象，包括氧化还原失衡加剧、线粒体损伤、自噬抑制、β 联蛋白作为 Wnt 信号底物异常积累等。可以想象，长期的肠道失调可能使 T 细胞聚集在"渗漏"病灶内，释放大量的炎性细胞因子，肠道干细胞衰竭，降低它们的分化能力，甚至在最坏的情况下，即使没有促进癌症干细胞的克隆增殖，也会加速衰老。虽然机制尚未阐明，但已知的是，将年老果蝇的粪便移植给年幼果蝇会缩短年幼果蝇的寿命。

总的来说，在肠道干细胞成熟过程中，微生物通过转录因子的促进参与了衰老相关基因表达的调控，即 STAT 和干扰素调节因子。

5.1 微生物组对干细胞衰老免疫的影响

肠道 T 细胞稳态对于保持肠道微生物指标和宿主肠道细胞功能之间的平衡至关重要。这种完整性的紊乱会激活体液免疫反应导致炎症[35]。影响肠道干细胞衰老的主要免疫机制是 T 细胞调节，其中被调节的 T 细胞可以保持肠道干细胞的自我再生。的确，在特定的肠道生态系统事件发生之后，辅助性 T 细胞 1（Th1 细胞）释放 IFN-γ 促进肠道干细胞向帕内特细胞分化，而辅助性 T 细胞 2（Th2 细胞）释放 IL-13 触发簇状细胞。多项研究证实，Treg 细胞及其细胞因子的减少增加了肠道干细胞的易感性，导致组织再生受限[34]。经证实，特定的益生菌治疗可恢复肠道细胞的正常生长并增加免疫调节机制（图 13.1）。有报道称，一些细菌菌群通过诱导 IL-10、IL-25、IL-33 和 TSLP 等抗炎细胞因子的产生来增加调节性 T 细胞的产生。IL-10 由单核细胞、Th2 细胞、B 细胞、Treg 细胞、树突状细胞、角质形成细胞产生，而最近发现的细胞因子 IL-25、TSLP、IL-33 由肠上皮细胞产生[36]。研究表明，某些肠道优势菌群的变化，如普氏栖粪杆菌的减少，与衰老相关的炎症性疾病有关[34]。动物模型证实普氏栖粪杆菌治疗可增加抗炎细胞因子 IL-10 的水平[37]。这表明，一种重要的免疫调节细胞因子也通过影响 IL-10 依赖的 IFN-β 来调节肠道干细胞的表达，IFN-β 在干细胞中诱导 TLR-3 的表达[38]。肠道沙门氏菌可诱导隐窝周围成纤维细胞释放 IL-33，IL-33 参与肠道干细胞调控[36]。寄生蠕虫还能影响簇状细胞分泌 IL-25，诱导固有淋巴细胞产生肠道干细胞刺激因子 IL-13。乳酸菌在维持肠道内环境稳定方面起着至关重要的作用：它在肠道中广泛的活动可以保持免疫调节机制的控制。Aubry 等人[39]证实，LAB 通过诱导上皮细胞生成的 TSLP 来刺激 Treg 细胞的产生，从而对结肠炎起到保护作用。因此，肠道干细胞的衰老及其免疫主要依赖于免疫系统的抗炎功能。

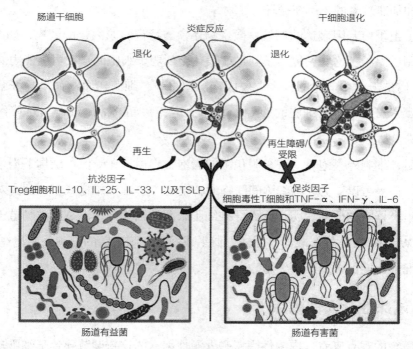

图13.1　肠道菌群对肠道干细胞调控的影响。健康的肠道益生菌诱导抗炎因子产生，以逆转炎症条件下的干细胞退化，而有害菌在肠道会增加促炎物质产生和肠道干细胞退化。

5.2　微生物组在干细胞老化表观遗传学中的作用

干细胞衰老通过 DNA 甲基化过程产生表观遗传变化，同时还伴随 H3K9me3 和 H3K27me3 等组蛋白抑制标记物的增加。影响表观遗传调节的微生物代谢物如短链脂肪酸倾向于增强组蛋白抑制标记物。丁酸盐就是这样一种代谢产物，它能够增加肠道干细胞中 H3K9me3 的产量，下调糖酵解和 NADH/NAD$^+$ 比值[34]。这种表观遗传机制有助于维持氧化磷酸化和糖酵解之间的平衡，这是其使肠道干细胞在分化方面不活跃，从而保持抗氧化系统的活力，以调节抗衰老机制的重要表现[34]。短链脂肪酸也损害了肠道干细胞的分化能力，正如丁酸盐在结肠上皮干细胞和祖细胞中通过开启 FOXO3 引发的应激反应。事实上，像短链脂肪酸这样的微生物代谢产物可能通过 FOXP3 机制影响 T 细胞调节，从而干扰促炎抗炎平衡系统。

此外，引起肠道菌群代谢产物产生变化的肠道生态失调可能导致肠道干细胞的表观遗传学改变，导致其退化。通过这样做，静默的肠道干细胞，考虑到它们应对活性氧的脆弱性，会引发过度的炎症反应，进而触发过度分化和一个导致肠道干细胞衰竭和加速衰老的正反馈循环。

除了组蛋白基因表达的调控，微生物还参与特定转录因子的调控，如 STAT 和干扰素调节因子。这些调控因子的过度表达会削弱干细胞的自我再生能力。同样，DNA 损伤是干细胞老化的一个重要因素。据报道，细菌代谢物如大肠杆菌中的大肠杆菌毒素可损伤上皮细胞的 DNA，增加衰老相关 miRNA，抑制 p53 降解，导致生长阻滞[40]。

最后，细胞外囊泡是一种被膜包围的囊泡，它通过在受保护结构下携带生物相关分子，似乎可以作为一种细胞间联络的新模式[41]。在三维模式下，通过对小鼠和人类肠道类器官的研究表明，肠成纤维细胞来源的细胞外囊泡是形成肠道干细胞生态位的 Wnt 和 EGF 的新载体。同样，似乎成纤维细胞来源的细胞外囊泡在 EGF 缺乏的情况下也能保护肠道干细胞。

6. 试探性介入性观点

从概念的观点来看，内源性因素和外源性因素的重新调节导致干细胞功能的恢复是一个值得关注的治疗途径。众所周知，热量限制（又称为饮食限制）通过抑制 mTORC1 信号，同时上调 SIRT1 活性[42]，有助于扩大肠道干细胞和蛋白质合成。

这一机制是如此强大，以至于帕内特细胞信号也能操控肠道干细胞中的营养感知，从而使热量限制获得这种反馈。这样就诱导产生了一种机制，即通过骨基质抗原 1 和旁分泌因子环状 ADP 核糖的产生，诱导肠道干细胞池的自我更新和生长[43]。

在热量限制和相关的肠萎缩期间，当肠道干细胞分裂被限制时，N- 乙酰 -D- 葡萄糖胺同样能够促进肠道干细胞增殖[5]。Park 等人[44] 已经证实与 mTORC1 上游相关的 p38 MAPK 的抑制可以改善衰老绒毛的形态功能，从而可能预防肠道干细胞和绒毛衰老。在果蝇身上发现，当饮食中添加了 N- 乙酰葡萄糖胺时，克隆体的大小仍保持在非热量限制的状态。

动物实验表明，生长激素和谷氨酰胺对上皮细胞的增殖分化和肠道干细胞的干细胞标记物表达增加也有积极作用。这些数据已经在体外（人和小鼠）和体内（小鼠）研究中得到证实：生长激素单独处理的帕内特细胞、在隐窝细胞器中伴随 Ki67 上调的上皮细胞、肠道干细胞的干细胞特性及向杯状细胞分化。上述效应似乎与年龄有关，因为老年动物的生长激素效应需要高蛋白摄入。

最近一个有趣的潜在干预领域是食物来源的外泌体类纳米颗粒，这些颗粒如葡萄外泌体样纳米颗粒，通过 Wnt 介导的隐位 Tcf4 转录机制的激活来影响 Lgr5$^+$ 肠道干细胞，这种颗粒能在肠道损伤期间的组织重塑中发挥作用[45]。此外，在高剂量辐照小鼠模型中，果胶通过上调 Msi1 和 Notch1 的表达（这在假定的干细胞和分化中起重要作用）来保护肠道干细胞和增加隐窝存活率。通过使用缺乏 Atg16l1 的自噬受损小鼠模型，Jones 等人[47] 指出由于蛋白分解减少和胞外分泌下调，帕内特细胞会出现调节异常，这方面的研究将促使该领域成为潜在的干预靶点。

Igarashi 等人[48] 最近观察到，向老年小鼠补充 NAD$^+$ 前体烟酰胺核苷（每千克体重 500mg）6 周可使肠道干细胞恢复活力，逆转受损肠道修复能力差的问题。

另一种介入途径被认为是导致全身抗炎机制的微生物组谱重塑。目前正在研究粪便微生物群移植，在理想情况下可以恢复细胞内氧化还原平衡，减少 STAT 等内在转导机制，并影响肠道和干细胞相关的老化过程。事实上，从幼龄动物的粪便移植到年老受者身上是否能够重新建立肠道干细胞的自我更新、分化和再生能力，直至延长其健康寿命，尚不完全清楚。相反，上述谷氨酰胺的添加降低了厚壁菌群 / 拟杆菌群的比例，从而有利于肠道干细胞的营养和上皮细胞的增殖。遗传或化学抑制帕内特细胞产生的 Notum（如 LP-922056）或 Wnt 模拟化合物是恢复衰老的肠道类器官功能的可行途径 [49]。

最近报道了红景天的特定生物活性组分（R）与沙眼草的海洋脂蛋白专利提取物（L）复合物可以显著刺激正常细胞和氧化应激细胞的细胞增殖率及干细胞特性（图 13.2），这是在模拟衰老过程中观察到的情况。这种植物海盐复合物具有抗衰老功效，也显示出显著上调"生命基因"如 SIRT-1 和 MMP-2，同时下调 MMP-9 和调节 Serpina6 基因等的表达。从正在进行的研究来看，这种复合物对正常的肺细胞（L132）有效；而且在一项临床前先导研究中发现，该复合物不造成 H522 癌细胞扩散 [50]，同时提高褪黑素的生物节律，以上现象对肠道可能带来的影响越来越受关注。

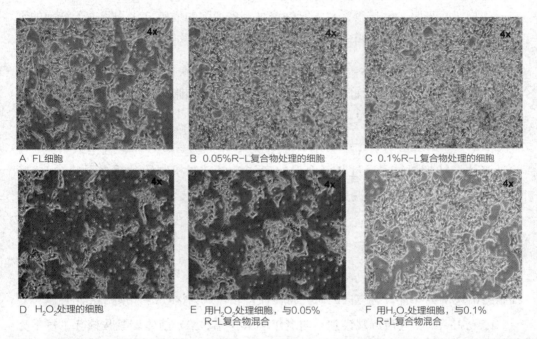

A FL细胞

B 0.05%R-L复合物处理的细胞

C 0.1%R-L复合物处理的细胞

D H$_2$O$_2$处理的细胞

E 用H$_2$O$_2$处理细胞，与0.05%
R-L复合物混合

F 用H$_2$O$_2$处理细胞，与0.1%
R-L复合物混合

图 13.2　分别用 0.05% 和 0.1% 浓度的 R-L 复合物、H$_2$O$_2$ 和 R-L+H$_2$O$_2$ 复合提取物处理 FL 细胞（人羊膜干细胞样细胞）3 天，在第 3 天观察到细胞增殖增加。比较 A～C，0.1% 和 0.05% R-L 复合物处理后细胞增殖明显增加。比较 D～F，同样用 H$_2$O$_2$ 处理，应激诱导的细胞在 0.1% 和 0.05%R-L 复合物的处理下生长和增殖显著增加。

扫码查询
原文文献

第十四章

骨细胞衰老

Manju Mohan, Sridhar Muthusami, Nagarajan Selvamurugan,
Srinivasan Narasimhan, R.Ileng Kumaran, Ilangovan Ramachandran

1. 简介

随着医学进步和医疗保健事业的发展，老龄化人群在全球范围内逐渐增加。这一趋势导致了与年龄有关疾病的发病率提高，医疗费用飙升，科学家对衰老研究的投入也不断加大。衰老是造成许多疾病，包括神经变性疾病、心血管疾病、糖尿病、癌症和骨病等的主要因素。这一复杂过程的标志包括细胞衰老、线粒体功能障碍、基因组不稳定、表观遗传改变、端粒耗损、干细胞耗尽、细胞间通信改变、蛋白内稳态丧失及营养感应失调（图14.1）[1]。老化速度具有个体差异性，它由一个或几个关键细胞群决定。细胞健康受到细胞中的不同区域的调控，最初受制于染色体的结构、转录调节、蛋白质翻译、质量监视、细胞成分的自噬循环，最终受细胞骨架完整性的维护、细胞外基质及其信号传递的影响。每个细胞组织从其他系统中传递并接收信号，其相互作用调节着细胞的衰老。

Hayflick 和 Moorhead[2] 于 1961 年首次提出细胞衰老，即培养基中的细胞进入了一个不可逆转的生长停滞状态，这种状态被描述为"复制衰老"。衰老在组织稳态、胚胎发育、细胞修复和衰老等生理过程中起着重要作用。在过去 10 年中，对衰老在老化和年龄相关性疾病方面的不利影响的理解不断深入。值得一提的是，衰老细胞的不断堆积导致了机体老化，以及包括动脉粥样硬化、炎症、肌少症、骨质疏松症和骨关节炎在内的与年龄相关性疾病的发生发展，进一步影响了正常的生理功能并导致组织进一步恶化。细胞衰老可以被某些特定刺激加速，如 DNA 损伤、端粒缩短、致癌基因的激活、化疗药物的使用、活性氧和基因毒性应激，最终限制癌前病变细胞的扩增（图 14.2）。另外，在癌前病变细胞中，癌基因的过度表达或抑癌基因突变、功能丧失导致的肿瘤胁迫也可以诱导细胞衰老[3]。最重要的是，由于抗增殖效应，活化细胞可以抑制机体肿瘤的产生，提示了促凋亡疗法在肿瘤进展和癌症治疗方面的重要作用。

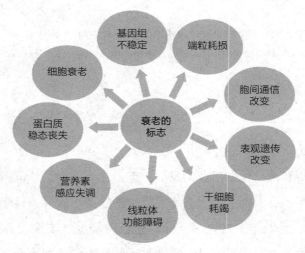

图 14.1　衰老的标志

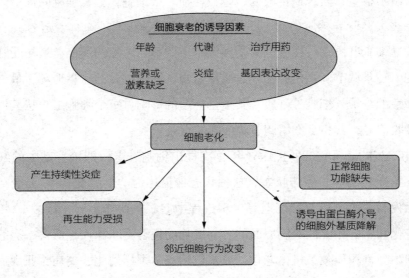

图 14.2　细胞衰老的诱导因素

成年人的健康通常取决于功能性稳态机制。在衰老过程中，随着年龄的增长，间充质干细胞、卫星细胞（骨骼肌干细胞）、成骨细胞、破骨细胞、软骨细胞和脂肪细胞的自我更新能力下降，并与衰老标记物的表达升高相关[4, 5]。

此外，衰老的间充质干细胞分泌各种因子，包括细胞因子（白细胞介素）、生长因子和金属蛋白酶等促炎因子，即 SASP 或衰老信号的分泌蛋白质组，以便区分衰老细胞和其他非衰老的或细胞周期阻滞的细胞，从而有利于提高组织的修复能力[3]。因此，靶向 SASP 为我们提供了有效的抗衰老策略，可用以提升寿命。骨的一般老化特征包括结构骨成分改变、骨质转换增加和骨髓脂肪沉积，最终使骨密度降低[6]。骨微结构随着骨小梁重排、髓腔扩大和骨膜下扩张（钙沉积的有机质和结晶特性改变）而改变。机体激素水平变化、活动减少及营养不良，都会导致与年龄相关的骨骼稳态不平衡，最终导致骨质疏松症及受伤后的愈合能力下降[7]。老鼠及人类样本的数据表明，骨微环境中的细胞系亚群将随着年龄增加而衰老，并合成异质 SASP[8]。然而，衰老细胞和 SASP 改变骨骼重塑的可能机制还未被阐明。

骨重塑主要是由于随着年龄增长，性激素水平降低（包括雄激素和雌激素）。雌激素可以刺激成骨细胞、抑制破骨细胞，当这种抑制作用丧失，将导致更高水平的骨质转换[9]。雌激素缺乏是绝经后妇女骨质丢失的主要原因，也可以用于解释与年龄相关的骨质丢失和包括男性和女性在内的骨质疏松症的发病机制。此外，雌激素缺乏将导致 TNF-α 升高，进一步刺激 NF-κB 受体激活蛋白配体（RANKL）诱导破骨细胞吸收。除了性激素缺乏，还有其他因素也可导致年龄相关性骨质丢失，包括高钙血症、过量使用糖皮质激素、甲状腺功能亢进、胃肠疾病、酗酒、吸烟，以及某些恶性肿瘤[10]。骨质疏松症和糖尿病等常见的慢性内分泌疾病随着衰老而变得更加普遍。糖尿病患者血液循环的高糖状态所形成的晚期糖基化终产物，将促使间充质干细胞衰老并抑制骨形成，从而诱发越来越多的糖尿病患者继发骨质疏松症[11, 12]。

在几种细胞信号通路中，经典的 Wnt 信号通路在维持骨质稳态时起着重要作用。Wnt 信号通路失调将导致骨形成减少，同时也激活破骨细胞形成。BMP 和 TGF-β 信号的改变与年龄相关性骨形成减少和脂肪合成增加有关[13]。调节骨骼的另一个重要因子是 IGF，它们能促进骨细胞增殖和骨骼发育。科研团队已经观察到 IGF 和 IGF 结合蛋白（IGFBP）降低能改变骨形成和骨细胞功能，最终由于骨重塑的不平衡而导致骨质丢失和骨密度下降（图 14.3）[14-17]。此外，研究也报道了血清中 IGF 和 IGFBP-3 的水平随着年龄增长而降低，而与降低骨密度并增加骨折风险相关的 IGFBP-4 相应增加，提示了 IGF 在骨骼衰老中发挥的作用[18, 19]。综上，目前已有的报道表明胰岛素样生长因子和细胞因子的变化可促进骨老化。

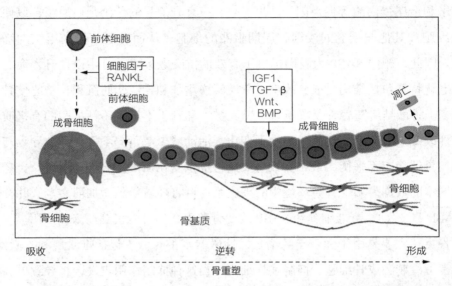

图 14.3　骨重塑是一个连续的过程，其阶段包括激活、吸收、逆转和形成。第一阶段是对适当刺激的反应，从而募集破骨细胞前体到重塑部位。通过重吸收后，巨噬细胞样非典型细胞清除逆转阶段的基质降解后产生的碎片。之后由几种生长因子触发最终的形成阶段，包括 IGF、TGF-β、BMP 和 Wnt 信号分子，这些因子负责将成骨细胞募集到骨吸收位点并促进矿化。这样就完成了骨重塑的循环。

正如早先所述，大量针对老年人的研究已提出，靶向细胞衰老可以为大多数与衰老有关的疾病带来治疗方法。本章将探讨细胞衰老和老化对骨病作用的最新研究。

2. 骨骼衰老：对骨细胞衰老的探究

骨骼是一种高度专一及动态的组织，具有包括保护重要器官、为运动提供稳固框架、储存矿物质和调节内分泌在内的多种功能。它经历着包括负责骨形成的成骨细胞、负责骨吸收的破骨细胞及分化骨细胞参与的持续重塑过程。骨细胞受到全身各种激素、生长因子、细胞因子等信号分子参与的不同机制的影响[20-25]。在骨骼中，成骨的级联反应由间充质干细胞被募集到重塑部位开始，随后经历细胞增殖、谱系定型、谱系特异性标记物表达、胶原分泌和基质矿化一系列过程[26]。

随着年龄的增长，骨不仅会受溶骨增强的影响，还会受到成骨细胞和间充质干细胞功能受损及伴随而来的自我更新能力下降的影响。随着时间的推移，这些变化导致骨组织稳态不平衡，进而造成严重的骨质丢失，最终将导致骨质疏松症。人类骨骼的另一个与年龄相关的特征可能是成骨细胞数量减少，进而导致骨密度下降。微硬化是骨细胞腔隙矿化的一种现象，这也可能是造成与年龄有关的骨密度降低的原因之一。微硬化的主要原因尚不清楚，但骨细胞死亡可能是其潜在的原因之一[27]。

　　所有正常细胞，包括骨细胞如成骨细胞、破骨细胞和骨细胞，都有一个特定的生命周期，主要由外部因素和复制周期的数目控制。海弗利克极限复制理论表明，正常的人类细胞只能经历有限的细胞分裂周期，随着年龄的增长，细胞周期数减少[28]。端粒由 DNA 的重复序列和赋予染色体末端稳定性的相关蛋白质构成。基因末端的端粒长度是细胞复制数量的决定因素。当细胞复制受阻时，细胞衰老和凋亡便会开启，端粒长度也会在每次细胞分裂时相应缩短。同样，氧化应激和紫外线辐射引起的端粒损伤也可能加速端粒缩短，从而导致细胞减少[29]。在小鼠模型中，端粒酶逆转录酶特异性基因的敲除加速了骨衰老，表现为成骨细胞数量减少、破骨细胞数量增加，这是由促炎因子造成的，尽管这种炎症反应的来源尚不清楚[30, 31]。端粒缩短阻碍了成骨细胞的分化，并可能通过加剧骨间充质干细胞的衰老导致骨骼衰老。

　　在组织水平上，骨骼老化的特征是骨质丢失和骨髓脂肪组织积累。在啮齿动物中，骨强度和骨量的损失与骨细胞、成骨细胞凋亡增加，成骨细胞数量和骨形成率随着年龄的增长而相应减少有关。骨形成率通常取决于间充质干细胞祖细胞池的可用性、适当的间充质干细胞募集及骨表面成骨细胞的个体活性（图 14.4）。

　　男性的骨形成标记物随着年龄增长而平稳下降，而老年妇女的骨形成标记物反而由于更年期雌激素水平的下降而逐渐增加，从而使基本多细胞单位激活，进一步导致高骨转换状态[33]。因此，衰老对男性和女性的骨平衡都产生了不良影响。这些与年龄相关的骨骼病理生理变化是内在因素和外在因素共同作用的结果。氧化应激、表观遗传变化、端粒缩短、自噬等内在因素调控细胞间通信和修复机制，从而影响骨干细胞的更新和分化，并调节骨基质的组分和形成。外在因素如性激素缺乏、糖皮质激素分泌过多和机体活动可以影响与衰老相关的骨骼完整性和骨骼功能[34]。

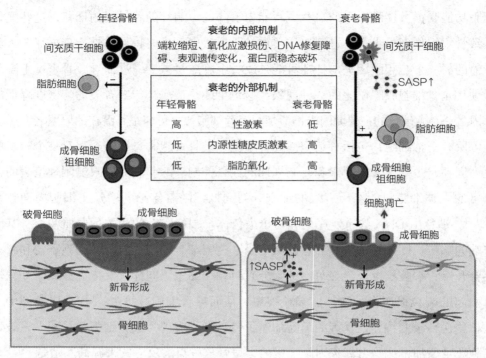

图14.4　骨微环境中的年龄相关性细胞变化的调节机制。年龄相关性细胞变化与内在机制和外在机制的改变有关，即脂肪形成增加，成骨细胞形成减少，以及成骨细胞和骨细胞的凋亡增加。骨微环境中衰老细胞的积累促进SASP释放，促进溶骨，导致骨骼完整性和功能改变。

3. 调节骨细胞衰老的关键因素

3.1　内在因素

3.1.1　氧化应激

细胞损伤是由活性氧引起的，它被公认是衰老的关键步骤。新陈代谢及其调节过程可以产生活性氧，脂加氧酶和 NADPH 氧化酶等酶也可以通过生长因子和细胞因子的信号传递过程产生活性氧[35]。在氧化磷酸化过程中，线粒体电子传递链产生大部分细胞活性氧。总的来说，线粒体源性活性氧和氧化应激可加速端粒缩短和功能障碍，被认为是细胞老化和衰老的特征之一。氧化应激的积累可导致组织和细胞损伤，造成骨骼老化。骨中活性氧的生成量随着年龄增长和性激素缺乏而增加，因此，氧化应激水平提高在骨骼脆性和病理性状态的发生发展中起着至关重要的作用[32, 36]。

在正常组织中，氧化剂的生成和消除之间的平衡是由各种抗氧化剂维持的。最重要的抗氧化酶是 SOD，它将超氧阴离子自由基转化为过氧化氢，然后转化为水和氧。此外，含硫醇的寡肽可以消除过量产生的活性氧，其中最多的是硫氧还蛋白和谷胱甘肽。已在用促氧化剂丁硫氨酸亚砜亚胺治疗的小鼠模型中证实，氧化应激对骨形成的影响逐渐减弱[37]。正常老龄小鼠的骨骼特征与 SOD 敲除小鼠相似，即骨量减少，破骨细胞和成骨细胞数量减少，骨中 RANKL 表达减少[38]，从而强调了抗氧化剂在衰老动物模型中的骨骼保护作用。Wnt/β 联蛋白通路在细胞增殖中起关键作用，并参与包括衰老在内的各种细胞活动[39, 40]。氧化应激可抑制体外 Wnt/β 联蛋白信号通路的成骨作用，其中活性氧通过去磷酸化和激活 GSK3β 抑制 Wnt 信号通路[41]。因此，活性氧在骨组织稳态中具有重要作用，而氧化应激在衰老过程中对骨量和强度产生不利影响。

3.1.2 表观遗传修饰

表观遗传修饰如 DNA 甲基化和组蛋白修饰展示了人类整个生命周期的模式变化。在细胞衰老和老化过程中，甲基化模式造成的整体损失被称为表观遗传漂移。这种机制使 DNA 甲基化发生年龄相关性下降，但并不一定所有个体都有相同的模式。此外，表观遗传时钟确定了特定组织中与年龄高度相关的人类基因组特定区域的 DNA 甲基化水平。在细胞衰老过程中，间充质干细胞中 DNMT1、DNMT3B 等 DNA 甲基转移酶的表达明显下调，提示衰老间充质干细胞中存在明显的低甲基化。此外，DNA 甲基转移酶受抑制加速了细胞衰老，佐证了表观遗传调节基因在衰老中发挥重要作用[43]。

间充质干细胞可分化为骨细胞、软骨细胞和脂肪细胞。在长期培养过程中，间充质干细胞全基因组分布的 DNA 甲基化 CpG 模式被保留。在扩增培养后，一些 CpG 位点发生显著的 DNA 甲基化修饰。这些改变在离体培养时具有较强的重现性，且与总体倍增数、持续时间、甚至传代数呈线性相关[44]。因此，CpG 特定位点及与衰老相关的 DNA 甲基化修饰可用于评价间充质干细胞的衰老状态[45, 46]。此外，与 H3K4me3 和 H3K27me3 修饰相比，间充质干细胞中的与衰老相关的 DNA 甲基化修饰与组蛋白标记抑制相关。培养细胞中的复制性衰老和体内衰老的表观遗传修饰有一定相关性，但在这两个体系中，可能会有不同的调控途径。与衰老相关的 H3K27me3、H3K4me3 低甲基化和高甲基化，以及 EZH2 的靶点已有相关报道 [47]。其作者还认为，复制性衰老是由多梳抑制复合物 2 蛋白复合物调控的。

许多转录因子与干细胞的生长发育有关，它们在差异甲基化位点具有丰富的结合域，并在衰老过程中差异表达启动子基因。据报道，基本的螺旋环 – 螺旋转录因子 Twist-1 通过促进 EZH2 向 p16^Ink4a 位点募集，触发 H3K27me3 并抑制表达来维持间充质干细胞干性和防止间充质干细胞衰老 [48]。

骨质新生和破骨细胞生成中的基因转录受多种表观遗传机制的影响，特别是 DNA 甲基化调节骨钙素、护骨因子、RANKL、硬化蛋白（SOST）、CEBPα 和 BMP2 的表达。*SOST* 基因的表观遗传学状态已被广泛研究。Delgado-Calle 等人 [49] 报道了 2 个 CpG 丰富的区域，即位于 *SOST* 近端启动子的区域 1 和位于 *SOST* 外显子 1 的区域 2。启动子区域 1 在骨细胞中是低甲基化的，而在成骨细胞和骨外细胞中是高甲基化的。用地西他滨处理成骨细胞后，*SOST* 基因表达显著增加 [49]。因此，这些研究认为，CpG 二核苷酸的甲基化状态影响骨细胞中 *SOST* 基因的表达调节，也影响成骨细胞向骨细胞转化的过程。在另一项研究中，Reppe 等人 [50] 证实，*SOST* 基因的遗传和表观遗传修饰影响绝经后妇女的骨中 SOST 的 mRNA 表达和血清中 SOST 的水平。此外，还证实了与健康受试者相比，骨质疏松症女性患者的 *SOST* 启动子超甲基化水平较高，这与绝经后骨质疏松症女性患者的骨中 SOST 的 mRNA 表达水平降低和血清中 SOST 水平降低相关。骨质疏松症患者中，*SOST* 启动子的超甲基化似乎是一种代偿机制，它降低了循环中的 SOST 水平，反过来又减少了对 Wnt 信号通路的抑制 [50]。

组蛋白甲基化调控 PPARγ 靶基因启动子、Runx2 和成骨细胞特异基因的表达。表观遗传调节因子紊乱可能导致与年龄相关的骨质丢失。此外，表观遗传失调导致的基因沉默或基因异常表达可能会引起风湿性疾病和肌肉骨骼疾病，如骨关节炎、类风湿关节炎和系统性红斑狼疮 [51]。

3.1.3　端粒缩短

年龄相关性骨病有骨质疏松症、骨关节炎、端粒过度缩短、端粒酶逆转录酶活性障碍 [52]。端粒缩短和不可逆的细胞周期阻滞是导致与年龄相关的固有细胞功能障碍的主要机制。端粒的长度由端粒酶逆转录酶和端粒酶 RNA 保持。端粒在复制过程中缩短，端粒上的 DNA 损伤导致功能障碍、脱帽，最终导致细胞衰老。功能失调的端粒被定义为端粒功能异常诱发的病灶[8, 53]，可作为成骨细胞、骨细胞、间充质干细胞及其他类型细胞的衰老标记物。

骨细胞的衰老机制以骨前驱细胞中的成骨细胞、骨细胞和骨髓细胞中的细胞周期抑制因子上调为特征，即 Cdkn1a，也称为 $p21^{Cip1/Waf1}$、Cdkn2a（$p16^{Ink4a}$）和 CDK4/6[54]。在骨祖细胞中，与年龄相关的端粒缩短导致干细胞池受限并抑制其分化成成骨细胞。沃纳综合征＋端粒酶突变小鼠出现骨量下降这一研究结果有力地证实了端粒在骨衰老中发挥的作用[30, 55]。端粒介导的成骨细胞分化缺陷与 p53/p21 的表达上调相关，从而提示了端粒功能障碍诱导的衰老在年龄相关性骨质疏松症中起作用[55]。在另一项研究中，破骨细胞活化的促炎微环境导致小鼠出现破骨细胞生成增加和溶骨增强[31]。此外，端粒酶突变小鼠的间充质干细胞培养结果提示，DNA损伤水平和衰老的 SA-β-gal 阳性细胞均增加[31]。在长期培养中，间充质干细胞缺乏端粒酶活性，端粒缩短伴随复制性衰老。在人骨髓基质细胞中，人端粒酶逆转录酶的异位表达导致细胞端粒伸长、干性维持、细胞寿命延长，并促进体内外的骨形成，提示了端粒酶逆转录酶的表达可以防止骨祖细胞的复制性衰老和端粒缩短。因此，端粒功能障碍限制了骨祖细胞向成骨细胞的分化，并导致了与年龄相关的骨质丢失[56]。

3.1.4 自噬

自噬是通过溶酶体依赖的降解途径，降解因各种应激因素而累积的功能失调性细胞成分或受损蛋白的一种基本机制。细胞自噬下降是细胞衰老的特定表现。骨骼中所有的骨细胞都经历自噬，其中长寿命的、有丝分裂后的骨细胞可被骨质转换所替代，因此自噬在骨的维持、存活和病理生理中起着重要作用[57]。

骨细胞通过自噬在活性氧生成的应激下存活。在破骨细胞中，自噬诱导破骨前体细胞分化以应对氧化应激，并参与将溶酶体内容物分泌到细胞外基质这一过程。$P66^{shc}$ 是一种接头蛋白，在缺乏自噬的青年小鼠体内可增加其骨细胞中线粒体的活性氧产生。因此，与野生型老龄小鼠相似，青年小鼠骨细胞的自噬抑制使骨骼发生变化，从而导致骨衰老[58]。哺乳动物自噬复合物的组成部分，即分子量为 200kDa 的黏着斑激酶家族相互作用蛋白缺失，导致小鼠中成骨细胞分化受损、骨形成减少和骨质减少[59]。此外，Atg7（一种自噬调节因子）的缺失也抑制了骨形成，导致与氧化应激上调相关的骨量减少，进一步揭示了自噬在成骨细胞形成和骨健康中的作用[59]。因此，自噬可以作为一个细胞监测过程，并保护细胞避免受到衰老和相关疾病的打击。

3.2 外部因素

3.2.1 性激素缺乏

性激素对成骨细胞系有多种影响。雌激素和雄激素是骨骼生长和发育过程中获取骨量所必需的。在成骨细胞中，雌激素通过雌激素受体（ERα 和 ERβ）起作用。雄激素直接通过雄激素受体或通过芳构化间接作用于雌二醇。在绝经起始期及随后的几年，骨质丢失的发生率较高，这表明雌激素缺乏对骨量产生不利影响并能加速骨退化。雌激素缺乏可以增加细胞因子产生、创造有利于破骨细胞分化的微环境，成为发生年龄相关性骨质丢失的一个重要决定因素[61]。此外，我们还发现，二氢睾酮在骨骼健康中发挥着重要作用，是决定男性骨密度高低的因素[14]。

循环中性激素水平的改变可能会引起调节骨形成和骨吸收率的 IGF1 和 TGF-β 的显著变化。此外，性激素缺乏可以通过刺激细胞质激酶加速成骨细胞凋亡和与衰老相关的氧化应激[62]。然而，在最近的一项研究中，与假手术对照组相比，没有证据表明性腺切除的雌性和雄性野生型小鼠的骨细胞衰老增加。此外，在未接受任何处理或雌激素治疗达 3 周的老年健康绝经后妇女的人骨活检中也有类似的发现[63]。这些研究认为，雌激素缺乏和细胞衰老在骨质疏松症的发病机制中是独立的。虽然不能排除雌激素缺乏在骨细胞衰老中发挥的作用，但之前的小鼠模型试验表明，在卵巢切除术后的骨微环境中存在促炎细胞因子，其中包括 SASP 的一部分[64-67]。尽管在临床前研究模型和人类中，衰老细胞的积累在与年龄相关的骨质丢失中具有明确的作用，但雌激素缺乏如何导致细胞衰老仍然未被阐明。因此，未来在该领域上仍有很大的研究空间。

3.2.2 糖皮质激素过多

糖皮质激素诱导的骨质疏松症是长期外源性糖皮质激素治疗或内源性高糖皮质激素血症导致的严重致命结果。糖皮质激素通过影响骨祖细胞、成骨细胞和骨细胞的功能来影响骨形成。因为糖皮质激素对促肾上腺皮质激素的反馈抑制减弱，也由于随着年龄的增长，骨中 11β-HSD1（一种激活糖皮质激素的酶）的表达增加，口服糖皮质激素 6 个月或更长时间的患者中约有 50% 患有糖皮质激素诱导的骨质疏松症。动物试验也证实了糖皮质激素对骨骼的不利影响。破骨细胞溶骨增加通常与绝经后骨质疏松症有关，但抑制成骨细胞活动和骨形成是糖皮质激素诱导的骨质疏松症的主要特征性表现。此外，破骨细胞数量略有增加，表明糖皮质激素可延长成熟破骨细胞的寿命。在骨中，成骨细胞和骨细胞是糖皮质激素的主要作用靶点。临床和实验研究均发现，成骨细胞和骨细胞功能丧失、诱导细胞凋亡、自噬均与糖皮质激素诱导的骨质丢失有关[68]。

糖皮质激素抑制成骨细胞的形成并刺激破骨细胞的形成。它们通过继发性甲状旁腺功能亢进和钙吸收下降途径而增加溶骨[69]。糖皮质激素对骨形成的抑制作用包括减少成骨细胞数量、减少骨基质形成并增强骨髓脂肪形成。在成骨细胞中，活性氧的生成和 PKCβ/p66shc/JNK 信号通路的激活与糖皮质激素的促凋亡作用有关[70]。此外，即使对年龄、性激素水平、甲状旁腺激素、饮酒、吸烟、肥胖和摄入钙水平进行调整，循环中皮质醇水平升高也与健康老年女性和男性的骨密度降低和骨质丢失率增加有关，提示内源性糖皮质激素可导致更年期骨质丢失[71]。与人类相似，小鼠也表现出与年龄相关的骨量和骨强度下降。骨量减少与肾上腺糖皮质激素水平升高和骨细胞中 11β-HSD1 表达有关。在转基因小鼠模型（骨钙素基因 2、11β-HSD2）中，成骨细胞和骨细胞通过 11β-HSD2 的细胞特异性基因表达屏蔽糖皮质激素的影响，衰老对成骨细胞和骨细胞凋亡、骨形成、间隙液体、结晶度、微结构、骨血管和骨强度的不利影响被降低，这表明内源性糖皮质激素增强了老年骨骼的脆性[72]。

人工合成的糖皮质激素地塞米松在体外诱导间充质干细胞向成骨细胞分化，通过诱导细胞衰老和刺激 SASP 的某些因子抑制成骨细胞的功能。此外，Wnt 调节蛋白被糖皮质激素下调，Wnt 通路受抑制与骨形成减少和成骨细胞活性受损有关[73]。很重要的一点，糖皮质激素还可诱导端粒功能障碍，表明它们是衰老诱导因子。因此，内源性糖皮质激素的升高揭示了年龄相关性更年期骨质疏松症的另一机制。

3.2.3　体育活动

衰老与肌肉数量和质量的逐渐减少有关，从而导致肌肉力量丧失，并对骨骼产生一些不利影响。因此，建议通过运动来提高骨骼健康。与衰老相关的线粒体变化，如线粒体自噬消失、线粒体解偶联增加、超氧化物合成及裂变和融合的变化，可发生在肌肉和骨细胞中。体育活动是一种非药物性治疗策略，可以维持线粒体功能和数量，从而防止细胞衰老。事实上，随着年龄的增长，骨骼负荷下降导致广泛的骨质丢失，老年人长期卧床休息导致的骨固定是低骨密度和发生相关骨折的重要诱因。与年龄相关的骨质疏松症与细胞对负重引起的机械负荷缺乏敏感性有关。更重要的是，衰老的间充质干细胞由于分泌蛋白质组的改变而对低强度的机械信号缺乏反应[74]。对细胞凋亡产生抗性也可能导致骨细胞衰老。骨细胞凋亡可以通过由损伤介导的过载和卸载两种方式触发，但适当的机械刺激也可以防止骨细胞凋亡。此外，机械负荷通过骨细胞中的整合素和细胞骨架刺激 Src/ERK 的激活，从而抑制衰老和细胞凋亡，提高骨细胞的存活率[75]。缝隙连接蛋白 43 参与机械力转导并保护骨细胞避免凋亡；然而，它会随着年龄的增长而下降。肌细胞因子的不活跃和数量减少导致的负荷减少可以诱导衰老，从而导致全身营养运输的重大改变，并导致成骨细胞和骨细胞的脂质堆积[76]。几种类型的肌细胞因子有影响骨转换的能力。运动诱导的肌细胞因子，如鸢尾素和 β- 氨基异丁酸，能够通过维持线粒体的完整性来延缓与年龄相关的骨细胞衰老[76]。Srinivasan 等人[77] 提出了一种基于骨细胞中实时 Ca^{2+}/ 活化 T 细胞核因子为主体的信号传递模型，并证实各种负荷刺激诱导了年轻和老年雌性小鼠骨膜骨形成。这些刺激表明，恢复与年龄相关的 DNA 结合能力不足和活化 T 细胞核因子去磷酸化或易位缺陷能有效地提高衰老过程中骨骼对机械负荷的敏感性。此外，这些研究还表明，在机械刺激下，补充低剂量环孢素 A 可以彻底改善老年骨中由负重诱导的骨形成[77]。

随着年龄的增长，机体活动减少会导致成骨细胞发育受损和骨质丢失。在许多导致骨失衡的因素中，间充质干细胞起着重要作用。年龄相关性骨退化是由于间充质干细胞增殖减少，以及向脂肪组织的转化增加。为了维持骨的健康，高强度及更快速度的负荷训练，如跳跃和阻力训练，能刺激现有的骨细胞，并激活间充质干细胞向成骨细胞分化，从而进一步分化形成更多的骨细胞。有趣的是，在一项动物研究中，小鼠在跑步机上以逐渐递增的速度进行训练 5 周后，出现间充质干细胞数量和成骨能力增加，向脂肪细胞的转化减少[78]。此外，这些研究者证明体育锻炼能增加小鼠骨髓腔的骨形成标记物，并减少脂肪量。同样，在大鼠中，由于受损成骨细胞的补充和分化，骨骼卸载使骨形成减少[79]。关键是，骨骼卸载引起生长因子表达改变，进一步减少了大鼠的骨形成[80]。

有氧运动通常不被认为是增加骨强度和骨量的关键因素。然而，有氧运动可以以一种不同于机械负荷的方式维持骨细胞的活力。由于缺乏相应的刺激来促进细胞活力，不运动可能会导致更严重的衰老[81]。在成骨细胞和骨细胞中，一些信号通路如 IGF、前列腺素、一氧化氮、ATP 信号和膜离子通道在体外被证明可以促进机械力转导[82]。同样，另一个对骨上的机械负荷刺激产生反应的重要信号是 Wnt/β 联蛋白信号，它能调节机械负荷下间充质干细胞的分化。体育锻炼通过诱导干细胞分化来提高年轻人和老年人的生活质量。因此，体育活动被认为可能是再生医学的关键因素。

4. 衰老相关分泌表型和衰老标记物在骨骼衰老中的作用

细胞衰老是暴露于各种应激反应下的细胞发生不可逆的生长停滞的过程[83]。衰老发生在整个生命周期，但会随着老化和衰老细胞积聚在特定的几个组织。代谢活跃的衰老细胞分泌大量的可溶性蛋白，包括促炎细胞因子、趋化因子、生长因子、蛋白酶和细胞外基质降解因子。衰老细胞的标志性特征是出现促炎分泌蛋白质组，它们通常被称为 SASP。SASP 根据 SASP 相关因子如 p21、p53 和 IL-1α、IL-1β、IL-6、IL-8 等来区分衰老细胞和非衰老细胞或细胞周期阻滞细胞（如静息细胞和终末分化细胞）。在组织微环境中，SASP 通过这些自分泌和旁分泌因子发挥生理功能，这些自分泌和旁分泌因子可以传递应激信号，并与邻近细胞相互作用。最重要的是，SASP 分泌因子的强度和组成取决于环境因素、细胞类型、细胞衰老触发因素和衰老时间。SASP 被认为是导致慢性炎症的罪魁祸首，而慢性炎症会导致多种与年龄相关的表型。事实上，衰老细胞的积累能导致衰老并促使一些与年龄相关的疾病发生，如骨骼肌减少症、肺纤维化、骨关节炎、白内障、肿瘤、身体虚弱和骨质疏松症[84]。在体内，年龄相关性衰老对骨的影响尚未完全阐明。此外，衰老细胞和骨细胞 SASP 改变骨重建和组织稳态的机制尚不清楚。

在骨微环境中，各种类型的细胞随着年龄的增长而衰老，其中大量的髓细胞和衰老的骨细胞是导致骨质丢失的主要因素，SASP 通过上调白细胞介素（如 IL-1α、IL-8 和 IL-6）、NF-κB 和其他关键性的 SASP 标记物，包括 PAI-1、PAI-2、

RANTES、巨噬细胞集落刺激因子（M-CSF）、TNF-α 和 MMP（表 14.1）来诱导骨质丢失。在老年小鼠中，骨细胞表现出端粒功能障碍和卫星膨胀；此外，骨祖细胞的 DNA 损伤标记物水平升高、GATA4 表达增加、NF-κB 活化，标志着 SASP 启动 [8, 85]。JAK 通路的抑制可下调老年小鼠 PAI-1、IL-6 和 IL-8 的水平，改善体内皮质和骨小梁的骨强度和微结构，并减弱体外的破骨作用。综上所述，这些发现表明含有 SASP 的衰老细胞促进了骨骼衰老。

表 14.1　细胞衰老标记物

分类标准	主要标记物
SASP	细胞因子：IL-1α、IL-1β、IL-6、IL-8、RANTES、PAI-1、PAI-2、M-CSF、TNF-α
	生长因子：TGF-β、VEGF
	细胞外基质蛋白：MMP
DNA 双链断裂损伤	γH2AX、p53、端粒相关病灶
溶酶体破坏	溶酶体 SA-β-gal 活性物质
细胞周期阻滞	p16^{Ink4a}、p21^{Cip1}、p53
其他标记物	Lamin B1、HMGB1

Gorissen 等人 [86] 报道破骨细胞在破骨形成过程中获得 SASP 样表型。在雌雄小鼠中，随着衰老，骨髓细胞、T 细胞、B 细胞、骨祖细胞、成骨细胞和骨细胞中的主要衰老标记物 p16^{Ink4a} 升高。此外，随着年龄的增长，T 细胞和 B 细胞中的少数 SASP 因子相对增加。在老龄骨髓细胞中，在经评估的 36 个基因中，有 26 个基因显著上调。年轻人和老年人的骨穿刺活检的临床结果显示，在一名老年女性的骨骼中，p16^{Ink4a} 和 p21 的表达升高，12 个 SASP 因子表达上调。综上所述，这些数据表明，在骨微环境中，有一部分细胞开始衰老；然而，在小鼠和人类中，随着年龄的增长，SASP 的上调主要发生在骨髓细胞和骨细胞中。这些骨髓细胞衰老并发出信号，导致促炎细胞因子过度合成和分泌，形成促使骨细胞衰老的有毒微环境，并最终导致与年龄相关的骨质丢失。同样，衰老标记物如 γH2AX、p16^{Ink4a} 和一些其他 SASP 标记物在老年小鼠的骨细胞中也相应增加。这些变化与骨细胞 RANKL 表达增强和皮质骨孔隙率增加有关，这表明骨细胞衰老可能导致皮质内骨吸收增加。对骨祖细胞的相关研究也表明，表达成骨细胞特异基因的骨祖细胞减少，这与老年小

鼠 γ H2AX 及其他衰老标记物的表达增加有关。骨髓间充质干细胞和成骨细胞的衰老和 SASP 的分泌促进了 Ercc$^{-/-}$ 和 Ercc1$^{-/\Delta}$ 小鼠的破骨细胞生成和骨质疏松症发展 [87-89]。通过识别衰老过程中衰老的成骨细胞或骨细胞，以及修复骨质疏松状态、功能失调的衰老细胞，可以逆转 SASP，提示衰老的成骨细胞及骨细胞在与年龄相关的骨质丢失和骨脆性化中发挥重要作用。但仍需进一步研究在骨微环境下衰老细胞中的 SASP 发挥作用的机制，并探讨 SASP 的特性。

5. 调节骨骼老化的关键途径

骨老化及年龄相关性疾病的分子机制目前还不完全清楚。研究表明，Wnt 和 p53/p21 信号通路在与衰老相关的骨质丢失的调控中发挥了重要作用。

5.1 Wnt 信号通路

Wnt 信号是骨组织稳态的主要调节因子，它受损可能导致年龄相关性骨质丢失。尤其是在间充质干细胞向成骨细胞分化的过程中，这一途径是必不可少的。Wnt 激活后，成脂转录因子被抑制，使前脂肪细胞维持在未分化状态。Wnt 信号受损可能会破坏骨组织对应力的反应，从而增加骨折的风险。β 联蛋白是 Wnt 信号通路中关键的转录调控因子，在骨重建和微损伤修复中发挥关键作用，是决定骨量的关键因素（图 14.5）。成骨细胞和脂肪细胞的分化受 Wnt3a、Wnt5a 和 Wnt10b 调控。在小鼠中，它们的表达随着年龄的增长而明显减少。多能前驱细胞的丢失使 Wnt10b 持续减少，导致小鼠骨量减少。因此，Wnt 信号分子的减少导致了衰老小鼠的骨形成改变。在非经典通路中，造血干细胞 Wnt5a 表达升高导致了老年小鼠干细胞老化 [90]。体内研究表明，Wnt10b 在老龄骨中表达增加，Wnt16a 表达减少导致小鼠骨量减少和皮质骨自发性骨折。除此之外，β- 联蛋白还是 FoxO 的共激活物。氧化应激诱导 FoxO 激活和关联 β 联蛋白，对于激活骨细胞和其他类型细胞的 FoxO 基因至关重要。FoxO 隔绝 β 联蛋白的能力可能会限制骨祖细胞的增殖和分化，从而导致随着年龄的增长骨形成减少和骨量降低。β 联蛋白可以上调护骨因子表达，降低 RANKL 表达，从而抑制破骨细胞形成。氧化应激除了可以抑制 β 联蛋白介导的 TCF 转录，Wnt 靶向基因和护骨因子在小鼠骨中的表达也随着年龄的增长而下降。活性氧 /FoxO 抑制 Wnt 信号可能是衰老过程中脂质氧化导致成骨细胞形成减少和成骨细胞数量减少的机制[32]。这些研究结果明确了 Wnt/β 联蛋白通路在骨骼稳态和年龄相关性骨质丢失中发挥着关键作用。

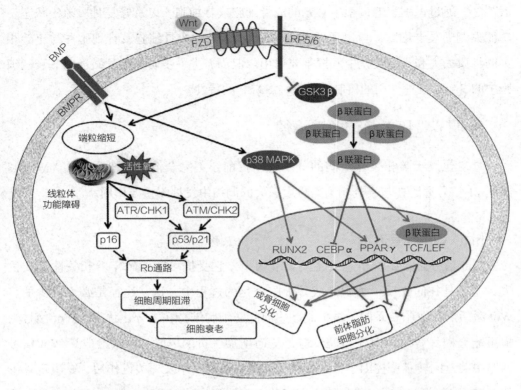

图 14.5　骨细胞衰老的关键信号通路。上图所示为 Wnt 和 p53/p21 介导的骨细胞衰老信号通路。Wnt 和 BMP 信号通路通过促进或抑制各自的转录因子调间充质干细胞向成骨细胞或脂肪细胞分化。各种应激刺激如活性氧积累、线粒体损伤和端粒缩短，可以激活 p53/p21 和 p16/Rb 信号，诱导细胞衰老。

5.2　p53/p21信号通路

p53/p21 和 p16/Rb 是参与衰老细胞生长停滞的两个关键通路。它们受端粒缩短、DNA 损伤、活性氧积累和其他刺激（如致癌基因激活）调节。p53/p21 和 p16/Rb 信号通路基于停止细胞分裂并进一步修复的抗增殖机制。DNA 损伤导致衰老和活性氧积累，从而触发了 DNA 损伤反应并活化了 p53/p21 和 p16/Rb 通路，最终导致了细胞衰老[91]。在雄性和雌性小鼠中，p53 磷酸化水平随着衰老或性激素缺乏而增加。此外，基因工程 p53 突变小鼠模型表现出包括骨质疏松症在内的老化表型。p53 缺失小鼠模型的成骨率和成骨细胞数量都随着骨量的增加而增加。成骨细胞形成中 p53 的这种差异性表达可以归因于对成骨细胞特异基因和 Runx2 表达的抑制[92]。

多项研究揭示了 p53/p21 通路在间充质干细胞衰老中的作用，一般来说，p53 调节间充质干细胞的增殖。在一项对老年恒河猴的研究中，与年轻恒河猴相比，骨髓间充质干细胞中的 p53 和 p21 表达上调。此外，晚传代的间充质干细胞中的 p21 表达增加和增殖能力下降，通过下调 p21 可以加速间充质干细胞的增殖。另一项研究表明，骨髓间充质干细胞衰老是由 TGF-β 诱导的，伴随着 p53 和 p21 表达增加及 Rb 蛋白表达减少。此外，细胞生长因子可以通过抑制 p53 和 p21，以及提高 Rb 蛋白的表达水平来抑制细胞生长停滞[93]。

在成骨细胞中，p53 通过降低 M-CSF 的表达来抑制破骨细胞形成。最重要的是，激活 p53 能在下游产生活性氧，这一过程与成骨细胞增殖减少有关，表明在 FoxO1 缺陷小鼠模型中，衰老骨中的 p53 激活可能导致成骨细胞和骨量减少[94]。此外，在间充质干细胞中，用小干扰 RNA 靶向 p21 使增殖速度加快，而敲低 p21 则提高了干细胞标记物表达、成骨潜能和增殖能力。在 p21$^{-/-}$ 小鼠中可以观察到，间充质干细胞的增殖率提高了 4 倍，衰老率降低了 700%。有趣的是，p53 激活后的端粒缩短导致线粒体改变，这增加了由 p53 诱导的 PGC-1α 和 PGC-1 所介导的活性氧生成，提示随着年龄的增长线粒体发生功能障碍。另一有趣的现象是，端粒稳定失败会抑制成骨细胞的分化，诱发类似于 p53 激活的骨质疏松症，这表明 p53/p21、活性氧和端粒功能障碍在骨祖细胞衰老中起着关键作用[32, 95]。

6. 细胞衰老作为改善骨质脆弱的治疗靶点

与年龄相关的骨质丢失早在达到骨量峰值后的第 3 个 10 年就开始了。与年龄相关的细胞衰老也被认为在骨质疏松症的发病机制中发挥着重要作用。老年患者间充质干细胞表现出衰老特征，包括与衰老相关的 SA-β-gal 活跃、端粒缩短、成骨细胞分化能力降低[96]。此外，据报道，骨质疏松症患者的间充质干细胞比正常人间充质干细胞的 p21 和 p16^{ink4a} 水平更高。因此，可以认为衰老是这种疾病的病理生理学机制。

在老龄化背景下，深入研究动物模型，为理解骨骼衰老的特征和骨细胞的功能变化提供了更多的证据。一项使用老年 INK-ATTAC（通过靶向激活半胱氨酸蛋白酶 8 介导凋亡）转基因小鼠的研究，通过基因敲低靶向衰老细胞，使表达 p16^{ink4a} 的细胞在经过 AP20187 给药后全身消除。该研究将使用衰老细胞裂解法或使用

SASP 抑制剂消除全身衰老细胞的两种方法进行了比较，两种方法都改善了老年小鼠的骨微结构并增加了其强度。衰老细胞的减少或消除导致皮质骨和骨小梁的破骨细胞形成受到抑制，同时皮质内骨形成增加，骨小梁区的骨形成维持[97]。这些结果表明，衰老骨细胞的部分消除有利于骨重建和骨代谢。同样地，克洛托缺陷小鼠衰老加速，而在与 p16^{ink4a} 敲低小鼠杂交后，骨质丢失减少，表明衰老细胞剔除可以预防骨质疏松症[98]。与 SASP 对内脏和外周脂肪形成的抑制作用相反，SASP 可诱导骨髓间充质干细胞向脂肪细胞分化，表明与成骨细胞相比，衰老细胞分泌的 SASP 因子对间充质干细胞向脂肪细胞转化更有帮助。与此相一致的是，自然衰老的 INK-ATTAC 小鼠清除了衰老细胞，从而防止了骨骼老化的特征出现——骨髓脂肪组织过度堆积。

用抗衰老药物鸡尾酒疗法联合槲皮素或 JAK 抑制剂对自然衰老小鼠进行药理干预，可以抑制 SASP，改善皮质骨和骨小梁的微结构，从而维持整个骨的微结构和骨强度。这些数据表明，衰老在与年龄相关的骨质丢失和骨质疏松症中发挥着根本作用[97, 99, 100]。此外，对老年快速老化小鼠进行正常同种异体骨髓间充质干细胞的骨髓腔内注射，显示骨小梁骨量增加，骨密度损失减少，从而预防了年龄相关性骨质疏松症。患骨质疏松症的雌性大鼠去卵巢后，将从健康人身体中分离出的骨髓间充质干细胞注射到大鼠的股骨骨髓中，可以使它的骨量增加。在系统注射正常同种异体骨髓间充质干细胞的老年骨质疏松症小鼠中，可以观察到骨形成增加[101]。抗凋亡蛋白抑制剂 ABT263 等抗衰老药物可降低衰老相关因子，清除衰老小鼠的造血干细胞。同样，抗凋亡抑制剂 A1331852 和 A1155463 在体外也能清除衰老细胞[102]。综上所述，这些潜在的药物可以用来预防与年龄相关的骨质丢失。

最近的一项研究发现，全身和局部的促炎环境是细胞衰老和骨干细胞数量和功能下降的原因[103]。此外，本研究还发现，通过抑制 NF-κB 激活，在异位模型中可以观察到衰老表型发生逆转、衰老骨干细胞功能激活且衰老程度降低、骨干细胞数量增加、成骨功能提高和骨愈合增强的现象[103]。因此，我们提出一种可能的靶向于衰老细胞的治疗方法，防止骨质丢失。

7. 结论

近年来，科学的飞速进步使医学领域发生了很大的变革，人口结构趋于老龄化。体细胞由于衰老而寿命有限，在此过程中，细胞的增殖速度减慢，并在经历有限次的细胞分裂后进入非分裂状态。细胞衰老是衰老的标志之一。衰老是一个复杂的过程，内在因素和外在因素的共同作用加速了衰老，这些因素根据组织微环境的不同可能对机体产生有利或有害的影响。在儿童时期，骨的生长和发育是由程序性细胞衰老调节和维持的。但随着年龄的增长，衰老细胞在骨微环境中积聚并诱发慢性炎症，导致 SASP 因子释放，进一步破坏骨组织，导致与年龄相关的骨质丢失。探索调节细胞衰老的各种因素和信号通路，可以促进目前细胞疗法及新治疗方法的发展，达到预防年龄相关性并发症或降低其发生率的目的。因此，针对 SASP 因子的治疗方案可能对预防衰老性骨质疏松症等相关疾病、提高老年人的生活质量和健康寿命具有临床意义。

扫码查询
原文文献

第十五章

衰老诱导的干细胞功能障碍：
分子机制和潜在的治疗途径

Yander Grajeda, Nataly Arias, Albert Barrios, Shehla Pervin, Rajan Singh

1. 简介

根据多年来收集到的流行病学和实验证据表明，衰老是导致许多年龄相关性慢性疾病的主要风险因素，包括神经退行性变性疾病，如阿尔茨海默病和帕金森病，以及虚弱状态、骨骼肌减少症、癌症、心脏病和慢性阻塞性肺病，这些疾病制约了人体健康的程度。简而言之，衰老是一个关联各种生物机制的逐渐老化的过程，并随着时间的推移导致主观感知和客观体征恶化。这种变化已被证实表现在微观层面和宏观层面，并且是一种普适性的改变[1]。据预测，到 2050 年，80 岁以上的老年人数量将会是 2015 年数据的 3 倍[2]。因肌肉群衰弱和力量流失导致的全因死亡人群，老年人是更易出现的群体[3]。随着人口老龄化的加剧，医疗保险、医疗补助和社会保障等社会项目的成本也将增加[4]。

任何生物体在衰老期间保持正常健康功能的能力完全依赖于调节组织内稳态和再生的机制[5]。维持组织稳态和对损伤反应的再生能力依赖于具有自我更新和分化能力的组织特异性干细胞。这些干细胞的再生能力则取决于它们如何平衡细胞本身持续稳定的增殖功能，这至关重要[6]。例如，许多成熟脊椎动物器官的干细胞表达就在组织稳态和再生中起着关键作用[7, 8]。越来越多的证据表明，组织稳态和再生这个复杂的生物过程也反向影响干细胞的表达，导致细胞失去再生潜力、凋亡或衰老[9]。由于这些变化，干细胞的自我调节机制也受到影响而逐渐衰弱[10]。

衰老对干细胞的影响仍然是一个尚未得到充分研究的领域。由多细胞结构组成的生物体随着年龄的增长，其身体功能会下降。这种变化是干细胞损伤积累和变化的结果[11]。如果没有功能性干细胞，组织就无法在正常条件下生长或再生，或对损伤做出反应。随着干细胞功能的丧失，陈旧组织的降解和功能障碍将导致生物体的寿命缩短。在衰老的过程中，这种功能的丧失呈指数级增长，直到它达到于积累的损伤和对主要干细胞的改变而导致的组织功能障碍[12]。我们将讨论衰老对不同干细胞的特性影响，以及它们如何影响生物体的寿命。结合我们对多能干细胞在体内的作用及它们在衰老个体体内所经历的相互作用的理解，可以为药物疗法和细胞再生缓解衰老带来更多的机会。

2. 造血干细胞

成年哺乳动物骨髓中的造血干细胞能够持续性分化为血液细胞和参与免疫系统的部分细胞，但随着哺乳动物开始衰老，造血干细胞的能力由于细胞分化功能下降而减弱[13]。正常衰老期间，造血干细胞并不会降解；只有当老化的造血干细胞浓度大量增加时，才会发生降解[14]。研究表明，老化的造血干细胞使组织整体功能显著降低，这是由于衰老过程中积累的 DNA 损伤和肿瘤抑制通路诱导共同降低了造血干细胞的再生能力[15]。造血干细胞的部分功能是分化为淋巴细胞，功能性的造血干细胞衰老表现为分化成淋巴谱系细胞的数量下调，原因是参与 DNA 修复和保存的基因下调，以及参与炎症和应激反应的基因上调[16]。当造血干细胞由于整体功能下降而缺乏自我更新能力时，对干细胞分化为血细胞和部分免疫系统细胞的需求就难以满足。老年人造血干细胞分化为血细胞和部分免疫系统细胞功能不足时，将表现为免疫能力下降、自身免疫反应增加、应激反应减弱、贫血等，导致机体更容易罹患某些疾病，如骨髓增生异常综合征和白血病[15]。综上所述，造血干细胞衰老时，由于失去表观遗传调控和缺乏自我更新能力，导致分化为血细胞和部分免疫系统细胞的功能不足。

3. 肠道干细胞

肠道干细胞的研究基于黑腹果蝇肠道模型，因为它缺乏免疫力、天然存在与老化相关的肠道结构发育不良和生命周期短。这些研究表明，与老化相关的肠道结构发育不良和功能下降是由环境因素导致的应激反应通路激活，如 PDGF、JNK、p38 MAPK[17-19]。肠道干细胞的作用是在经历环境来源或氧化应激的损伤后使肠道上皮再生。JNK 是对肠道细胞衰老有很强影响信号的主要通路之一，是由于暴露于环境中的应激因素增加而产生的反应性释放。JNK 能促进细胞保护基因表达，防止溃疡和坏死因子对胃黏膜的损伤，但并不抑制胃酸分泌或中和胃内酸性环境[20]。肠道系统的功能和结构会因与老化相关的线粒体功能的逐渐丧失和活性氧的产生而变差[21]。在应对氧化应激对肠道的损伤时，肠道干细胞会逐渐增殖，但再生和保护性的基因会随之下调。这种肠道干细胞的非典型分化已被证明会促进结直肠癌发生和导致异常功能肠道细胞增加[18, 22]。

4. 生殖干细胞

生殖干细胞会根据生物体的生物学性别分化为不同的生殖细胞[23]。在衰老过程中，不同性别的生殖干细胞分化是不同的。在男性中，生殖细胞群主要由精原干细胞构成，当发生 DNA 积累损伤和突变时，细胞数量会下降[24]。这种积累的 DNA 损伤会导致未分化精子细胞增加。但即使有损伤，男性一生中仍保持可生育能力。女性的生育能力并不能终生保持；女性的卵原细胞在卵巢内形成，在出生前就不再产生[18]。有一些哺乳动物如蝙蝠，即使在出生后也会通过卵原干细胞产生卵母细胞。卵原干细胞已在成人卵巢中被发现，可形成卵母细胞样细胞[25, 26]。生殖干细胞在男性和女性中的分化方向不同，但生殖干细胞衰老的原因是受细胞外因素调控。胰岛素等激素信号因子对生殖干细胞群体的维持和功能有很大的影响[27]。衰老过程中胰岛素分泌及其信号通路的减少导致非典型或异常分化引起生殖干细胞数量减少。研究表明，当生殖干细胞被移植到年轻生物体中时，它可以重置细胞，从而提高生殖干细胞的数量和增强其功能，这表明生殖干细胞减少可能是细胞外胰岛素样激素因子下调的结果[27]。

5. 骨骼肌干细胞

骨骼肌干细胞，也被称为骨骼肌卫星细胞，通过再生骨骼肌纤维来应对损伤。随着年龄的增长，骨骼肌纤维再生减少，肌肉质量、肌肉强度下降，蛋白质合成减少，这是由于生长激素和胰岛素等激素水平降低所致。据报道，大肌肉群肌纤维中卫星细胞数量随着年龄的增长而减少，较小的肌纤维也有类似的结果。随着卫星细胞体外增殖减少，其再生和植入能力下降。卫星细胞老化的部分原因也可能是现代饮食中的高脂肪增加了氧化应激的速率，加重了 DNA 损伤[10]。随着衰老过程中 DNA 损伤的增加，以及与分化相关的卫星细胞基因如 MyoD、Wnt 和 TGF-β 的表达减少，导致肌肉的再生减少和质量变差[18, 30]。随着 DNA 损伤积累的增加，卫星细胞也会经历细胞衰老。综上所述，随着衰老的进展，卫星细胞分化基因的下调会导致肌肉再生减少和质量变差。

6. 神经干细胞

神经干细胞是有丝分裂后的细胞，在成人大脑的某些部分维持神经发育。神经干细胞产生于海马的齿状回，许多环境因素和细胞内在因素对神经发育有调节作用，以适应环境变化[31]。环境变化导致神经干细胞自我更新并产生神经祖细胞，分化成神经母细胞并成熟为齿状回颗粒细胞。在衰老过程中，神经发育减少是因为参与神经元迁移和伸长的多唾液酸化神经细胞黏附分子的免疫反应性下降[32]。老年人神经发育减少导致神经元功能可塑性降低。阿尔茨海默病和帕金森病期间，认知能力下降是神经发育失调的结果[33]。神经干细胞衰老带来的影响是由神经细胞池消耗引起的。没有任何自我更新的方法，神经干细胞的数量随着神经祖细胞能力的下降而下降[31, 33]。缺乏自我更新受到 CCL11 增加的影响，CCL11 抑制神经祖细胞增殖，同时增加 BMP 水平，使神经发育减少[33]。总的来说，神经干细胞衰老导致缺乏自我更新和再生能力，进而导致神经失调。

7. 间充质干细胞

间充质干细胞具有多向分化和自我更新的能力，其存在于骨髓、脂肪、肌肉等多种组织中。间充质干细胞有助于骨骼、皮肤、肝脏和肌肉等的再生，可分化为组成相应器官的细胞类型[34]。在衰老过程中，老年人的间充质干细胞明显减少，导致组织的再生能力减弱。与衰老相关的间充质干细胞减少会限制再生组织的质量并延缓再生及体内骨形成效率[34, 35]。在衰老过程中，因氧化应激和端粒缩短积累的 DNA 损伤由间充质干细胞的内在变化引起。端粒缩短会导致 CD73、CD90、

CD105、CD11b 等间充质干细胞特异性标记物的表达减少。一旦缩短至 10 kb 的阈限长度，端粒即进入衰老期[36]。间充质干细胞进入衰老期会导致 miR-55-5p 高表达并伴随自身成脂分化潜能提高[37, 38]。发挥从储存过多能量到消耗能量等不同功能的 3 种脂肪组织（即白色、棕色和米色脂肪细胞）的祖细胞也来自间充质干细胞。据研究报告，衰老会对棕色和米色脂肪细胞的形成产生不利影响。解剖定位检查已显示，棕色脂肪细胞会随年龄增大而减少[39]。棕色和米色脂肪细胞的严重功能衰退还伴随着 UCP1 表达的减少——这是一种在以热量形式消耗能量的过程中发挥重要作用的关键线粒体蛋白[40]。衰老研究中还观察到了白色脂肪细胞的褐变能力逐渐衰减[41]。此外，随着年龄增长，间充质祖细胞的再生能力受损严重——间充质祖细胞负责自我更新、增殖和分化为成熟脂肪细胞[42]。还有研究表明，脂肪组织中的祖细胞池高度异质化，且衰老对这些干细胞 / 祖细胞的成熟和再生能力有不利影响。调节增殖和分化的内分泌信号和营养因子也会出现与年龄相关的变化，对祖细胞池减少也发挥了重要的作用[43]。近期的一项报告显示，衰老会减少 SIRT1 的表达，以此减少间充质干细胞向米色脂肪细胞的分化[44]。在从老年受试者身上分离得到的脂肪来源间充质干细胞中，观察到米色脂肪细胞分化受损，以及关键米色脂肪细胞转录因子（包括 UCP1、Cox8b 和 Cidea）的表达显著减少[44]。而从婴儿身上分离得到的脂肪来源间充质干细胞中，这些因子的表达更高[44]，这表明衰老损害了脂肪来源间充质干细胞分化为米色脂肪细胞的能力。之前已有研究报告过衰老通路被激活会抑制米色脂肪祖细胞的分化潜能[45]。而且，从老年人身上分离得到的脂肪来源间充质干细胞还表现出 p16、p21、IL-6 和 IL-8 的过度表达和 SIRT1 的表达减少，由此上调衰老的相关表型。

8. 用于研究干细胞功能障碍的模型

生物体的衰老是指身体功能和信号传递的进行性变化，其会因缺乏组织更新和功能修复机制而导致整体的身体功能不良。使用多种不同的模型可更好地了解干细胞和有丝分裂后细胞中均会出现的复杂衰老机制。当前在衰老相关遗传和信号通路分析中所使用的很多模型并不具备与人衰老过程时间跨度相匹配的寿命，但为短时间跨度的衰老机制提供了非常重要的切入视点[7]。由于其密集复制性和母细胞保留子细胞全部潜能的能力，酿酒酵母这一模型已被广泛用于研究干细胞自我更新和功能的衰老相关变化[7, 46, 47]。由有丝分裂后细胞构成的秀丽隐杆线虫也被用于研究生殖干细胞增殖和解析生殖干细胞与寿命之间的关系[48, 49]。与前述两个模型相似，果蝇模型具有易于处理的遗传体系，便于我们研究干细胞再生能力与寿命之间的关系[17]。果蝇模型有多种由常驻干细胞维持和更新的组织，如后尾，其可帮助我们了解模型生物体在受伤后用于修复肠道应激诱发组织损伤的机制[50, 51]。果蝇模型还显示可延长寿命的再生和自我更新系统依赖修复基因的表达[52]。总体上，这些模型使我们有机会了解组织维持和修复过程中与衰老相关的干细胞功能障碍的复杂机制。

9. 负责干细胞功能障碍的因子

9.1 干细胞耗竭

干细胞耗竭是衰老的主要标志之一，在促进衰老表型方面发挥着关键作用。无论任何类型，干细胞耗竭均会导致多种健康并发症并危及总体寿命。例如，造血干细胞耗竭会导致贫血和骨髓发育异常，而间充质干细胞耗竭会导致骨质疏松症及骨折修复功能减退[53, 54]。一项对果蝇的研究显示，增殖率过高也可能会加速干细胞耗竭[53]。干细胞耗竭的原因还包括过度增殖造成干细胞静息/增殖失衡及细胞周期检查点失调[55]。干细胞需保持静息来实现长期的自我更新和组织平衡[53, 55, 56]。已有研究显示，活性氧诱导会导致干细胞增殖和分化，而干细胞的维持和静息需要保持低水平的活性氧[57]。自噬是用于延长干细胞生存率的一个高度保守过程，其作用是在正常条件下和应激条件下维持细胞稳态。衰老诱导的自噬减少会导致间充质干细胞和造血干细胞再生能力减弱，有多重因素在其中发挥作用，如自我更新能力受损、蛋白质稳态丧失、线粒体活性增加、氧化应激、代谢率激活。但造成干细胞功能障碍的原因并不局限于细胞内相互作用，单个干细胞在尝试延长自身寿命的过程中于微环境中发生的各种细胞外相互作用也有影响。

9.2 微环境

已有研究报道了可能在衰老期间引发干细胞失调的多种外部因素。干细胞的微环境可能是影响干细胞功能和数量的最重要因素之一[58]。稳态条件下，尤其是对于骨骼肌干细胞而言，由促炎和抗炎细胞因子来促进骨骼痊愈是很正常的事情[59]。对于衰老个体，因先天免疫系统产生过多数量的细胞因子（如 IL-6、TNF-α 和 IL-

1β），微环境往往趋向于促炎，而非抗炎。但在百岁老人中观察到，作为抗炎补充系统组成部分的抗炎细胞因子 IL-10 被同时上调，说明这可促进寿命延长[60]。炎性衰老是一种慢性炎症状态，是影响免疫系统并导致干细胞功能障碍的主要已知驱动因素之一；通过异常升高促炎细胞因子水平，该状态会对干细胞的再生能力产生不利影响，并导致细胞衰老[18, 58, 59, 61, 62]。有很多因素可帮助我们来了解这一普遍现象，包括 NF-κB 等炎症通路失调及衰老巨噬细胞超敏反应[59, 63]。激活 NF-κB 通路的主要作用是促进微环境中的慢性炎症表型，这通过在 NF-κB 通路中过度表达关键转录因子实现，主要靶向 TNF-α 和 IL-1 等促炎基因，最终导致干细胞功能障碍[55, 64]。自适应免疫系统的维持能力随生物体衰老而衰减，导致生物体过度刺激先天免疫系统，进而造成炎性衰老和免疫衰老。氧化应激也会促进衰老过程中生物体从自适应免疫系统切换到先天免疫系统：活性氧会介导损害造血干细胞，而造血干细胞负责生成初始 T 细胞来监测抗原。这一活性氧介导的干细胞炎症过程会增加促炎介质的表达，被称为氧化炎性衰老[61, 62]。对于衰老群体，免疫系统中的记忆 T 细胞变得多于初始 T 细胞，这与 IFN-γ、IL-2 和 TNF-α 等促炎细胞因子的增加相关联，而 CD8$^+$ 细胞亚群中的 IL-4、IL-6 和 IL-10 等因子也有所增加。CD8$^+$ 细胞的亚群 CD8$^+$CD28$^-$ 细胞会缩短端粒，其表达在成人中有所增加，是免疫衰老的指标之一[64]。CD8$^+$CD28$^-$ 细胞往往也有更高的 NF-κB 表达水平，会促进炎性衰老和免疫衰老。这会导致初始 T 细胞群减少，记忆 T 细胞群和效应 T 细胞群增加，最终免疫反应能力降低[64]。炎症状态下免疫效率会降低，导致免疫功能障碍。年长生物体中有更多的 CD4$^+$ 及 CD8$^+$ 记忆细胞和效应细胞，研究显示，这些细胞亚群会分泌 IFN-γ、IL-2、TNF-α 等促炎细胞因子[64]。功能性干细胞的数量会在衰老过程中减少，且也会因存在衰老细胞而减少。细胞衰老因多个因素发生，包括活性氧介导的损伤、获得 SASP 和（或）慢性炎症[55, 62]。微环境中活性氧水平升高是引发干细胞功能障碍的另一主要因素。衰老组织引发的活性氧水平升高可能会导致蛋白质、脂质和 DNA 的氧化损伤，最终导致线粒体功能障碍。研究显示，活性氧清除酶活性降低、线粒体 DNA 积累变异、线粒体功能衰减等，都属于衰老过程中促进活性氧生成增加的因素[9, 65]。如图 15.1 所示，干细胞的微环境由相邻细胞和血管组成，其在衰老系统中通过内分泌细胞、旁分泌细胞或自分泌细胞信号传递进行的相互作用，可能会促成对干细胞及其宿主寿命的不良影响。

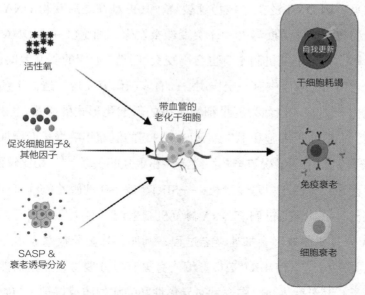

图15.1 与衰老相关的微环境因素和干细胞功能障碍。老化干细胞会与微环境中的众多因素发生相互作用，如来自相邻细胞的活性氧积累、促炎细胞因子升高及与来自相邻衰老细胞因子的相互作用。干细胞会因活性氧、相邻衰老细胞的SASP，以及会激活NF-κB等通路的促炎细胞因子和其他因子而发生细胞衰老。当免疫细胞的抗原监测能力随初始T细胞群减少、记忆和效应T细胞群增加而受损，即发生免疫衰老。

9.3 DNA损伤

无论微环境如何，所有干细胞的共性是能够在生命周期内维持休眠状态。因此，在较长的时期内，干细胞暴露于会导致DNA损伤并促使这些细胞出现功能障碍的众多外部因素（如辐射和环境毒素）或内部因素（如活性氧及可能的DNA复制错误积累）中[58]。干细胞的活性取决于其执行自身功能的能力；但若其未通过复制检查点得到严格调节，就有可能出现致癌转化倾向。如果这些广泛的修饰仍未得到检查，它们会威胁干细胞基因组的完整性，改变与其增殖状态相关的转录途径而对自身功能造成不利影响。该类DNA损伤很多都发生在DNA复制的过程中：异常的拓扑异构酶活动引入DNA错配，导致单链或双链断裂。有些损伤则发生在水解反应和甲基化过程中，导致碱基和糖基变异[66]。此外，活性氧和活性氮的生成，以及各种涉及金属和抗氧剂的反应，也会引起DNA损伤。这些反应会阻碍碱基配对和DNA复制、DNA加合物转录，或者导致碱基丢失或引入DNA单链断裂[67]；而且，之后若两个单链断裂非常接近，可能会出现双链断裂。虽然该类型的DNA

损伤并不常见，因 DNA 链主干被物理裂解，其更难在之后获得 DNA 修复，最终使基因组和细胞完整性受损[68]。由于突变经常发生，细胞已并入 DNA 修复机制来确保其存活率，即使修复机制本身也会出现突变[69]。近期的研究表明，DNA 损伤在干细胞衰老和功能障碍中有一定作用。已有多项研究发现，造血干细胞的细胞核聚集点和肌肉干细胞（也称为卫星细胞）中的磷酸化形式的组蛋白变体 H2AX 染色增多[70-72]。在造血干细胞和卫星细胞群中，它的值随年龄增长而增加。研究已显示，DNA 修复机制中的错误与早熟性衰老存在更强的关联[73]。相比较而言，SIRT6 的过度表达会导致雄性小鼠寿命延长——SIRT6 是保守的脱乙酰酶家族，简单动物模型的研究已显示其会通过调节 DNA 修复机制来调节寿命[11]；而且，很多研究已表明，DNA 修复机制故障会加速衰老过程，例如，其会导致塞克尔综合征等与年龄相关的人类疾病[74]。BUBR1 是负责编码有关有丝分裂检查点精确性的一个有丝分裂调节因子，其过度表达会引发针对异倍性和癌症的防范保护，与野生型小鼠相比，整体上可延长实验小鼠的寿命[75]。核纤层突变是早老症等年龄相关性疾病的病因，也得到了广泛研究[76, 77]。这些会促进 DNA 损伤的因素及其导致的在干细胞功能障碍中发挥作用的病理性改变机制，如图 15.2 所示。虽然这些结果强有力地支持"细胞核结构的错误会导致衰老相关功能障碍"这一假设，但目前还未充分了解它们的干细胞相关机制应用。

9.4 线粒体功能障碍

线粒体生成体内大量反应所需的能量，但能量的产生还伴随着副产物活性氧。活性氧对身体极为有害，会引起 DNA 损伤，干扰身体功能。线粒体能够应对活性氧，但由于环境因素和累积损害的作用，会发生线粒体功能障碍[78]。总体而言，线粒体功能障碍是指因维持和修复能力丧失、进入线粒体的关键代谢物减少，以及活性氧水平升高而导致的线粒体功能衰减[79]。多种环境污染物（如重金属）的过度暴露会导致线粒体氧化应激增加和线粒体 DNA 受损，由此引发线粒体功能障碍[80]。线粒体内的氧化应激导致线粒体 DNA 的点突变累积及拷贝数被改变，使线粒体酶出现缺陷[81, 82]。这些变化会加速线粒体 DNA 的突变，并进一步诱导线粒体功能障碍出现。线粒体功能障碍可用不同指标进行测量，如四唑盐或水溶性四唑衍生物是否减少？细胞是否产生更多乳酸（这会导致代偿性糖酵解速率增加）[78]？

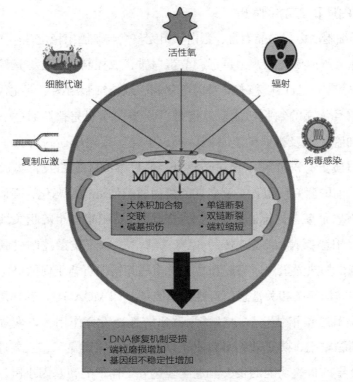

活性氧

细胞代谢

辐射

复制应激

病毒感染

- 大体积加合物   · 单链断裂
- 交联   · 双链断裂
- 碱基损伤   · 端粒缩短

- DNA修复机制受损
- 端粒磨损增加
- 基因组不稳定性增加

图15.2 DNA损伤促进因素及DNA损伤对老化干细胞的影响。在衰老过程中，常见的基因组应激源如复制应激、活性氧等有毒代谢物积累、辐射暴露和病毒感染都会造成细胞核DNA损伤；这些DNA损伤在干细胞中积累。暴露于这些应激源会导致DNA修复机制受损、端粒磨损增加并最终引发基因组不稳定。

　　线粒体功能障碍会引起干细胞功能障碍，如表观遗传变化、干细胞耗竭和细胞衰老，由此加速了衰老过程。虽然线粒体功能障碍会导致能量生成减少，但其主要后果是产生更多的活性氧[83]。活性氧生成频率增加会导致核酸、蛋白质和脂质损伤显著增加，而这些损害会干扰细胞再生和自我更新等细胞功能。活性氧造成的DNA损伤会导致干细胞停止增殖，引起癌症、糖尿病、疲乏和年龄相关性神经障碍等疾病[84, 85]。线粒体功能障碍还会引起细胞死亡。纤维内线粒体与功能障碍复合物3释放的活性氧增加了心血管肌纤维的压力，导致心肌梗死风险升高，引发细胞死亡[86]。线粒体功能障碍还会影响化学信号传递。动物模型研究显示，活性氧升高会激活JNK等促炎因子，活化会阻碍胰岛素受体底物1信号传递能力的IκB激酶β，从而加重胰岛素抵抗[87, 88]。

9.5 蛋白质稳态功能障碍

就维持干细胞活力与功能而言，蛋白质组完整性与基因组稳定性同等重要[89,90]。这一过程统称为蛋白质稳态，由负责调节蛋白质合成控制、折叠、运输、聚集和降解的通路组成[89,90]。蛋白质稳态对基因组复制、维持细胞结构、催化代谢反应及免疫应答通路信号传递等细胞功能至关重要[90]。蛋白质组完整性通过一个调节蛋白质浓度、亚细胞位置及折叠的复杂网络得以维持。蛋白质还附有分子伴侣和折叠酶来确保蛋白质折叠准确性，且在必要时，通过溶酶体通路及自噬通路降解失调蛋白[89-91]。之前的研究已报告了衰老期间蛋白质组的进行性恶化，强调错误折叠或变异蛋白质积累是衰老的标志[92]。这些异常蛋白质积累与年龄相关性疾病（如阿尔茨海默病、帕金森病和亨廷顿病）也有关联[90]。特定质量控制机制已随着时间推移发生演变，如热激蛋白质家族和负责恰当消除错误折叠蛋白的修正机制[90,93]；还存在高度保守的年龄相关性蛋白毒性调节因子，如 MOAG-4，其作用机制与已知的蛋白毒性调节通路相独立[94]。这些通路系统性地发挥作用，以恢复蛋白质组的功能或完全消除它们，防止缺陷蛋白质积累。多项研究还显示，衰老过程中会出现分子伴侣所介导的折叠功能的丧失。过度表达分子伴侣的转基因小鼠、蠕虫和苍蝇模型表现出了更长的寿命[95,96]；还在缺乏辅伴侣热激蛋白质的突变小鼠中观察到了加速衰老的迹象[97]。在秀丽隐杆线虫研究中观察到，寿命在激活 HSP1 后延长，且体外和体内研究均显示淀粉样蛋白结合化合物可维持蛋白质稳态[98,99]。相似地，观察小鼠发现药理学诱导 HSP72 可保持肌肉功能，延缓重度肌肉发育不良[100]。需注意的是，这些研究的生物体对象在复杂程度上存在很大差异。

9.6 表观遗传学

表观遗传修饰基因和代谢调节因子对寿命有显著影响[53]。在各种表观遗传因子中，染色质和核心组蛋白（H2A、H2B、H3 和 H4）会调节与年龄相关的基因的遗传表达。这些因子会随着年龄增长被耗尽和重塑，导致组蛋白修饰不平衡，这在所有衰老模型中均有发现[101]。研究发现，从这些组蛋白甲基化复合物（如 H3K4 和 H3K27）中去除某些修饰基因可增加线虫和苍蝇的寿命[53,102,103]，例如，果蝇 EZH 突变导致对氧化应激和饥饿的抗性增强。研究也已显示，这些突变体可降低 H3K27me3 水平，而另一方面，Trithorax 基因可升高 H3K27me3 水平并缩短果蝇的寿命[103]。一项体外研究表明，抑制组蛋白甲基转移酶 G9A 会增加造血干细胞的自我更新和分裂[104]。细胞 NAD^+ 和脱乙酰酶联合底物等其他因子在肌肉干细胞退出静息状态时升高 H4K16 乙酰化水平，诱导肌源性程序[105]。相比激活的骨骼肌干细胞，处于静息状态的卫星细胞有更高的 SIRT1 脱乙酰酶活性和 NAD^+ 水平[106]。因此，代谢和表观遗传修饰会通过改变对干细胞更新至关重要的基因的表达来促进干细胞的衰老。核小体是在生命早期就出现的基本结构，针对转基因小鼠早熟性衰老模型的研究显示，表观遗传效应后续会引起整体和局部 DNA 甲基化混乱，因 H3K9me3 水平降低及 HP1 等异染色质相关蛋白质减少而触发[107-109]。成体干细胞的表观遗传变化已被归因于 H3K9me3 整体性丧失、着丝粒异染色质解凝、端粒机械磨损及核仁组织改变等[109-113]。年轻和衰老造血干细胞的表观遗传分析已检测到所有重要自我更新基因的 H3K4me3 水平变化及分化基因 DNA 甲基化水平升高；这些变化会加强自我更新能力并拮抗与衰老表型同时进行的分化[114]。在观察染色质解凝过程中的表观遗传调控效应时，还发现了衰老对干细胞功能障碍的另一影响。参与染色质形成的一组关键的基因会促进分化，干扰这些点位会引发分化延迟及细胞功能有后续改变[104]。人体多能干细胞衰老体外研究观察到了类似的表观遗传特征：HDAC 表达降低，且后续出现 BMI1、EZH2、SUZ12 等 Polycomb 家族基因下调及 JMJD3 上调。这些结果表明，HDAC 活性对管制细胞衰老基因的基因组表达有调节作用[115]。间充质干细胞研究也显示，可利用 5- 氮杂胞苷或小干扰 RNA 导致甲基化水平失调，由此诱导衰老[116]。在卫星细胞中，使用 CHIP 测序技术进行蛋白质 –DNA 相互作用分析，观察到衰老卫星细胞进入静息状态后出现了 H3K27me3 升高和 H3K4me3 降低[117]。在与干细胞功能及卫星细胞维持相关的基因下调中 H3K27me3 的活性上调广泛显现，由此发现了脱甲基酶 UTX，该酶成分表现出介导肌肉再生的作用[118]。但也有相矛盾的证据否定 H3K27me3 调节因子（包括 JMJD3 和 UTX）在支配生物体寿命中的重要性[119-121]。因此，须谨记，模型生物体的复杂程度差异很大，需更多研究来确定其与人体治疗应用的科学相关性。

表观遗传侵蚀是指表观遗传调节减少，导致干细胞丧失分化和自我更新的能力。表观遗传侵蚀是干细胞衰老的核心，内外因素均会进一步加剧成人男性干细胞的表观遗传侵蚀[122]。研究已显示，年老动物的表观遗传损伤程度增加，导致干细胞进入静息状态，无法有效回应激活信号[16, 122]。造血干细胞研究可观察到表观遗传侵蚀失调的影响：衰老过程中，因 DNA 甲基化水平升高，自我更新基因被下调。老化造血干细胞整体性丧失转录调节，DNMT3A、TET2 和 ASXL1 基因变异共同促成编码链突变 [16]。相似地，H4K16ac 过度表达会引起干细胞池耗竭，导致肌肉组织无法再生，使衰老肌肉的再生能力下降 [122]。总结而言，表观遗传侵蚀会通过失调影响干细胞，使干细胞停止增殖或增加其功能障碍的发生频率。

9.7 干细胞代谢摄入变化

干细胞在衰老过程中会经历重重阻碍，如组织退化、再生能力降低。老化的干细胞会出现代谢摄入减少，以胰岛素抵抗和生长激素、胰岛素样生长因子、性激素出现生理性衰退变化为特征 [123]。干细胞代谢摄入变化是衰老的标志之一，由营养感应失调和线粒体功能障碍导致。胰岛素干扰的主要驱动因素是内脏脂肪分泌的细胞因子和衰老细胞分泌的促炎细胞因子，因脂肪组织炎症引起。多项体外研究报告表明分化的 3T3-L1 脂肪细胞表现出氧化应激并表达 MCP1、TNF-α 和 IL-6 等促炎细胞因子 [124-128]。NAD^+ 等很多辅助因子都参与表观遗传，在干细胞的代谢摄入中发挥重要作用。Sirt1 在各种干细胞的代谢调节中发挥着核心作用。在肌肉干细胞中，Sirt1 通过对细胞 NAD^+ 水平的传入反应来调节干细胞 [106]。若要开发能够促进氧化还原平衡，以阻止线粒体功能障碍发生、促进代谢摄入的治疗干预手段，目前需要进行更多的研究。

9.8 干细胞衰老和性别

110 岁以上的超长寿老人群体，其中 95% 以上为女性 [129]。科学界在很久之前就已了解寿命预测中的这一显著性别差异，但目前对于女性寿命为何长于男性并无任何明确的解释。已有研究者认为是关键性激素（即雌激素和睾酮）促成了寿命的这一性别二态性，补充雌激素可显著增加雄性小鼠的寿命 [130]。另一方面，研究显示去势男性的寿命要比非去势男性长约 14 年 [131]。近期研究也提供了强有力证据，表明生物体性别在调节干细胞行为时有作用。细胞移植研究显示，相比源于雄性小鼠的干细胞，源于雌性小鼠的干细胞表现出了更强的骨骼肌再生能力 [132]。而且，相比雄性小鼠，雌性小鼠的造血干细胞数量更多，增殖能力更强，妊娠期间还观察到造血干细胞群增加，表明雌激素依赖性机制可能会影响干细胞再生能力 [133]。雌激素还会增加神经干细胞增殖[134]。从雌性动物处获取的肌肉卫星细胞表现出比雄性动物对应细胞更强的自我更新和再生能力[132]。此外，雌性干细胞群也表现出了更快的创面愈合能力和更强的肝再生能力[132]。从非人灵长类动物中分离得到的骨髓干细胞会产生更多具备更强促受损组织神经支配重建能力的神经源性细胞[135]。这些证据共同突出了性别差异在干细胞自我更新、再生和增殖中的重要性。研究人员已提出关联干细胞衰老和性别差异的多个潜在机制，其中一项颇具吸引力的假设认为，DNA 损伤和活性氧积累存在性别特异性调节。已知雌激素会诱导抗氧化基因和减少活性氧，而睾酮会增加氧化应激。FOXO3 是参与维持造血干细胞和神经干细胞的一种转录因子，能够阻止早发性干细胞耗竭[136]。有研究者认为，FOXO3 是造成性别差异的另一潜在因素。已知 FOXO3 会与雌激素受体 α 发生相互作用，该作用与雌激素的浓度相关[137]。还有研究者认为，端粒酶也在其中发挥作用。端粒酶对再生潜能非常重要。雌激素会直接激活端粒[138]，这表明富含雌激素的微环境可能能够维持端粒，由此延缓雌性的衰老过程。总结而言，干细胞衰老中的性别相关差异可能与决定寿命及年龄相关性疾病易感性的性别二态性有关。

10. 衰老相关干细胞功能障碍的常见治疗方法

10.1 异种共生

随着我们更深入地了解衰老对干细胞的影响，如何开发干预手段来应对这一影响也已提上日程。异种共生就是其中一种可能的治疗方法——它将重要的相关因子引入年老小鼠全身[139]。异种共生会使细胞和可溶因子通过共享的脉管系统从年轻生物体流入年老生物体，针对交换会使年老生物体年轻化，增加其组织再生能力和干细胞增殖[140]。针对共享脉管系统的研究结果显示，从年轻系统环境传输到年老系统环境的因子重新激活了肝脏、肌肉和神经干细胞中的分子信号通路，最后在年老系统环境中观察到了组织再生增加及肝细胞和 β 细胞增殖加强[140, 141]；可溶因子也从年老系统环境转移到年轻系统环境，导致突触可塑性降低和空间记忆受损。这些效应的决定性因素是循环中的转移因子对生物体有促衰老还是抗衰老的作用[141, 142]。

已研究异种共生治疗肌肉干细胞衰老的方法，其在肌肉干细胞年轻化方面表现出积极的效果。从年轻系统环境引入的卫星细胞也能够恢复年老小鼠卫星细胞的基因组完整性，表明引入源于年轻生物体的因子可逆转衰老对肌肉干细胞的影响[72]。GDF11 是 TGF-β 亚族的一员，引入年轻小鼠的这一因子能够增加年老小鼠中有完整 DNA 的卫星细胞数量并减少有受损 DNA 的卫星细胞数量[72, 143]。GDF11 恢复到年轻水平后，年老小鼠的肌肉再生速度和肌肉纤维密度都与年轻小鼠相似，同时肌肉的运动耐力也得到增强，其线粒体功能也得到改善[72, 144]。如图 15.3 所示，异种共生还能够引入其他因子，为开发其他干细胞（如神经干细胞）衰老治疗对策提供更多洞见。通过引入更年轻动物的因子，可通过再生过程来重新激活年老生物体的髓鞘再生，由此恢复年老动物的神经跳跃式传导，阻止轴突变性，促进中枢神经系统恢复功能[145]。引入这些因子可逆转衰老对中枢神经系统的影响，使中枢神经系统恢复至能够进行髓鞘再生的年轻状态。将来的异种共生实验将继续展示如何逆转年老生物体的衰老，助力我们发现更多抗衰老方法。

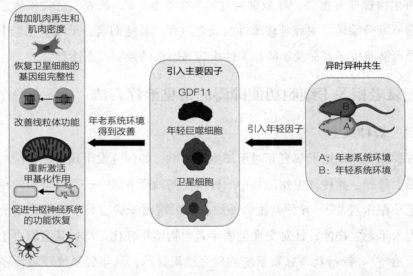

图15.3 异时异种共生的系统性年轻化。异时异种共生模型中，年老和年轻系统环境共用一个脉管系统，使细胞和可溶因子出现交换。来自年轻系统环境的 GDF11 等主要因子和年轻的巨噬细胞、卫星细胞在引入年老系统环境后会重新激活后者的细胞再生并改善系统功能。

10.2 逆转录转座子

逆转录转座子是真核基因组中常见的可移动 DNA 元件，目前认为其会随生物体衰老而被激活[146]。这些 DNA 元件利用逆转录复制其 RNA 转录物，在基因组中引入其新合成的 DNA 拷贝。使用这一机制增加基因组拷贝数会增加仅限于相关特定细胞的遗传变异。已有充分证据显示这些 DNA 元件的移动性不受限制，研究者认为这会引起基因组不稳定，并最终导致干细胞功能障碍[146]。这些 DNA 元件构成了人类基因组的 40%，被称为转座元件，研究者将其视为 DNA 的分子寄生物[146, 147]。非长末端重复逆转录转座子构成了人类基因组的约 20%[148]。已发现 L1 逆转录转座子（长散布核元件基因产物）会增加基因组不稳定性风险，破坏双链断裂修复机制，增加 DNA 损伤[9, 148-150]。有研究显示，SIRT6 表达可抑制 L1 的活性[9, 149]。一项常见于科凯恩综合征的早熟性衰老的小鼠模型研究将 SIRT6 识别为治疗加速衰老的主要候选因子之一。在该项研究中，SIRT6 表达水平在激活 PARP1 后被上调，而这一上调通常与 DNA 损伤关联[151]。

逆转录转座子在生物体的成年期保持不活跃状态，但在胚胎干细胞中活化，且在胚胎发育中有一定作用。逆转录转座子在小鼠和人的胚胎干细胞培养物中均有显著表达，对细胞的重新编程有重要影响[152]。有 3 种方法可以使逆转录转座子对细胞重编程，并将破坏细胞基因组完整性的风险降到最低。第 1 种方法是逆转录转座子与宿主胚胎干细胞相结合，并提供能够作为新增强子和启动子的调节序列库[152, 153]；第 2 种方法是让逆转录转座子长非编码 RNA 参与非编码 RNA 的生成，由此控制发育早期的多能性；第 3 种方法是通过提高基因组防御，发挥逆转录病毒蛋白在生殖发育中的作用[152]。胚胎干细胞中的逆转录转座子激活能够改变基因组，在基因组完整性无受损风险的情况下促进生物体的演变。由于活化的逆转录转座子可能在基因表达中有一定作用，因此抑制逆转录转座子可能在胚胎干细胞发育关键事件的基因调节塑造中发挥一定的作用[152]。存在各种利用 RNA 干扰和组蛋白甲基转移酶的机制，KRAB-ZFP 和 KAP1 等特定逆转录转座子靶的表观遗传修饰被抑制，最终导致胚胎干细胞分化增加[152, 154]。事实上，它们可能会进一步导致与年龄相关的细胞功能障碍。虽然衰老与逆转录转座子表达增加之间为逆相关关系这一点是明确的，但目前还未清楚了解逆转录转座子与 DNA 损伤增加等特异性衰老表型之间的直接关系。这些 DNA 元件可能可作为衰老的标记物，但导致其表达及后续衰老加剧的确切机制目前还未明了[146]。在衰老的过程中，逆转录转座子通常会引起基因组不稳定和突变，影响很多细胞功能，并在之后导致干细胞功能障碍。已发现其与人脂肪来源间充质干细胞的衰老有关联：特异性活化 Alu 逆转录转座子会引发连续性 DNA 损害[155]。

10.3　诱导多能干细胞

有极多因素会导致干细胞功能障碍，引发细胞衰老和耗竭。一种对抗衰老效应的方法是重新编程细胞，使之成为诱导多能干细胞。诱导多能干细胞是源于重新变为干细胞的成体细胞的一类多能干细胞。该治疗方法的对象是衰老细胞，因为已有很多研究显示诱导多能干细胞可延长端粒，减少氧化应激[9]。重新编程百岁老人的衰老细胞，并使其恢复到功能性多能状态困难重重[156]。通过诱导多能干细胞重新编程成体细胞，使之恢复年轻状态需解决的一个较小难题是复制应激。年轻化过程中细胞经历的生理变化通常可克服这一点[157]。目前已利用基因鸡尾酒疗法、基于百岁老人的衰老成纤维细胞生成诱导多能干细胞[158]。从百岁老人身体里提取的衰老成纤维细胞通过慢病毒接受六基因联合治疗，成功生成诱导多能干细胞并恢复自我更新能力、多能性、线粒体代谢，以及端粒长度增加，并使细胞生理状况恢复年轻状态[158]。这些功能的改善表明，诱导多能干细胞具有与年轻干细胞相似的生理状态[159]。在诱导多能干细胞和再生成体干细胞中均观察到端粒长度增加。因此，我们可进一步探索如何延长端粒来治疗干细胞耗竭和衰老，最终实现干细胞寿命的延长。

10.4　端粒延长

端粒是位于染色体末端的特殊异染色质结构，由串联 TTAGGG 核酸重复序列和相关蛋白质复合物（被称为端粒蛋白复合体）组成[160]。端粒蛋白复合体的特征是存在一个 G 链，其会重新安排形成 T 环结构；研究者认为，这可用于保护染色体免受头尾相连融合、降解、DNA 修复和端粒酶活动的影响，对染色体的稳定性至关重要[161, 162]。在胚胎发育早期，细胞逆转录酶端粒酶会在染色体末端的端粒上重新添加之前提及的核酸重复序列；在妊娠 3~4 个月时，其在大部分组织中已进入沉默状态[163]。因 DNA 聚合酶的不完全复制，这些 TTAGGG 重复序列会随每次细胞分裂缩短，即末端复制问题[164, 165]。已知端粒酶在成体干细胞池中保持活跃，但其不足以对抗端粒磨损，因此会在衰老过程中导致端粒缩短[166, 167]；端粒缩短会引发组织受损，以及干细胞池的自我更新能力受损，研究者认为其可作为疾病的分子标志之一[53]。已在各种小鼠干细胞池中观察到这一缩短，并且它与组织的增殖速度无关[167]。一旦细胞达到临界缩短状态，端粒会继续进入生长停滞，这时候 DNA

损伤机制会首先尝试修复损伤和触发复制性衰老[168, 169]。随着时间推移，细胞可能会保持这一衰老状态，并可能会分泌影响年龄相关性疾病的因子。事实上，研究者认为衰老可作为肿瘤抑制机制，在长寿命生物体的衰老过程中，衰老可限制致癌细胞的分裂速度[170]。目前已利用众多药理学工具来研究衰老期间延长端粒的影响，例如，TA-65 是一种用作端粒活化素的小分子，其已在小鼠和人体中表现出延长端粒和改善衰老结局的潜力[171, 172]。最为有趣的一点是，在缺乏端粒酶活性的年老小鼠中观察到了端粒酶的重新活化。研究显示，在这些基因修饰小鼠中，在生命后期重新激活端粒酶 RNA 不仅会导致退化性表型停止，还会将其逆转。对各种细胞部分的分析显示，DNA 损害相关信号传递有所减少，衰老细胞甚至出现增殖能力。最值得注意的一点是，神经退行性变性出现逆转：SOX2+ 神经祖细胞、DCX+ 新生神经元和 OLIG2+ 少突神经胶质细胞群的增殖出现增加，这表明端粒重新活化[173]。虽然端粒重新活化具有在干细胞池中挽救端粒磨损的潜力，但其与可能会产生恶性肿瘤细胞类型的遗传或表观遗传改变无关。癌细胞通过过度表达端粒来克服复制性衰老和进入无检查复制[174-176]。

10.5 热量限制

多个物种研究显示，热量限制是最能延长寿命的干预手段之一，其通过有效延缓年龄相关性疾病来实现寿命延长。研究已证明，热量限制能在各种组织中维持干细胞数量或功能，或者同时维持两者。有研究报告称热量限制诱导的生理线索能够同时通过内在和外在的调节机制来影响干细胞生物状态和功能[133, 177]。根据对表达 Pax7 的卫星细胞的 FACS 分析，短时间的热量限制能够改善干细胞频率，并且改善了损伤后的肌肉再生[177]。利用热量限制处理卫星细胞时，线粒体生物合成显著增加，耗氧率显著升高，这表明线粒体生物合成改变可能是所观察到肌源性功能增强的背后机制。而且，在年轻和年老的经热量限制处理的小鼠中，均观察到寿命延长和代谢调节因子 SIRT1 和 FOXO3a 的表达上调[177]。将取自自由采食小鼠的有绿色荧光蛋白标记的卫星细胞移植到经热量限制处理的小鼠身上后，小鼠表现出更高的肌纤维移植效率，这可能是因为热量限制肌肉中的移植细胞存活率更高。热量限制会改善小鼠多种干细胞群的功能，包括造血干细胞和生殖干细胞功能[13, 178]。NF-κB 信号传递的关键介导因子 Rad2/ 黏连蛋白会在衰老过程中限制造血干细胞的自我更新[13]。可将长期热量限制用作减缓年龄相关性造血干细胞功能障碍的干预手段，对造血干细胞群的改善有益，但其也导致淋巴分化能力和免疫功能受损[179]。在延长寿命的同时，热量限制缓和了雄性果蝇生殖干细胞数量的年龄相关性衰减[178]。热量限制还会通过诱导帕内特细胞的骨髓基质抗原1（BST1）来促进肠道干细胞的自我更新，BST1是哺乳动物肠道干细胞微环境的关键成分[180]。虽然目前还不明了为何热量限制会增加肠道干细胞的数量，可能的解释是热量限制会减少增殖池，使平衡偏向肠道干细胞的自我更新。

11. 结论

干细胞通常被视为青春之泉。在还在生长的人体内，干细胞一般会自我更新和分化为不同的组织。虽然干细胞在老年后仍保持活跃，干细胞本身及微环境的变化会抑制其再生潜能。干细胞的这一自我更新能力易于遭受与年龄相关的功能损伤，这不仅会造成衰老组织的衰退和功能障碍，还会影响寿命。若要开发再生医学治疗方案，以显著逆转衰老过程中的退行性变化，那么了解干细胞内变化和伴随的微环境、全身环境变化至关重要。目前认为，有多项机制会导致与衰老相关的干细胞功能障碍，包括DNA损害、线粒体功能障碍、干细胞耗竭与衰老、年老干细胞中的活性氧积累、蛋白质稳态（这对干细胞的维持非常关键）缺失和衰老全身性因素等。数十年来，在开发干预手段阻止或延缓衰老和年龄相关性疾病方面已取得重大进展，有多种基于干细胞的治疗在动物模型中表现出效果。对于这些治疗而言，移植干细胞的衰老和与年龄相关的状态属于非常重要的生物学因素，所以应对移植干细胞进行谨慎、成熟的分析。GDF11可显著逆转年老小鼠卫星细胞功能障碍并恢复其再生功能[72]。该类年轻化干预手段通过控制血源性因子来逆转衰老和延长寿命，相关研究已取得了激动人心的成果。随着全球人口老龄化及衰老相关疾病显著增多，我们迫切需要有效的再生医学方案。借助干细胞和再生医学方面的近期进展，我们已更好地了解与衰老相关的干细胞功能障碍，今后应在此基础上开发更为有效的治疗和诊断技术来帮助年老患者。还需开展进一步的研究，以更好地了解导致干细胞衰老的细胞机制，为基于细胞的治疗提供关键信息并为实现健康老龄化铺垫道路。

扫码查询
原文文献

第十六章

衰老诱导干细胞功能障碍的治疗策略

Debora Bizzaro, Francesco Paolo Russo, Patrizia Burra

1. 简介

衰老是所有活体动物不可避免的生理过程，由复杂通路介导，并由各种先天遗传因素和后天环境因素相互作用[1]。自古以来，返老还童和长生不老一直是人类不绝的追求，例如，迷信地寻找青春的源泉，用鲜血沐浴或饮用。基于干细胞的再生医学为利用内源性或外源性干/祖细胞恢复或再生组织提供了极具潜力的新型且有效的治疗策略[2, 3]。然而，我们必须了解，成体干细胞亦可能发生衰老。随着年龄的增长，干细胞的再生潜能和功能下降[4, 5]，最终可能导致细胞死亡、衰老或再生潜能丧失[6]。

干细胞衰老理论认为，干细胞再生能力的丧失在很大程度上解释了衰老的过程[1]。此外，衰老组织中胞内稳态的改变可进一步诱导微环境变化，促进潜在肿瘤干细胞的生物学行为[7]。因此，了解衰老过程与干细胞功能恶化间的相互关系至关重要。其不仅有助于了解衰老相关疾病的病理生理学特征，而且有助于开发新型的潜在疗法。同时，前述治疗干预的目的在于减缓并在一定程度上逆转年龄相关性疾病退行进程，改善修复过程，并维持衰老组织的健康功能。

累积性细胞改变，如 DNA 损伤、氧化应激、细胞周期抑制剂表达增加、线粒体功能障碍，已被报道为组织衰老的主要诱因。然而，众多有关细胞再生的研究表明，细胞外信号在其中发挥着基础性作用（系统和局部）。本章节旨在概述干细胞衰老的主要细胞和细胞外机制，以及治疗衰老诱导干细胞功能障碍的潜在策略。

2. 抗衰老研究的发展史

古老的观点认为，血液可让人返老还童、青春永驻，其并非毫无根据。事实上，已有实验室在衰老研究中应用一种 19 世纪中期发展起来的外科技术，即异种共生（parabiosis，源自希腊语 para，意为"并排"；bios，意为"生命"），将两种活体动物的血管系统相互连接。McCay 等人[8] 进行了首次异种共生实验，旨在研究动物再生的可能性，通过连接年老大鼠的循环系统和年轻大鼠的循环系统（异时异种共生），观察到年老大鼠的软骨质量改善。后来，在 1972 年，Ludwig 等人[9] 展开了更多的实验，证实年老动物的寿命延长，年轻小鼠的血液似乎能为其衰老的器官带来新生。后续研究表明，年轻小鼠的血液似乎能使年老小鼠的大脑[10]、肌肉[11] 和肝组织恢复活力，使年老小鼠更强壮、更聪明、更健康[12]。年轻动物则表现出神经和认知能力的下降，与年老动物表现相一致[13]。

跨年龄移植亦为组织和器官再生研究的策略之一。此方向的首次研究表明，移植至年轻宿主体内的年老宿主肌肉恢复了与年轻宿主肌肉相同的质量和最大力量[14]。同样，移植至年老宿主体内的年轻宿主肌肉则表现出年老宿主肌肉的特征。因此，研究者推测，肌肉的再生潜力取决于宿主提供的机体环境，而不仅取决于组织的实际年龄。同样，一项胸腺移植研究表明，衰老、退化胸腺在移植至年轻宿主体内后功能恢复活力[15]。

以上研究表明，细胞外因子的"外在方式"可在一定程度上调控衰老相关细胞的功能障碍。因此，除细胞内衰老因子外，衰老相关细胞的功能障碍亦可通过调节组织微环境得以修复[16]。

3. 靶向细胞外衰老因子的治疗通路

3.1 干细胞微环境的年轻化

干细胞的特殊功能（静息状态、增殖、多能性和分化）均可受细胞外信号的影响，后者可来源于系统环境，通过血流到达干细胞，亦可来源于局部微环境，即所谓的微环境。

微环境成分为组织特有，包括体细胞和基质细胞、免疫细胞、细胞外基质、神经纤维和血管系统[17]。既往的众多研究已证实，微环境对不同组织干细胞发挥重要作用，包括睾丸和卵巢中的生殖干细胞[18, 19]、肠道干细胞[20]和骨骼肌卫星细胞[21]。

微环境对干细胞维持发挥基础性作用，并严格调控其功能。因此，对众多组织而言，干细胞的年龄性变化可能由其微环境或环境年龄决定，而非干细胞自身年龄决定[22]。因此，衰老诱导微环境成分改变可导致干细胞功能异常，反之亦然，年轻群体局部和（或）系统环境可促进年老群体干细胞的有效再生。基于此，未来研究有必要针对干细胞及其微环境特点采取一定的策略，促使干细胞恢复再生潜力；更有可能的是，微环境再生可直接促进其干细胞再生。年轻人群与年老人群间的血浆交换可能为潜在通路之一，促进干细胞微环境恢复再生活力。实际上，如上所述，既往异种共生研究已证实，年轻血液可促进衰老干细胞再生，而暴露于年老动物血液中的年轻干细胞则出现衰老特征，突出了系统环境在干细胞衰老中的重要性[12]。因此，不难想象，年老血浆中存在促进衰老表型的不利因素。年轻血浆中可能存在促进年轻表型的有利因素和（或）抑制或中和不利、衰老因素的其他因素。与此同时，由不同器官和组织分泌并由血液携带的大量可溶性分子可影响干细胞功能，包括激素、生长因子及由浸润性免疫细胞分泌的其他免疫源性信号分子。

既往研究已证实，改善与微环境和系统环境的相互作用可发挥一定的正面作用，不失为调控干细胞再生潜能、减少衰老诱导功能障碍的有效策略[23-25]。此类相关策略如下：① 调控炎症介质和免疫细胞；② 整合随年龄增长而减弱的分子信号；③ 消除随年龄累积的有害局部或系统信号，或消除其细胞来源，如衰老细胞。

值得注意的是，上述策略的有效性和安全性尚未在人类研究中验证，有待进一步谨慎而全面的风险和效益分析。此外，当前最大的问题在于确定可能影响干细胞再生潜力的具体血液成分。

3.1.1 "炎症"和"衰老"的调控

免疫应答是衰老过程中的主要变化之一，可导致全身慢性炎症状态。

衰老过程中的慢性低度炎症又称炎症持续状态，并被认为与多数年龄相关性疾病的病理学变化及组织再生能力丧失有关[26, 27]。已有研究证实，数个关键性细胞内或细胞间信号通路与衰老过程中的慢性炎症变化密切相关。白细胞介素 -6、肿瘤坏死因子 α 及其受体、趋化因子和 C 反应蛋白已被报道与年龄相关性疾病的发病机制有关[28]。值得一提的是，在骨骼肌、皮肤、骨骼、神经系统等衰老组织中，NF-κB信号通路可作为慢性炎症介质，且其作用已经证实[29]，但其对干细胞功能的直接影响仍待确认。

当前科学证据表明，抑制炎症反应对提升再生过程和干细胞疗法的有效性至关重要。同时，鉴于炎症信号由免疫细胞调节，直接靶向此类细胞可能是降低年龄相关性炎症反应和促进再生的有效通路。最终，其可能是治疗衰老诱导干细胞功能障碍的有效策略。

近期有研究表明，靶向清除衰老组织中的衰老细胞及其产物（即所谓的衰老细胞产物）可能是恢复干细胞功能的潜在策略。例如，在年轻动物中使用诱导性消除衰老细胞的遗传模型清除衰老细胞，可延缓多种衰老组织（包括脂肪、肌肉和眼睛）的发病；而在年老动物中进行实验时，清除衰老细胞产物并不能恢复已存在的年龄相关性病变，其作用仅限于延缓疾病进展[30]。前述研究发现提示进一步研究的重要性，探索具有类似作用机制的诱导衰老组织中衰老细胞耗竭的药理学策略。此类所谓的衰老细胞产物分子若得以确认，可在众多年龄相关性疾病（如代谢性疾病和肌肉减少症等）的病理学研究中发挥重要作用。

3.1.2 "衰老"与"年轻化"生化因子

如前所述，既往研究已证实衰老干细胞可通过年轻血浆再生，与之相反，暴露于年老动物血浆的年轻干细胞可出现衰老变化[31]。因此，我们提出两大假设：①年轻血浆中存在促进年轻表型的有利因素，年老血浆中存在促进衰老表型的不利因素；②年轻血浆中存在抑制或中和不利因素的细胞因子。

既往众多研究焦点均指向这一方向，并发现GDF11、催产素和IL-15高水平可能与年轻系统环境的"返老还童"效应有关[32-34]。IL-15水平在衰老过程中自然降低，导致肌肉减少和肥胖，提示其可能是年轻表型的有利因素[33]。同样，催产素通常随年龄增长而减少，且催产素刺激可激活MAPK/ERK信号通路，进而改善衰老间充质干细胞和肌卫星细胞的功能[34, 35]。有趣的是，应用重组GDF11或催产素治疗年老小鼠可改善衰老卫星细胞的功能障碍，并恢复年老小鼠的再生潜能[11, 34]。此外，为年老小鼠补充GDF11可进一步逆转与年龄相关的心脏肥大进程[32]，增强神经干细胞功能[36]，并提升小鼠的力量和耐力[11]。

另一方面，衰老因子包括 CCL11 和层粘连蛋白 A（特别是截短型早衰蛋白）。既往研究已证实，血浆 CCL11 水平与神经功能障碍、脑衰老和认知功能丧失相关，其水平在健康老年人血浆和脑脊液中呈上升趋势[13]。早衰蛋白可降低干细胞的再生能力，主要归因于其对自我更新标记物的破坏，部分归因于其对 Oct1 的解调控，后者可干扰 mTOR 和自噬通路[37, 38]。前述研究证实，血源性因素的调控可为年龄相关性疾病的治疗提供潜在有效策略。值得注意的是，增加有利因素，减少不利因素（通过稀释年轻血浆），或者针对二者组合调控策略的有效性，目前仍在研究中。

对衰老和再生分子机制的进一步了解有助于具体化分子 / 药物治疗衰老诱导干细胞功能障碍的可能性。和血浆置换相比，通过合成试剂或天然来源靶向上述分子通路的干细胞再生将更具可行性，因为目前部分特定信号通路的激动剂或拮抗剂已被开发并批准应用于再生领域以外的某些领域。

4. 内在衰老因子与治疗通路

4.1 改善蛋白质稳态和自噬调节

蛋白质稳态是指蛋白质合成、折叠和转变的细胞过程，这一过程对发育和大多数细胞功能至关重要[39]。由于异常折叠、毒性积聚或异常蛋白积累，该过程中的功能异常可导致细胞损伤和组织功能障碍[40]。衰老细胞更易受到蛋白质稳态变化的影响，更易积累错误折叠蛋白质聚集体[41, 42]，因此，年龄是与蛋白质错误折叠相关的多数疾病（如阿尔茨海默病、帕金森病、亨廷顿病）的主要风险因素之一[43]；尤其针对干细胞功能而言，蛋白质稳态是干细胞保存的重要决定因素之一。既往的众多研究表明，参与自噬通路调控的分子（Atg7 基因、FoxO3A、mTOR）已被证实可调节氧化和代谢应激，以及造血干细胞和肠道干细胞的自我更新和分化[44-47]。

当前，针对干细胞衰老过程中衰老诱导功能障碍的潜在治疗干预的初步研究成果仍较为有限，刺激衰老干细胞自噬或蛋白酶体活性的潜在作用仍在研究中。例如，既往一项有趣的研究表明，雷帕霉素抑制 mTOR，可恢复老年造血干细胞的自我更新和造血潜能[48]。诚然，当前研究已取得初步成就，这方面仍然是未来研究的有趣课题之一。

4.2　调节氧化代谢及改善线粒体功能

活性氧主要产生于线粒体氧化磷酸化过程，被认为是衰老过程中干细胞功能障碍的假定特性之一[49,50]。根据这一假设，恶性循环可导致衰老细胞衰变。衰老和线粒体完整性下降引起的细胞损伤可刺激高活性氧产生，导致细胞大分子损伤和线粒体氧化磷酸化功能破坏，进而诱导细胞损伤[49]。活性氧生成在促进干细胞衰老中的作用已在间充质干细胞衰老模型中得到证实，在小鼠造血干细胞和神经干细胞中发现活性氧水平升高[51]，其中过量活性氧细胞浓度可导致干细胞异常增殖和自我更新受损[52,53]。

既往有关 NAD 依赖性蛋白脱乙酰酶 SIRT 家族的研究进一步揭示氧化代谢调节与干细胞衰老的关联性。近期有研究学者提出 SIRT1 在维持间充质干细胞生长和分化中的作用，已证实 SIRT1 水平随年龄增长而下降[54]，而 SIRT3 在维持线粒体功能和调控造血干细胞衰老中活性氧的产生发挥着至关重要的作用[55]。此外，诱导 SIRT3 表达可增强 SOD2 抗氧化活性，后者是氧化应激的重要调节因子，可改善衰老造血干细胞的功能[56]。因而，上述研究表明，调节干细胞代谢和氧化还原状态，进而影响细胞内活性氧积累，可能为潜在治疗策略之一。

众多抗氧化剂作为潜在再生剂，已被大量研究。其中之一便是抗氧化剂 N-乙酰半胱氨酸，其为谷胱甘肽的前体物质，可作为直接的活性氧清除剂。N-乙酰半胱氨酸已被用作一种改善活性氧破坏作用的治疗剂，有助于恢复造血干细胞的静息、存活和自我更新能力[57]，并经体内外模型证实可提高骨骼肌中肌源性干细胞存活率[58,59]。诚然，使用抗氧化剂治疗的潜力巨大，但其对干细胞的年龄依赖性功能恶化或干细胞功能是否存在直接或间接影响目前仍不明确，有待未来进一步深入研究。此外，更全面地了解活性氧的内源性来源及其作用的细胞室对于阐明干细胞调节作用和活性氧调节剂潜在治疗价值亦可能具有重要意义。

5. 细胞核衰老为潜在治疗位点

5.1　靶向DNA损伤修复以恢复干细胞功能

突变理论是衰老过程的最早理论之一，其与"细胞内 DNA 损伤积累可能是细胞衰老的机制之一"这一概念有关[60-62]。事实上，哺乳动物细胞内随时可见 DNA 的自发性突变和外源性突变。虽然正常 DNA 修复机制可修复大部分 DNA 损伤，但部分 DNA 可逃避监控并随时间产生明显积累效应。因此，与年轻细胞相比，衰老体细胞中可存在大量突变或 DNA 损伤积累[61]。DNA 损伤积累在衰老干细胞中亦较为常见，可造成干细胞功能异常[11, 63-65]。实际上，干细胞能够在哺乳动物组织和器官中长期处于静息状态，从而大大增加基因毒性损伤风险。与此同时，高DNA 损伤率可归因于损伤随时间的积累、损伤率本身的增加、DNA 修复率的降低或前述因素的共同作用。因此，开发一种旨在提高 DNA 修复通路活性的合理治疗策略有助于减缓甚至防止干细胞中与年龄相关的功能恶化积累，促进健康组织功能的发挥。

确认能对多种 DNA 损伤响应通路做出反应的关键主调控基因，对于实现强大的 DNA 损伤修复系统至关重要，可以发挥更有效的作用。这一策略已在端粒酶再激活研究中得到证实。端粒是染色体末端的重复核苷酸序列，具有保护基因组免受核酸酶降解，不必要重组修复或与相邻染色体融合的功能[66]。端粒缩短可产生细胞衰老和增殖阻滞，并可能发生细胞凋亡。近年来，众多研究关注多种增加端粒长度、防止细胞染色体缩短的通路探究，包括端粒酶激活药物和端粒酶基因治疗[67, 68]，以保护细胞免受早衰的影响。然而，鉴于细胞恶性转化的风险，此类方法的应用须非常谨慎[69, 70]；同时，是否有可能通过所述研究成果的转化，促进有效治疗策略的研发，进而降低肿瘤发生风险，仍有待确定。进一步评估 DNA 损伤修复 / 响应通路对于评估所述相关通路的全面再生潜力具有至关重要的作用。

5.2　表观遗传重编码

表观基因组是指不影响 DNA 序列的基因表达变化，包括但不限于 DNA 甲基化和组蛋白修饰[71]。众多研究表明，表观遗传调控是干细胞功能的重要决定因素，并通过遗传方式传递至其子细胞[72]。随年龄增长，表观基因组的改变可干扰细胞过程，导致年龄相关性干细胞功能障碍，并增加患癌风险[73]。事实上，DNA 乙酰化和甲基化状态可随着年龄增长而改变，而导致前述变化的酶活性改变可影响生物体的寿命[74]。因此，了解导致干细胞和组织功能随年龄增长而下降的调节机制是当前研究的热点。鉴于其内在可逆性，表观遗传修饰不失为干细胞再生潜在疗法的良好治疗位点。

5.2.1 抑制表观遗传改变的化学物质

既往研究证实，在衰老和类早衰小鼠模型中，通过药理学诱导组蛋白修饰的改变可对寿命产生积极影响，提示未来针对表观遗传调节因子的治疗干预具有一定可行性[75,76]。

在既往经研究用于治疗年龄有关疾病和延缓衰老的化合物中，二甲双胍和雷帕霉素表现出巨大的应用前景[77,78]。二甲双胍可参与 AMPK 调节，后者是多种表观遗传酶的直接活性调节因子，如 HAT、HDAC 和 DNMT[79]。二甲双胍具有间接作用，而雷帕霉素可直接减少小鼠肝细胞表观遗传衰老信号积累[80]。

阿司匹林和抗坏血酸均为有助于延缓干细胞衰老的特定化学物质。基于小鼠和线虫模型的研究均提示阿司匹林代谢物水杨酸盐可竞争性抑制 HAT p300 并触发心脏保护作用[81]。与此同时，抗坏血酸可能以表观遗传依赖的方式在不同方面发挥作用，如重置基因表达谱、恢复异染色质结构及缓解衰老缺陷[82]。此外，抗坏血酸可维持人类和小鼠体内高水平的造血干细胞，且体内研究证实其可抑制白血病发生[83]。

5.2.2 miRNA

miRNA 是干细胞功能障碍的另一类关键表观遗传介质。miRNA 是一类非编码小 RNA，由 18～25 bp 核苷酸组成，可在所有体细胞和干细胞内于转录后水平调节基因的表达[84]。在干细胞中，miRNA 通过调节干细胞和分化子细胞中特异性 mRNA 的翻译，在调控自我更新和分化中发挥重要作用[85]。例如，miR-17 可调控间充质干细胞的成骨细胞分化[86]，而 miR-290-295 簇在一定程度上能促进胚胎干细胞自我更新、维持多能性和分化[87]。上述研究结果提示，此类 miRNA 可作为衰老干细胞的临床生物标记物，有望成为干细胞衰老的潜在治疗药物。

5.2.3 细胞重编码与诱导多能干细胞

表观遗传环境的完全重编码有助于细胞命运转换和遗传分化方向调节。衰老体细胞向诱导多能干细胞的细胞重编码可通过多种重编码策略诱导，其中最常见通路涉及 4 种山中因子的过度表达，包括 OCT4、SOX2、KLF4 和 MYC[88]。上述多能性因子具有在细胞、组织和器官水平上将细胞重新编程到更年轻状态的潜力，表明衰老过程具有潜在可逆性[89]。事实上，核重编码通过去除衰老细胞中衰老的分子和细胞特征，包括端粒大小、基因表达谱、氧化应激和线粒体代谢，可实现对细胞钟的编辑和重置[90, 91]。

近期一项研究证实，重编码因子的体内周期性表达可延长早衰模型小鼠的寿命，并有利于改善生理性衰老小鼠的健康状态[92]。此外，基于该重编码技术，可将衰老体细胞恢复至干细胞状态，进而作为移植和基因编辑的替代细胞来源。

实际上，基于从衰老相关病理细胞中获取诱导多能干细胞这一可能性，其可为研究人员开发基于重组的治疗策略提供有利条件，以编辑导致早衰和加速衰老的遗传缺陷[93]。例如，已有研究检测基于人类诱导多能干细胞的衰老相关退行性疾病模型，以了解帕金森病、阿尔茨海默病和类早衰核纤层蛋白病的疾病动力学特性[94]。

年龄相关性表观遗传修饰可作为表观基因组模型，探究改变或删除衰老记忆进而恢复干细胞功能的可能性。当然，临床上更具可行性的再生策略（如调节生化因子或衰老细胞裂解，不涉及重编码至完全多功能状态）是否能真正重置完整衰老表观基因组，目前尚未可知。或许，经所述再生策略干预的干细胞可表现出年轻细胞的某些功能特征，但仍保留着衰老记忆。基于此，进一步分析接受此类干预的干细胞表观遗传学特征的变化将有助于解答这一重要问题。

6. 结论

干细胞衰老受众多内/外源性细胞通路的影响，这些关联通路往往决定了干细胞功能。部分信号通路可能相比其他信号涉及范围更广，可成为年轻态治疗的潜在目标通路。事实上，如本章节所述，在某些情况下，通过恢复干细胞再生功能，衰老表型得以逆转。然而，前述策略是否可将干细胞功能真正恢复至年轻状态，或是仅诱导一种"伪年轻"状态，在这种状态下，经处理的细胞仍保持其真实年龄的表观遗传记忆，这仍是一个有待揭秘的重要问题。针对年龄相关性疾病中衰老机制的再生干预措施在众多严重疾病的治疗中表现出巨大潜力，包括神经退行性变性疾病、肌肉减少症和心力衰竭。毋庸置疑，关于干细胞功能、衰老及其治疗通路仍存在众多未解之谜。然而，当前已有数据支持进一步研究的展开，以促进有效治疗策略的研发。终有一日，"返老还童"将不再是神话。

扫码查询
原文文献

第十七章

生物标记物在干细胞衰老中的作用
及其在治疗过程中的意义

Sivanandane Sittadjody, Aamina Ali, Thilakavathy Thangasamy,

M. Akila, R. Ileng Kumaran, Emmanuel C. Opara

1. 干细胞及其治疗价值

在过去几十年里，随着平均预期寿命的增加，'无法治愈的慢性病变得普遍。与慢性病发病率显著增加有关的主要风险因素似乎是衰老[1]。干细胞研究被认为是青春的源泉，作为一种新的治疗方法，它显示出了巨大的希望和潜力。干细胞使专一细胞和初始细胞永生化的能力已经使其在再生医学领域发挥作用[2]。然而，随着干细胞研究和实验的不断进行，干细胞衰老也带来了新的挑战。对干细胞衰老机制的了解不仅可以帮助我们更好地了解疾病的年龄依赖性风险，而且可以帮助我们更好地了解干细胞在衰老过程中的作用[3]。本章将讨论不同类型的干细胞，涉及干细胞衰老过程的内在和外在机制、干细胞衰老的生物标记物及其临床意义。

我们体内存在不同类型的干细胞，它们的功能各不相同。根据环境的不同，干细胞有两个关键的功能：自我更新和分化。自我更新可以定义为干细胞以一种受控的方式对称地、无限期地分裂，从而使保持发育潜力的能力[4]。这意味着虽然干细胞可以增殖成更多的细胞，但它不会产生成熟的细胞类型；另外，分化可以定义为干细胞分裂成单一或多种细胞谱系的能力，通过分化，干细胞可以专项分化、成熟，成为各种组织和器官的一部分。

根据干细胞分化的程度和分化的环境，可以将干细胞分为不同类型。在胚胎发育的早期阶段，当受精卵开始分裂并产生囊胚时，每个细胞都具有干细胞的特性，能够产生整个生物体，因此被称为全能干细胞。全能干细胞分裂为相同的干细胞，形成胚胎细胞（即种系层）和胚胎外细胞（即胎盘）。随着妊娠的继续，多能干细胞允许器官发育和组织特殊化。与全能干细胞不同，多能干细胞可能只对胚胎发育有贡献，产生所谓的胚胎干细胞。由于端粒酶的表达，胚胎干细胞被发现具有无限的自我更新能力，尽管这种现象背后的机制尚不清楚[4]。然而，与癌症惊人的相似，胚胎干细胞表现出更短的细胞周期，有助于有效维护遗传完整性和抵抗任何恶性转化[4]。在妊娠末期，多能干细胞开始产生专能干细胞。专能干细胞最终会分化，它们比多能干细胞更专一。成体干细胞是专能干细胞，可以识别为组织特异性干细胞，如神经干细胞、间充质干细胞和表皮干细胞。这种分化可能是因为成体干细胞不对称分裂，产生了子干细胞和祖细胞。子干细胞维持成体干细胞池，而祖细胞依靠其生态位繁殖到成熟组织。与胚胎干细胞相比，成体干细胞具有更长的细胞周期，并在整个生物体的生命周期中促进成熟组织的发育和愈合。

专能干细胞可以根据来源生态位进一步分类。与胚胎干细胞不同，成体干细胞可以有多个来源，这取决于它们在组织中的位置或它们来自的生态位。微环境和组织改变的生态位响应组织的生物学功能，有助于受损的成体干细胞分化[5]。相应地，专能干细胞包括造血干细胞、毛囊干细胞、肠道干细胞、间充质干细胞、肌肉干细胞、神经干细胞和生殖干细胞（包括卵原干细胞和精原干细胞）。造血干细胞和间充质干细胞都可以在全身的各种组织中找到，但它们在生物学和临床上的用途不同。造血干细胞可分化成血液中的所有细胞成分，如红细胞、白细胞和血小板。造血干细胞是研究时间最长的干细胞，可以追溯到 20 世纪 90 年代，并得到了制药和生物技术公司的大量关注[6]。神经干细胞负责分化为神经元和所有支持细胞，如星形胶质细胞。神经干细胞负责生成、维持神经元和连接神经系统。另一方面，间充质干细胞会在骨骼、脂肪组织和肌肉中增殖。间充质干细胞是一种免疫逃避细胞，可以抑制宿主免疫反应[7]，此外，由于间充质干细胞的营养能力[6]，人们对它们的再生非常感兴趣。

基于造血干细胞和间充质干细胞各自的生态位，可以从脐带血和组织中提取它们。脐带干细胞的一个显著特征是其具有类似于多能干细胞的高增殖潜力及初始或无经验的抗原特性。因此，脐带干细胞具有深远的治疗效果，允许异体移植[8]。脐带血中提取的造血干细胞可以在不受适应性免疫系统干扰的情况下用于治疗几种血液和代谢相关疾病、血液系统肿瘤及其他疾病。同样，脐带组织和胎盘组织中都含有过剩的初始间充质干细胞，可用于组织替代、疾病建模和组织工程[9]。

2. 干细胞衰老的特征

从进化的角度来看，干细胞可以被看作是一种维持生物体内稳态的机制，使处于生育年龄的生物体保持最理想的健康状态[10]。然而，随着年龄的增长，一些外在和内在的因素已经被发现会影响干细胞衰老，如图17.1所示。Lopez-Otin 等人[11]和 Guerville 等人[12]提出的生物体衰老特征包括干细胞功能失调，该理论认为，干细胞衰老和随之而来的干细胞枯竭是生物体衰老的两个关键步骤。干细胞与体细胞有一些共同的衰老机制，也有一些独特的机制。与年龄相关的干细胞变化既有功能上的，也有数量上的。由于干细胞的多样性和不同的能力，理解和归纳干细胞衰老一直是个挑战。干细胞天然具有特殊的机制来对抗衰老过程，包括各种防御机制来

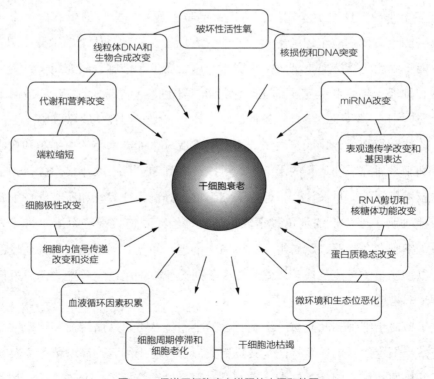

图17.1 促进干细胞衰老进程的内因和外因

保护它们的长端粒，增加蛋白质稳态，以及减少由有毒物质引起的活性氧生成。为了进行干细胞治疗和再生医学研究，我们需要全面了解细胞衰老和参与其中的各种生物分子。

3. 干细胞衰老的生物标记物

正如伟大的爱尔兰物理学家 William Thomson 所说："如果你无法测量它，你就无法改进它。"在评估干细胞的质量及其治疗潜力时，测量是一个关键步骤——测量包括衰老过程在内的生理现象。为了测量干细胞的衰老过程，需要检测指标或生物标记物，即导致衰老的候选分子。识别合适的干细胞衰老的生物标记物是预测治疗方法成功的关键。选择干细胞衰老生物标记物的主要挑战在于存在多个候选分子，它们参与多种衰老途径。此外，不同成体干细胞之间的衰老机制存在差异，这使得筛选过程更加困难。干细胞治疗成功的另一个因素是衰老现象需要从两方面进行评估：供体干细胞和受体的系统因素、受体部位的微环境状态。在本章中，干细胞内在机制生物标记物和影响干细胞功能的外部标记物都被纳入在内。选择生物标记物基于以下一些关键标准：① 生物标记物在临床案例中被报告并可实际应用；② 当某一老化机制在人类研究中找不到生物标记物时，列出动物研究中的生物标记物；③ 这些非侵入性生物标记物的良好应用受到了特别的关注；④ 在应用于人类病例之前，任何提到的生物标记物都需要经过验证。由于干细胞治疗既包括自体干细胞，也包括供体干细胞，因此，在细胞水平上测量衰老的生物标记物是可行的。同时，量化对受体移植干细胞功能产生负面影响的循环因子，将有助于设计一些方法来纠正和抵消衰老过程，从而使移植获得成功。然而，最大的挑战是预测移植部位的组织生态位，干细胞最终将在那里分化成有功能的细胞。

3.1 干细胞池枯竭

在生物性衰老的各种特征中，干细胞衰老理论是一个关键的理论，因为干细胞是再生和修复器官系统损伤的储备细胞。部分干细胞包括但不限于骨髓中的造血干细胞、皮肤中的毛囊干细胞、肠隐窝的肠道干细胞、骨髓和脂肪组织中的间充质干细胞、肌肉中的肌肉干细胞及神经组织中的神经干细胞。据报道，存在于每个组织和器官中的成体干细胞会随着年龄的增加而减少。虽然干细胞被认为是永生的，但也会受到各种外部和内部的伤害。随着时间的推移，这些损伤逐渐累积，最终导致干细胞受损，在各组织中的数量随着年龄的增长而下降。衰老的进程导致干细胞不仅数量减少，功能也下降。维持健全的干细胞池对于延长包括人类在内的生物体寿命和健康寿命都是非常关键的。因此，每个组织的自我修复能力是由驻留在该组织中的干细胞群决定的。当这些干细胞池由于老化而发生功能损耗时，就会反映在组织用以修复自身的再生能力上。

造血干细胞是目前研究最广泛的干细胞，用于验证干细胞池枯竭和衰老理论。在一项动物研究中，造血干细胞的细胞数量随着年龄的增长而增加，这可能是不对称分裂能力减弱造成的[13]。在另一项小鼠研究中观察到，造血干细胞的循环活性与年龄无差异[14]。然而，在这些研究中，老年动物的造血干细胞池功能衰竭。与动物研究不同，一项对一名115岁妇女的造血分析显示，随着年龄的增长，造血干细胞的克隆数量从大约10000个下降到几千个[15]。其他干细胞如肌肉干细胞、神经干细胞和生殖干细胞也有干细胞枯竭的报道[16-19]。特定组织中干细胞数量的下降及其功能的退化与各种衰老机制有关，这些机制将在后面的章节中讨论。

3.2 氧化应激

自20世纪50年代Harman[20]提出自由基（氧化应激）理论以来，无论在生物层面还是在分子层面，该理论都是对衰老最合理的解释。该理论说明了活性氧和抗氧化系统之间存在一种微妙的平衡，以防细胞内部发生任何恶化。后来研究者对自由基理论进行了修正，线粒体功能与活性氧的产生有关，从而导致了氧化应激[21]。这种活性氧的生成和相关的氧化应激随着年龄的增长而增加[22, 23]。致病因素包括辐射（如紫外线和X射线）、导致损伤的内源性代谢物，以及活性氧积累和清除自由基的抗氧化剂不匹配。因此，干细胞无法应对自由基的生成，导致氧化应激[9, 24-26]。这种与年龄相关的氧化应激防御机制的下降导致细胞解毒通路失调，最终导致细胞死亡信号通路激活，如凋亡、坏死和自噬[27]。在抗氧化分子的控制下，过量或耗尽活性氧会对干细胞的分化能力、自我更新能力和衰老[28]产生不利影响。然而，最近的研究发现，活性氧的作用比报道的更为复杂。它在维持体内平衡的各种途径和反应中起着核心作用。

在供体干细胞样本和受体系统中，评估氧化应激和自由基清除剂（如抗氧化剂）的状态将为成功的干细胞治疗提供希望。虽然自由基具有短暂性和不稳定性，通过测量临床样本中的活性氧来量化氧化应激具有挑战性，但那些因遭受活性氧损伤而改变了的细胞内分子，如下游生物分子（DNA、脂类和蛋白质）、抗氧化剂（酶促和非酶促抗氧化剂），均可以作为生物标记物来评估氧化应激的总体状态。表17.1 提供了一个简短的生物标记物列表，可用于在临床开展的干细胞治疗研究。

表17.1　氧化应激损伤的生物标记物

一、直接使用荧光探针测量活性氧[29-37]
1. 5（6）-羧基-DCFDA 测定 H_2O_2、OH^- 和 ROO^-[36]
2. 二氢乙锭测量 O_2^-[30、35]
3. d-ROM 试验测定血清中的羟过氧化物[38]
二、测量诱导活性氧损伤的分子
1. 蛋白质损伤
① 蛋白质羰基含量[39-46]
② 晚期氧化蛋白产物[47, 48]
2. 脂质损伤：脂质过氧化和由此造成的细胞膜损伤
① 丙二醛[49-57]
② 8-异前列腺素 F2α[58, 59]
③ 4-羟基-2-壬烯醛[60, 61]
④ 共轭二烯[62-64]
⑤ 脂质氢过氧化物[65]
⑥ 氧化低密度脂蛋白[66-68]
3. DNA 损伤
① 循环中可检测到 8-羟基脱氧鸟苷[69-75]
② 循环中作为细胞内标记物的胸腺嘧啶乙二醇和 8-羟基胸腺嘧啶乙二醇[76]
③ 作为细胞内标记物的 DNA 断裂（单链或双链断裂）[32, 37]
④ DNA 碱基修饰和细胞内标记物[77]
⑤ DNA 修复酶[78-81]
三、抗氧化剂检测
1. 酶的抗氧化剂
① 超氧化物歧化酶[82-88]

	② 过氧化氢酶[82, 89-97]	
	③ 谷胱甘肽过氧化物酶[98-104]	
	④ 谷胱甘肽S–转移酶[94, 97, 98, 105-107]	
2. 非酶的抗氧化剂		
	① 谷胱甘肽[102, 108 - 110]	
	② 维生素A[59, 111-115]	
	③ 维生素C[116-118]	
	④ 维生素E[97, 119, 120]	
3. 总抗氧化状态[121-124]		

已知通过 PTEN/Akt/mTOR 途径激活 FoxO 家族转录因子如 FoxO1、FoxO3、FoxO4，可上调抗氧化酶 SOD2，保护干细胞免受活性氧诱导的损伤[125-128]。同样，通过 ATM 途径的 DNA 损伤诱导信号也可以调节干细胞中 FoxO 介导的防御[129, 130]。FoxO 转录因子诱导 PSDM11 的表达，而 PSDM11 又调节多种干细胞标记物的表达，如 *DPPA4*、*DPPA2*、*NANOG*、*OCT4*、*SOX2*、*TERT*、*UTF1* 和 *ZFP42* 等[131]。

3.3　基因组不稳定性

由外部因素（有害辐射和化学物质）和内部因素（氧化应激）引起的 DNA 损伤必须通过细胞内的修复机制来平衡[132, 133]。一些损伤发生在核 DNA 水平，包括 DNA 加成物的形成、氮碱基或糖残基的修饰、单链或双链断裂的出现，以及 DNA 链的交联。在这些改变中，DNA 双链断裂会切割 DNA 分子的主干，因此，如果它们没有通过修复机制得以纠正，则被认为是一种致命损伤[134, 135]。根据 DNA 损伤的类型，至少存在 6 种不同的 DNA 修复途径来保护 DNA 分子的完整性[136, 137]。ATM 和（或）ATR 通路激活导致组蛋白 H2AX 磷酸化（p-H2AX），p-H2AX 的积累可作为 DNA 损伤的生物学指示。可以用彗星试验来评估 DNA 链的断裂，以此量化 DNA 损伤。p-H2AX 和彗星试验将作为简单可行的检测干细胞基因组完整性的生物标记物。DNA 解旋酶减少是反映干细胞复制应激的另一个生物标记物[138]。据报道，*SIRT6* 表达通过增强 DNA 修复机制增加，可对抗衰老过程[139]。除了 DNA 损伤，核纤层及核纤层蛋白等支架分子的改变也会导致核结构改变，最终导致基因组不稳定[140]。核纤层蛋白 A 的改变和核纤层蛋白 B 水平的下降与细胞衰老有关，这表明它们可以作为预测干细胞衰老的生物标记物[141]。

在干细胞分裂期间，染色体畸变导致微核形成，可以测量微核来评估干细胞中的染色体损伤。从一小部分干细胞制备（至少 2000 个干细胞）中提取的微核干细胞的百分比可以通过自动显微镜计算或有经验的病理技术员来检测[142, 143]。由于供体年龄或体外繁殖延长而导致的微核百分比增加，可以作为合适的生物标记物来预测干细胞中的染色体损伤[144, 145]。

3.4　端粒损耗

干细胞衰老的端粒缩短理论是干细胞数量和功能下降的主要机制之一。干细胞的独特特征之一是其自我更新能力，这与端粒酶和端粒长度密切相关[146]。染色体的端粒区域受到一个 TTAGGG 的重复序列的保护，该序列被称为染色体帽或端粒。在细胞分裂过程中，端粒缩短被称为端粒损耗，这是干细胞衰老最重要的标志。作为体内寿命最长的增殖细胞类型，成体干细胞对端粒功能障碍非常敏感。根据海弗利克极限理论，由于端粒缩短的限制，人类细胞分裂有一个有限的极限（50 ~ 70 代）[147]。因此，端粒功能障碍与干细胞衰老密切相关。为了保持 DNA 的完整性，防止端粒缩短，细胞表现出两个主要的检查点：复制性衰老和危机。第一个检查点是复制性衰老，当细胞表现出低水平的端粒功能障碍时，就会发生并导致永久的细胞周期阻滞。第二个危机检查点的特点是高水平的端粒功能障碍和大量的染色体不稳定导致细胞凋亡[146]。在端粒研究领域的大量工作（到目前为止，大约有 8000 项研究在 PubMed 上发表）提供了量化端粒损耗的可靠方法。端粒损耗可以通过以下任一种方法来测量：① 通过常规的端粒长度测量方法，选择 Southern blot 技术[148] 或 qPCR 技术[149]；② 通过定量端粒酶的水平，端粒酶是一种逆转录酶，可以校对和恢复端粒的长度。据报道，端粒磨损与早衰蛋白的产生有关，早衰蛋白是一种异常的前层蛋白 A 亚型，影响细胞核完整性，导致干细胞衰老[150]。

干细胞衰老有许多内在因素参与。为了更好地了解这些因素，我们使用了端粒酶敲除小鼠的在体实验模型。端粒酶本身由端粒酶 RNA 和端粒酶逆转录酶组成。在大多数癌细胞和干细胞中，端粒酶是一种逆转录酶，用于延长端粒序列，从而延长细胞增殖能力[151, 152]。与小鼠相比，人类的寿命更长，端粒缩短更明显，这表明随着年龄的增长，端粒酶活性不足会影响干细胞衰老[153-155]。通过比较研究端粒酶敲除小鼠和野生型小鼠，科学家们观察到各种内在因素对干细胞功能的保护作用和伤害作用[146]。因此，培养的干细胞提取物中端粒酶逆转录酶活性可以作为生物标记物。参与错配修复通路的基因在识别和纠正端粒功能障碍方面起着关键作用。与野生型小鼠相比，基因外切酶 1 等基因的缺失有助于延长端粒酶敲除小鼠的干细胞寿命[146]。DNA 损伤感知机制的缺失降低了成体干细胞的长期功能。肿瘤抑制因子 p53 是另一个参与干细胞衰老过程的内在因素。p53 蛋白缺失使野生型和端粒酶敲除小鼠形成癌症，导致寿命缩短。p53 基因的表达也会因检查点受到更强的控制而导致生命周期缩短，最终导致成体干细胞功能的长期丧失[146]。然而，端粒损耗并不是导致干细胞衰老的唯一现象。在包括人类受试者和小鼠在内的许多研究中，已有报道称衰老与端粒损伤无关[156, 157]。因此，需要使用额外的生物标记物来评估额外的参数，预测干细胞的衰老过程。

3.5 表观遗传学改变

除了包括突变在内的 DNA 序列的改变，还有其他 DNA 变化导致干细胞中基因表达谱改变，从而导致老化[11]。表观遗传学的变化及其对基因表达调控的影响也在干细胞衰老中发挥关键作用。根据 Waddington 的表观遗传景观理论，干细胞经历了影响其分化和最终命运的细胞决策过程[158]。然而，在这个分化过程和一般的老化过程中，干细胞可能会受到许多表观遗传变化的影响。这些变化包括 DNA 中某些核酸碱基甲基化、组蛋白修饰（如脱乙酰化）、染色质重塑，统称为表观遗传修饰。研究发现，常见的表观遗传修饰如组蛋白乙酰化和 DNA 甲基化，不仅会影响衰老速度，还会通过使分化路线和整体功能偏移来影响谱系[159]。据报道，在干细胞中，组蛋白本身的表达随着年龄的增长而降低[160]。除了组蛋白水平，干细胞中 H3K4me3 和 H4K16ac 等激活修饰降低，而 H3K27me3 抑制修饰增加[160, 161]。这些组蛋白水平和组蛋白修饰也可以作为生物标记物来评估干细胞的表观遗传变化。

SIRT1 是一种组蛋白脱乙酰酶，其水平随着干细胞的衰老而降低，可以作为一种生物标记物[162]。除了 SIRT，其他的组蛋白脱乙酰酶和染色质修饰成分（如 SWI/SNF 复合物、PRC 和 DNA 甲基转移酶）的水平，也会随着干细胞的衰老而变化[163, 164]。CpG 簇中的 DNA 甲基化在基因表达变化中起着重要作用，一些研究报告了一种预测供体干细胞衰老状态的因子，称为 DNA 甲基化时钟（DMC）[165, 166]。DMC 检测通过分析全血 DNA 甲基化来进行 [167]，并已用于各种临床研究中 [168-170]。虽然 DMC 检测在临床研究中用于预测真实的时序性衰老和表观遗传衰老之间的差异，与存活率和死亡率相关，但这一方法也可以用于检测干细胞的表观遗传衰老及其质量。

3.6　miRNA特性改变

miRNA 是一种小的非编码 RNA，主要在转录后发挥调控基因表达的作用。miRNA 与靶 RNA 的 3' 非翻译区（3'UTR）结合，通过 RNA 诱导沉默复合物导致新生转录本降解。在人类中，60% 的基因是由人类基因组编码的约 1000 个 miRNA 调节的。miRNA 在包括发育、细胞增殖、凋亡、细胞周期调节、脂质代谢、信号转导、衰老和疾病等所有生物和代谢过程中起到不同的作用 [171]。已知某些 miRNA 可以抑制各种干细胞类型的干性 [172-177]。miR-145 通过靶向 *Oct4*、*Sox2* 和 *Klf4* 抑制人类胚胎干细胞的多能性 [178]。同样，小鼠胚胎干细胞的分化已被证明是通过靶向 *Nanog*、*Oct4* 和 *Sox2* 基因的 miRNA，如 miR-134、miR-296 和 miR-470 来调控的 [179]。miRNA 不仅在干细胞分化为组织细胞的过程中发挥作用，而且可以保护干细胞以抵抗衰老。抵抗衰老是 miRNA 的多种功能之一，可通过调控活性氧、DNA 修复和凋亡等关键机制实现。

3.7　RNA剪接和核糖体系统缺陷

研究表明，衰老也可能是由 RNA 剪接机制缺陷和剪接缺陷驱动的，这些缺陷可以作为预测干细胞衰老的生物标记物。据报道，在人类中，剪接机制的不同组成部分之一——剪接因子 1 会受影响并导致缺陷剪接复合体随着年龄增长而积累。有报道称，作为其抗衰老作用的一部分，热量限制和 mTOR 复合体 1 通路减少了这些有缺陷的 RNA 剪接机制 [180]。总之，这表明了稳态在干细胞衰老的 RNA 剪接机制中的重要性。在 RNA 剪接的下游，核糖体是实际的蛋白质合成器，它由核糖体 RNA 和核糖体蛋白质组成。核糖体像任何其他细胞器一样，是衰老过程的目标。在干细胞中，核糖体的上调（通过基因低甲基化增加核糖体蛋白质基因和核糖体 RNA 基因的转录）与加速衰老过程有关 [161]。

3.8 蛋白质稳态失调

用来维持细胞的各种功能的蛋白质稳态或细胞内蛋白质组稳态被称为蛋白质稳态，它对干细胞衰老有着巨大的影响。蛋白质的形成是通过几种质控机制来维持的，如分子伴侣引导的蛋白质重折叠、泛素介导的蛋白质降解，以及溶酶体途径（称为自噬）。如前所述，干细胞在成熟过程中通常会经历不对称分裂。在蛋白酶失调导致的缺陷过程中，蛋白质的改变不仅会影响干细胞的功能，还会影响生物体的衰老[181, 182]。许多动物模型已经证明，分子伴侣和热激蛋白质与干细胞寿命相关[183, 184]。

由于连续分裂，干细胞的细胞内应激增加，导致错误折叠的蛋白质积累。正常情况下，这些错误折叠的蛋白质或者被纠正，或者被各种内置的蛋白质生成机制消除；当这些失调的蛋白质代谢机制失效时，它们就成为干细胞衰老的一个诱因。具有防止蛋白质聚集和错误折叠功能的这类蛋白质的水平高低也可作为干细胞衰老的生物标记物。一种防止聚集和沉淀的蛋白质是簇集素，它也以可溶性形式存在，称为分泌型簇集素（或称为载脂蛋白 J）[185]。少数研究利用血清或细胞内的簇集素水平，将蛋白质生成机制的丧失与衰老过程联系起来[186-190]。由于在分泌物和循环中存在可溶性形式，分泌型簇集素似乎适合评估蛋白质稳态机制，可作为预测干细胞衰老的候选。

3.9 细胞极性改变

在干细胞中观察到的不对称细胞分裂是一种防止细胞内受损成分积累的适应性机制。受损蛋白的不对称分离发生在细胞的不对称分裂之前，也可以增强蛋白质稳态。由于不对称分裂，受损的 DNA、羰基化蛋白质、复制的环状 DNA 和受损的细胞器等成分被分配到注定要分化的子细胞中，而保留为干细胞的子细胞保持完整性[191-194]。因此，不对称分裂的干细胞需要保持极性，这已经在几种干细胞类型中被报道过[195]。此外，有报道称，与年龄相关的 Wnt 信号传递改变会影响造血干细胞和卫星细胞的极性[196, 197]。细胞器极性分布的改变可作为预测细胞极性中断和相关衰老表型的生物标记物。

3.10 线粒体功能紊乱

线粒体理论是导致干细胞衰老的另一机制，有报道称，线粒体功能随着细胞年龄的增长而减少[198]。除了增加线粒体中的活性氧产生，线粒体完整性的缺陷，如线粒体 DNA 突变和线粒体生物合成下降，是已知的导致线粒体功能障碍的机制。与核 DNA 不同，除了突变，整个线粒体 DNA 的缺失是影响线粒体完整性的主要改变，从而导致干细胞衰老[199]。大多数线粒体 DNA 突变是由其修复机制妥协导致的复制错误和氧化应激引起的，进一步加剧了线粒体的微环境老化[200]。为了确保线粒体基因组的健康，干细胞必须进行突变筛选，或者从更年轻的供体中收集干细胞，以获得更好的临床结果。

线粒体生物合成下降是线粒体功能障碍的另一个原因。PGC-1α 和 PGC-1β 是已知的参与线粒体生物合成的主要调控因子，p53 对它们的抑制是端粒损耗的结果[201]。已知 SIRT1 通过转录 PGC-1α，以自噬方式消除受损线粒体[202]。类似地，SIRT3 是一种脱乙酰酶，靶向许多参与线粒体功能的酶，其调控的关键酶之一是锰超氧化物歧化酶（一种主要的线粒体抗氧化酶），从而控制活性氧的产生[203, 204]。这些报道提示 SIRT1 和 SIRT3 是线粒体生物合成的潜在生物标记物，可以预测干细胞衰老。

GDF15 是一种应激诱导的细胞因子，是 TGF-β 超家族的成员，有报道称其在肺、肾、肝等器官的衰老过程中产生[205]。在瑞典的一项临床研究中，GDF15 的较高水平与年龄相关性疾病，如心血管疾病和癌症有关，而与端粒长度和其他细胞因子如 IL-6 无关[206]。GDF15 已作为预测遗传性线粒体疾病的诊断标记，可以被认为是检测线粒体功能障碍的潜在生物标记物[207]。GDF15 可以在干细胞培养基中测定，也可以在干细胞供体的血清样本中测定，以评估线粒体功能。尽管 GDF15 表达和分泌的增加是对能量代谢失调的反应，与线粒体疾病相关，但其与线粒体功能失调造成的衰老的直接联系尚不清楚。

爱帕琳肽是一种运动诱导的肌动因子，也被认为是另一种与线粒体功能障碍相关的生物标记物[208]。据报道，爱帕琳肽通过调节线粒体生物合成和诱导肌肉干细胞来增强肌肉功能。此外，爱帕琳肽也会通过其他衰老途径，如自噬和炎症，调节肌肉功能[209]。

3.11 营养信号感知下调和细胞代谢

哺乳动物的营养感知机制涉及生长激素轴，包括垂体前叶产生的生长激素及其下游作用介质、IGF 系统及其成分。IGF 系统包括配体、受体、IGFBP、IGF 结合蛋白蛋白酶系统[210, 211]。有趣的是，IGF 介导的 1 型 IGF 受体与胰岛素受体在结构和功能上有很多相似之处。此外，IGF 的配体和受体与胰岛素信号机制之间的相互干扰导致这两种途径被统称为胰岛素 –IGF 信号（IIS）通路[212]。除了 IIS 通路的细胞内信号分子，胰岛素和 IGF 系统组分等外部因素是干细胞培养基和循环中可以测量的敏感的关键预测因子。据报道，IIS 通路促进了干细胞的衰老过程。大量的研究报告了在培养基和循环中测量 IIS 组分来预测系统的正常功能。报道显示，IIS 组分的改变为代谢老化，并发现其与各种老化现象相关[210, 211, 213]。

和体内的大多数细胞一样，干细胞依靠氧化磷酸化和糖酵解来产生能量。一些处于缺氧环境中的干细胞依赖糖酵解（厌氧过程），减少了活性氧的暴露[181, 214, 215]。在来自小鼠和苍蝇的干细胞群体中，热量限制被发现是一种延长细胞寿命的干预措施[16, 216, 217]。调节细胞寿命和热量限制的营养感知途径包括 IIS 通路、mTOR 通路、SIRT 和 AMPK。这种营养感知失调已被确定为干细胞衰老的标志之一，尽管它们在干细胞代谢中的确切机制目前尚不清楚。如前所述，IIS 通路下调的生物体寿命更长，这是由于细胞生长和代谢速度较慢。mTOR 负责感知氨基酸水平，并通过 mTOR 复合物 1 和 mTORC1 和 mTORC2 调节合成代谢。通过转基因小鼠模型，已经观察到 mTORC1 下调与寿命延长相关，是寿命延长的关键中介物[218, 219]。然而，下调 IIS 和 mTOR 通路也有一些不利影响，如胰岛素抵抗、创面愈合不良和白内障，这促使研究关注这些通路背后的机制[220]。

SIRT 和 AMP 感受器分别通过 NAD^+ 水平和 AMP 水平协同感知能量状态。与需要下调的 IIS 和 mTOR 通路不同，SIRT 和 AMP 感受器上调，通过正反馈回路与细胞寿命相关[221]。SIRT 的功能是作为营养感受器感知营养短缺和分解代谢的信号。换句话说，SIRT 信号的激活模仿了热量限制，众所周知，热量限制有助于延长生物体和干细胞的寿命[222]。SIRT1 是 *Sirt1* 基因的产物，该生物分子的表达可以作为干细胞衰老的预测因子[223]。据报道，*Sirt1* 基因在骨骼肌干细胞再生中起着至关重要的作用，这验证了 SIRT 和干细胞功能之间的联系[224]。SIRT1 最初被描述为核蛋白，最近有报道称，通过 ELISA、Western blotting 和表面等离子体共振等常用技术，可以在外周血中检测到 SIRT1[225]。SIRT1 在一些临床案例中被用作生物标记物，用来研究老年人群的衰老进程和健康生活机制 [226, 227]。

3.12　生态位恶化

干细胞在组织中所处的微环境被称为生态位。生态位为干细胞与各种外部信号的相互作用提供了一个合适的平台。这种信号可以通过细胞间的交流或细胞与基质的相互作用直接介导。此外，扩散配体的信号传递也调控着干细胞的功能。一个干细胞与另一个干细胞之间的相互作用，干细胞与基质之间的相互作用，以及配体与特定生态位中的干细胞之间的相互作用，决定了干细胞是保持静止，还是自我更新或分化 [228]。各类变化也被认为在干细胞衰老中起着重要的作用，如生态位和微环境的改变。组织中过量活性氧的积累是生态位恶化和细胞损伤的一个例子，其会促进干细胞衰老。干细胞受体移植部位的细胞培养条件和预先存在的微环境均作为生态位讨论（分别为现在和未来）。

受体移植部位的老化生态位将无法传递正确的信号，即正常移植干细胞所需的成形素和生长因子。因此，这种状况不仅会损害干细胞的功能，还会诱导干细胞衰老。另一个影响干细胞衰老速度的主要外在因素是疾病。疾病类型、发病年龄，以及它在患者生命中的持续时间，都影响成体干细胞的自我更新能力。例如，有研究已经发现化疗等治疗方式会消耗造血干细胞的数量，使患者需要骨髓移植或其他来源的干细胞来完全去除癌症 [146]。同样，饮食通过营养信号通路和代谢通路对生态位有许多直接和间接的影响。虽然饮食的长期影响和短期影响还不清楚，但如微生物群的变化、炎症免疫反应、致癌暴露的 DNA 甲基化水平等系统诱发因素，已经被发现与饮食摄入相关 [10]。炎症标记物（在本章第 3.14 讨论）也改变了生态位的组成，会促进干细胞衰老，因此可能导致生态位衰老 [229]。

3.13　循环因素

除了干细胞生态位（包括现在和未来），还需要关注受体的循环因素。通过了解这些衰老的生物标记物，可以获得对衰老速度及其潜在过程的深刻认识 [230]。血清中的某些循环生物分子（称为血清标记物）可作为干细胞衰老的生物标记物。一些关键的血清标记物包括血红蛋白和抗氧化剂含量降低，以及白蛋白水平升高。

虽然血清标记物有助于早期诊断，但并非仅针对干细胞衰老，它们是许多年龄相关性疾病的指示物[231]。其他循环因子也被发现会影响干细胞的衰老，如 IIS 通路。IIS 通路（本章 3.11 节已经讨论过）作为垂体前叶释放生长激素的下游介质，在干细胞衰老过程中发挥着重要作用，在年龄相关性研究中有报道[210, 211]。热量限制延长小鼠寿命的作用被认为是通过减少来自这些分子的信号而达成的。随着年龄的增长，TGF-β 水平增加，也会损害肌肉干细胞和神经干细胞的功能[232]。有人认为，GDF11 可以改善干细胞的功能，并且发现其水平随着年龄的增长而下降[233]。热量限制对抗干细胞衰老的治疗效果被认为仅通过各种系统因子的分泌介导[234]。因此，循环系统因子的改变也可以作为干细胞衰老的生物标记物。

3.14 细胞间通信改变和炎症积累

干细胞衰老的另一个因素是细胞间通信的改变。细胞间通信的改变是干细胞衰老的标志，一些细胞间通信是通过间隙连接介导的，它被发现是所谓的传染性衰老的重要因素[235]。传染性衰老的特征是通过慢性炎症诱导衰老。因此，可以发现在一个组织上进行的寿命操纵技术会影响周围其他组织的寿命[236]。

炎症标记物如 IL-6、TNF-α 及 C 反应蛋白等细胞因子的增加与干细胞衰老有关。虽然 IL-6 和 TNF-α 经常参与急性期炎症反应，但它们也是监测慢性病和干细胞衰老的指标[231]。免疫系统的老化又称免疫衰老，其特征是各种组织的老化和生态位的恶化。其他与激素变化和肌肉骨骼变化相关的生物标记物也被认为是干细胞衰老的潜在标记物，但通常被认为是衰老进程的预测因子。造血干细胞和 CD34⁺ 祖细胞的标记物已被发现随着年龄的增长而下降。研究发现，80 岁以上老年人的 CD34⁺ 细胞数量较多，与其他标记物（如心血管风险因素和炎症标记物）相比，CD34⁺ 细胞数量较高是更好的长寿指标。有趣的是，在老年人群中观察到较高水平的成体干细胞，其多能性下降。这意味着在衰老过程中，祖细胞产生更多的子代，用来补偿干细胞库减少。这些祖细胞与年轻祖细胞的主要区别在于克隆体的大小。

炎症因子随年龄的增长而在全身慢性积累，称为炎症性衰老。这种炎症反应是细胞间通信改变的驱动力[11, 237]。干细胞衰老的几个特征（包括蛋白质稳态失调和细胞周期阻滞）触发了这种炎症反应，主要是由于细胞内错误折叠蛋白质和衰老相关分泌表型的积累[238]。大量文献报道了炎症因素与年龄相关性变化之间的联系[239]。

据报道，炎性小体通路主要是通过 IL-1β 和 IL-18 等促炎细胞因子介导的炎症信号触发衰老过程[240]。供体和受体中促炎细胞因子的循环水平可以作为生物标记物来预测炎症对干细胞功能的影响。除了炎症现象，包括先天免疫系统和适应性免疫系统的各个组成部分的数量和功能变化，也会促进干细胞的衰老过程[241]。在 Alpert 等人[242]进行的一项临床研究中，筛选了 135 名健康老年人，基于 57 个免疫应答基因的表达得出了 IMM-AGE 评分，该评分有助于绘制免疫衰老的轨迹及其预后价值。

3.15　细胞周期阻滞和细胞衰老

干细胞周期阻滞是一种保证分裂活跃的干细胞的细胞完整性的生存机制。干细胞和其他分裂细胞一样，会经历停滞；干细胞会试图纠正之前分裂时发生的错误。细胞周期阻滞是一种预防机制，可以避免任何突变干细胞繁殖；另一方面，延长干细胞周期阻滞会导致干细胞衰老。有丝分裂原和抑癌蛋白在时空表达上的紧密调控维持着增殖和细胞周期之间的平衡。除了前面讨论的 p53，p16^{INK4a} 是另一种肿瘤抑制因子，当它由于 ink4/ark 位点的表观遗传去抑制而在干细胞中增加时，会导致细胞周期阻滞延长，从而导致干细胞衰老[243]。据报道，*p16^{INK4a}* 的表达增加与衰老过程呈正相关[244, 245]。这些研究表明，RT-PCR 定量的 *p16^{INK4a}* 表达可以作为检测细胞周期阻滞和干细胞衰老的潜在生物标记物。

组织中干细胞的持续细胞周期阻滞状态伴随着组织生态位的一些表型变化，如产生促炎因子和 MMP，统称为 SASP[246]。SASP 将衰老扩散到邻近的细胞，影响受体组织（干细胞将被移植的位置）的功能。细胞周期阻滞干细胞诱导的 SASP 被认为是一种防止衰老和受损干细胞增殖的适应性机制。受体部位的 SASP 会影响移植干细胞的功能，所以在受体的循环中对 SASP 进行测量是有效的。因此，SASP 将是一个有趣的生物标记物，可以预测干细胞治疗过程中受体部位的微环境是否衰老。

4. 潜在的治疗方法

图 17.2 展示了一些对抗干细胞衰老机制的潜在干预措施。通过降低活性氧水平，可以调节代谢和氧化还原状态，逆转由氧化应激引起的干细胞衰老。使用抗氧

化剂，如谷胱甘肽介导的自由基清除系统的前体——N-乙酰半胱氨酸，已被证明可以改善活性氧诱导的损伤[247-249]。同样，水溶性维生素C也可以作为抗氧化剂加入细胞培养基中，以抑制自由基和对抗氧化应激。在动物模型中尝试的另一种方法是在造血干细胞移植前使用姜黄素等多酚抗氧化剂，作为再生疗法的一部分，其效果更好[250]。但是，如果为了抵消氧化应激造成的损害，开发出使用活性氧调节剂的干预疗法，就必须更深刻地了解活性氧的内源性来源及其靶细胞细胞器/分子。

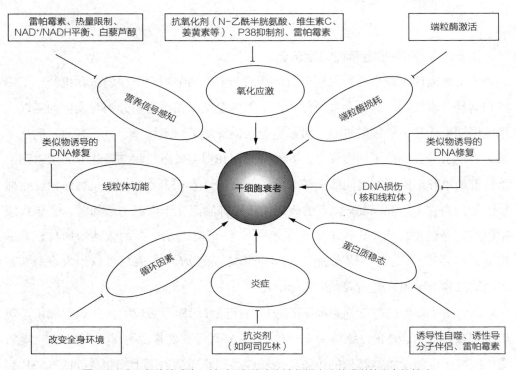

图17.2 在干细胞治疗中，针对干细胞衰老途径提出改善或逆转衰老的策略

端粒酶活化是一种已在动物模型中测试过的方法，并被证明可以逆转干细胞的退化表型，包括减少DNA损伤的病灶和减少凋亡。尽管干细胞端粒酶还原方法因其优点而具有吸引力，但这种方法也有可能诱发恶性肿瘤，因为已知同样的TERT催化亚基可以通过抑制癌细胞的复制性衰老来促进癌细胞生成[251-253]。另有研究表明，端粒酶的药理激活或病毒转导延缓了小鼠的衰老过程，而没有发生癌症[254]。进一步研究DNA损伤修复/反应通路，包括类似的诱导环境，将有助于开发利用这些DNA修复通路的抗衰老疗法。小鼠模型中人工强化DNA修复机制有助于延

缓干细胞衰老[11, 255]。Keyes 和 Fuchs[256] 最近提供了一份与干细胞衰老相关的转录指纹列表。他们的报告指出，调节细胞黏附、糖蛋白和核糖体功能的基因会随着干细胞的衰老而上调，而调控 DNA 修复、DNA 复制和细胞周期的基因则随着干细胞的衰老而下调[256]。

营养信号感知是另一个可以用来干预的领域。已经发现减少 IIS 通路的遗传操作可以延长几种生物的寿命，这表明它在干细胞衰老中发挥着作用[257]。研究发现，雷帕霉素可以延长寿命，因此被认为是对抗干细胞衰老的强有力的化学干预手段之一[219]。尽管热量限制在动物模型中是一种能成功减缓干细胞衰老、延长寿命的疗法，但在临床仍具有挑战性。由于细胞内的 NAD^+ 和还原型烟酰胺腺嘌呤二核苷酸（NADH）水平的失衡是引起线粒体功能障碍，导致干细胞衰老的原因之一[258]，因此，控制人类细胞内的 NAD^+ 和 NADH 水平可能对治疗有益。类似地，一种天然小分子——白藜芦醇，已知可以诱导改善代谢，类似于通过 SIRT1 和 PGC-1α 介导的热量限制，调节线粒体的生物合成[259]。有报道称，在动物模型中通过药物诱导热激蛋白质可改善失调的蛋白质稳态，并延缓与干细胞衰老相关的营养不良病理进展[260]。目前正在进行一些研究，利用抗衰老疗法来纠正细胞间通信的缺陷，包括抗炎剂（如阿司匹林）和肠道微生物组控制，有望应用于临床医学。利用循环因子模拟年轻个体的微环境，使老年干细胞受体的系统环境恢复活力，是另一种可能的方案。几种建议的干预方法已经在动物模型中进行了测试和研究，在转化为临床应用之前还需要进一步研究。

5. 结论和展望

随着不断探索干细胞的无限潜力，对干细胞衰老的认识已被证明是有价值的。在本章中，衰老生物标记物在干细胞移植中的作用与供体和受体的年龄有关。通过了解与干细胞衰老相关的生物标记物，我们不仅可以更好地理解衰老过程，还可以认识干细胞衰老速率的基本原理。干细胞衰老的定量分析也可以为预测寿命和理解人类健康提供洞见[230]。通过识别干细胞衰老的靶点，我们还可以改进再生疗法和分层医学[146]。

关于干细胞衰老的生物标记物预测和干预干细胞衰老过程的报道非常有限。基于参与各种干细胞衰老机制的生物分子，作者提供了一份代表干细胞衰老各种现象的潜在生物标记物的列表。由于衰老过程的复杂性和不同成体干细胞之间存在的细胞间差异,不可能编制一个完整的生物标记物清单。然而,作者已经尝试提供尽可能多的生物标记物,这些标记物可以用来预测供体干细胞的老化状态及受体中的生态位。我们应该根据干细胞类型和受体的生态位状态(包括全身和移植部位)来调整信息,以应用于干细胞治疗。

扫码查询
原文文献

第十八章

基于替代性基质细胞的老化治疗和再生

Dikshita Deka, Alakesh Das, Meenu Bhatiya, Surajit Pathak, Antara Banerjee

1. 简介

衰老是生理功能逐渐退化和健康状况下降的生物学过程。著名的进化生物学家 Ernst Mayrl 认为，生物和非生物之间主要有两个不同之处：第一，生物体的自我繁殖特性；第二，生物体随时间进化[1]。

细胞的生理完整性在细胞衰老过程中逐渐丧失，导致各种功能的恶化，如体重突然下降和肌肉收缩能力下降，包括骨密度降低、心血管系统改变、机体认知功能降低和促炎状态，这也增加了死亡的概率，并导致出现各种风险因素，这些风险因素与老年性疾病，如癌症、糖尿病、心血管疾病和神经退行性变性疾病相关[2]。

细胞损伤以时间依赖性的方式聚集是衰老的一般原因，同时如图 18.1 所示，遗传和环境因素共同导致细胞衰老。在分子水平上，细胞衰老主要通过 9 个特征来阐明，这些特征促进了衰老过程并决定其表型变化。它们是表观遗传改变、基因组不稳定、营养物质感知退化、蛋白质稳态失调、线粒体功能障碍、细胞衰老、端粒损耗、干细胞枯竭和细胞间通信改变。每一个标志都强调了一个标准，那就是它应该正常表现出老化，而不是因为实验原因而加速衰老。

2. 单细胞生物体的衰老

微生物的衰老主要从两方面进行分析：条件性衰老和复制性衰老。在条件性衰老分析中，追踪细胞群的可行性，并利用时序性评估寿命。相反，复制性衰老提供了单细胞水平的信息，而寿命是通过在死亡阶段之前的几个分裂来测量的[4]。

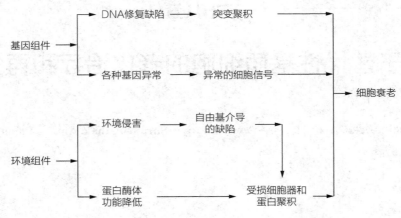

图18.1　基因组件与环境组件在细胞衰老过程中的交互作用机制

对称分裂的细菌没有形态上的区别，即使在最适条件下也会老化。如果一个细胞分裂成完全相同的子细胞，每个子细胞都会产生克隆性衰老，最终导致整个细胞群死亡，但这一现象通常不会发生，即使是对称分裂的物种，分裂也不是完全相同的。在大肠杆菌的每次分裂过程中，一个细胞极被从头合成，其中一个子细胞继承旧极，而另一个子细胞得到新合成的极[5]。有证据显示，老细胞的极点是损伤成分积累的场所。在细菌中，细胞极被认为是一个与细胞骨架组织、细胞器形成、表面结构以及染色体分配有关的重要区域。在单细胞的细胞极部位，脂质或蛋白质复合物受到的累积性破坏逐渐降低了它们染色体的分裂能力[6]。

3. 多细胞生物体的衰老

生物性衰老可以用多细胞生物体的身体功能随时间的推移而整体下降来解释，如内环境稳态、生育能力、对疾病的抵抗力，以及在生物体死亡或发育成熟之前可能出现的器官和细胞衰老。细胞衰老主要涉及细胞和细胞外的细胞器。衰老程序认为，细胞和细胞外成分都能经受与年龄相关的变化。细胞属性是产生个体细胞存活表型所必需的。

有报道称，氧化代谢产生活性氧作为次级代谢产物，通常会破坏细胞大分子。蛋白质被认为是进行氧化调节的重要大分子，修饰蛋白质的组装是衰老细胞的特性，也是蛋白酶体功能下降的原因之一。因此，蛋白质氧化过程中发生的与年龄相关的变化，显露出在初级抗氧化防御、氧化剂诱导的损伤修复和氧化剂生成水平上进行的复杂的生化结合 [7]。

4. 衰老相关基因及其作用

基因被认为是评估临床前和临床环境中干预的安全性和有效性的一个极其重要的工具。近年来，对衰老过程和在年龄相关性疾病中受到异常调控的基因和通路的理解迅速提高。表 18.1 列出了一些与衰老和年龄相关性疾病有关的基因。

表18.1　与衰老和年龄相关性疾病有关的基因

资料	基因	基因和相关疾病	基因在老年性疾病和代谢功能障碍中的作用
Bartali 等[8]	α-klotho	• 蛋白质是血清中可检测到的一种循环因子，随年龄增长而下降 • 这种基因的过表达可以延长寿命	• 细胞稳态 • 细胞信号传递 • 糖尿病敏感性控制，并与年龄相关
Antonelli 等[9]	CXCL10	• 不同年龄人群血清水平升高 • 在类风湿关节炎中增高，刺激神经退行性变性疾病 • 在癌症中增加，促进肿瘤生长	• SASP 成分降低线粒体功能，诱导细胞凋亡
Bauer 等[10]	MMP-7	• 肾纤维化患者血浆和尿液中表达升高 • 在肿瘤和转移中发现 MMP-7 表达升高	• 调节细胞外基质和基膜蛋白的分裂 • MMP-7 增强与组织重塑和器官功能障碍相关
Feger 等[11]	FGF23	• 在不同的肾脏疾病和心血管疾病中增加 • 与衰老、肝病有关	• 磷酸盐、矿物质和铁稳态的异向性作用 • FGF23 与 α-klotho 共同作用
Cappellari 等[12]	CD14	• 衰弱个体的 CD14⁺/CD16⁺ 单核细胞增加 • 在糖尿病合并冠状动脉血管并发症群体中高表达 • 轻度阿尔茨海默病患者 CD14 和 CD16 水平降低 • 类风湿关节炎中 CD14⁺/CD16⁺ 单核细胞末端分化减少，向 CD14⁺/CD16⁺ 转移	• 表面抗原优先表达吞噬细胞 • 介导对细菌脂肽的先天免疫反应
Constans 和 Conri[13]	sVCAM1/sICAM1	• 两者都与伤害性跌倒的概率增加有关，sVCAM 与认知损伤、脑血管阻力升高有关 • sVCAM1 与高血压、血管炎症和全身性内皮功能障碍相关 • 两者都被用作心血管事件的风险预测因子	• sVCAM1 和 sICAM1 是内皮细胞炎症的标记物 • sICAM1 由衰老细胞通过微泡释放

资料	基因	基因和相关疾病	基因在老年性疾病和代谢功能障碍中的作用
Anuurad 等[14]	正五聚蛋白	• 正五聚蛋白水平在血液中随着衰老而升高 • 正五聚蛋白是炎症的关键生物标记物	• 刺激成纤维细胞分化 • 炎症和补体激活失调 • 在血管生成和组织重塑中起作用 • 其水平与白细胞端粒长短相关
Bornheim 等[15]	波形蛋白	• 波形蛋白导致2型糖尿病患者的软骨细胞僵硬、α和β细胞功能障碍 • 改变在各种癌症中的表达，提高各种癌细胞的生存率	• 在 TGF-β1 和 TNF-α 的刺激下，钙蛋白酶和骨桥蛋白的剪切和激活增强了波形蛋白的稳定性 • 调节肌动蛋白动力学 • 波形蛋白丝在主动力量的生成和收缩中发挥作用
Chow 等[16]	FGF21	• 线粒体疾病、代谢紊乱、糖尿病、癌症、骨关节炎、类风湿关节炎的潜在生物标记物 • 与衰老、早衰和寿命相关	• 多能性作用：脂肪因子、有丝分裂因子、肌肉因子和神经内分泌 • 受炎症、纤维化、酒精、维生素D、葡萄糖、雌激素受体、饥饿或禁食调节
Chai 等[17]	瘦素	• 控制体重、炎症 • 与糖尿病诱导相关 • 促进癌细胞增殖和多种肿瘤的发展 • 瘦素水平随年龄增长而升高 • 瘦素促进骨形成	• 控制食欲，调节能量消耗 • 参与细胞凋亡、血管生成、细胞增殖和细胞衰老
Huo 等[18]	CX3CL1	• 在类风湿关节炎和骨关节炎患者的滑膜液中检测到高浓度 • 刺激受体积累，吸引细胞毒性效应T细胞或NK细胞 • 降低癌症侵袭性	• 负责化学吸引T细胞、NK细胞和单核细胞的可溶性形式 CX3CR1 定义了外周血淋巴细胞，并且是 p53 的直接靶点 • 增加内皮细胞的增殖并增强内皮祖细胞在缺血半暗带的迁移，CX3CL1/CX3CR1 在老年大脑中的表达降低
Geiser 等[19]	TGF-β	• TGF-β 与几种疾病之间的相关性已经被发现或比以前阐明得更详细 • 很多都与衰老有关	• TGF-β1 是一种分泌蛋白质，在多种细胞活动中发挥作用，包括调节细胞生长、细胞增殖、细胞分化和凋亡
Chaker 等[20]	IGF1	• IGF1 水平降低可调节造血干细胞保护、自我更新和再生 • 缺乏编码蛋白的小鼠表现为全身器官发育不全，包括中枢神经系统发育缺陷和肌肉、骨骼和生殖系统发育缺陷	• 细胞增殖、细胞分化、细胞死亡 • 脂肪代谢过程、蛋白质代谢过程
Miskin 等[21]	PLAU	• 与晚发型阿尔茨海默病发病机制相关 • 在糖尿病患者中，浓度升高会引起更多的并发症	• 由衰老细胞表达和分泌，可控制细胞增殖 • 大脑中 PLAU 的过度生成减少了食物的消耗并提高了寿命

资料	基因	基因和相关疾病	基因在老年性疾病和代谢功能障碍中的作用
Peine 等[22]	*ST2*	• 在几种衰老条件下升高 • 患 2 型糖尿病时升高 • 与晚期转移性胃癌有关	• 引发炎症 • 增强巨噬细胞对脂多糖的反应 • 调节 T 细胞的功能和分化
Chien 等[23]	*AHCY*	• 评估类风湿关节炎患者心血管高风险的临床标记物 • 其水平与阿尔茨海默病、帕金森病、脑卒中后神经损伤和认知功能障碍有关	• 激活 NF-κB 等炎症通路 • 可诱导氧化、内质网应激、线粒体功能障碍和细胞凋亡 • 加速衰老
Demirci 等[24]	抵抗素	• 在冠状动脉疾病、冠状动脉综合征和外周动脉疾病中升高 • 抵抗素水平与急性脑梗死风险增强相关 • 代谢综合征患者血清抵抗素水平升高，可能与代谢综合征的严重程度有关	• 炎症、细胞增殖、细胞凋亡、线粒体成分减少、棕色脂肪组织活动减少

免疫系统的总体偏差，包括适应性和固有免疫反应，已成为衰老活性的相关标志之一，免疫因素是引起的衰老的部分标记物。衰老还会引起免疫细胞功能和表型的显著改变，引发模式识别受体的改变，以及识别抗原所必需的中性粒细胞、树突状细胞、单核细胞和巨噬细胞吞噬活性的降低[25]。在许多器官和组织中，衰老细胞的聚集是引起年龄相关性表型的另一个原因，而这些细胞代谢活跃，其获得的分泌表型被称为 SASP[25]。以下部分详细介绍了一些与衰老进程相关的重要基因的表达情况。

IL-6 是 SASP 中参与炎症的最明显的成员，是衰老过程和老年性疾病中观察到的慢性炎症表型的重要生物标记物。它存在于不同的组织，如骨髓、阑尾和前列腺。*IL-6* 主要在炎症部位合成，并通过 *IL-6Rα* 促进转录性炎症反应[25]。

CX3CL1 的功能是 NK 细胞、T 细胞和单核细胞的化学引诱剂[27]，随着年龄的增长，这些细胞的信号传递发生改变。单核细胞中 *CX3CL1* 受体的表达与痴呆呈正相关，与糖尿病和贫血呈负相关[28]。*TNF-α* 和 *IFN-γ* 在类风湿关节炎患者中发现水平升高，这两种物质会加强 *CX3CL1* 的表达，进而刺激 T 细胞、单核细胞和破骨细胞前体在关节中迁移[29]。

正五聚蛋白是另一个与身体虚弱相关的重要基因，它是一种由 *TNF-α* 介导的蛋白质，主要参与补体激活。正五聚蛋白的量随着年龄的增长而增加，并与白细胞端粒的长度有关[30]。它还涉及神经系统，在脑缺血时增加。

在各种衰老因素中，线粒体功能障碍是衰老过程的重要标志之一，它降低了电子转移速率，阻碍了 ATP 合成。线粒体功能障碍因衰老而增加，而程序性细胞死亡也与这一功能障碍密切相关[31]。

GDF15 是一种可启动与凋亡和应激相关的 GFRAL（类似于 GDNF 家族受体）受体的细胞因子[32]。*GDF15* 水平可能随着衰老和病情的进展而升高。它与身体健康状况下降、胰岛素抵抗、糖尿病和其他老年性疾病相关。

Ⅲ型纤连蛋白结构域 5 是一种跨膜蛋白，可通过蛋白水解转化并产生肌动蛋白鸢尾素。衰老过程中，鸢尾素水平降低可以用来预测动脉粥样硬化、肌少症，并与骨质疏松性骨折相关。

众所周知，钙在细胞内和细胞外的信号通路中发挥着重要作用。钙水平的微小改变可能引起信号级联的严重功能障碍。S100B 是一种钙结合蛋白 B，调节钙信号级联。S100B 的过度旺盛导致早衰。S100B 诱导的 p53 抑制会导致癌症发展，在阿尔茨海默病、21-三体综合征和中枢神经系统紊乱中可以发现其水平增加[33]。

衰老标记蛋白 30 被认为在不同的组织，如大脑、前列腺和心脏中会随着年龄的增长而减少，影响细胞老化、纤维化和衰老。它还可以调节由氧化应激激活的钙信号蛋白。对衰老标记蛋白 30 拮抗的自身抗体可作为诊断老年性疾病的标记物。

5. 衰老相关疾病

随着衰老进程的推进，衰老相关疾病的发生率显著增加。这些疾病包括阿尔茨海默病、关节炎、癌症、高血压[33]、皮肤异常等。见图 18.2。

5.1 阿尔茨海默病

阿尔茨海默病是一种神经退行性变性疾病，通常开始稳定，随着时间逐渐加重。阿尔茨海默病被认为是一种蛋白质错误折叠障碍。在分子水平上，衰老和阿尔茨海默病均涉及载脂蛋白 E 基因。DNA 甲基化的改变与阿尔茨海默病有关，更有提示意义的是，ANK1 被认为与其神经病理学有关。此外，组蛋白乙酰化在阿尔茨海默病领域发挥着重要作用，因为在小鼠和人类阿尔茨海默病模型中都观察到组蛋白乙酰化显著降低[34]。

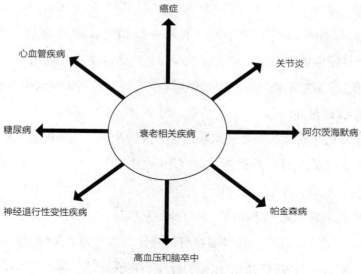

图 18.2　衰老相关疾病

5.2　帕金森病

帕金森病是由降低多巴胺能神经元数量的离散性因素引起的。它是一种逐渐进展的神经退行性变性疾病，在老年人中发病率较高。在衰老过程中，多巴胺神经元可能会产生生理上的改变，与细胞在帕金森病变性前所经历的改变类似。此外，神经胶质细胞的活性不一致与帕金森病密切相关。帕金森病和老年大脑在小胶质细胞和星形胶质细胞的活性方面产生了复杂的改变，引发了低水平的神经炎症。星形胶质细胞合成营养因子，可保护多巴胺能神经元免受退化的影响[35]。

5.3　癌症

衰老是一种生物过程，它有效地发生在所有生物体内，其表现为随着免疫系统活性的下降，器官功能和组织更新能力不断丧失。免疫监视是阻碍癌症进展的一个重要因素；与此同时，免疫衰老也是与衰老和肿瘤相关的一个重要因素。炎症域被认为启动了一种致瘤原状态，使老年人容易发生致瘤性侵犯。诱发癌症的一个关键现象是由于基因毒性制剂持续攻击导致的 DNA 破坏。解码分子的活动机制有助于开发未来的癌症治疗方法[36, 37]。

5.4 结肠癌

结肠癌是最常见的具有复杂的遗传－环境相互作用的癌症。根据 2018 年 GLOBOCAN 数据库资料显示，结肠癌在全球癌症发病率中位列第四，是第 3 大最常见诊断，第 3 大癌症相关死亡原因。2018 年报告的结肠癌新病例约为 109.6 万例。在美国，每年有超过 60 万人死于结肠癌。但是，如果有早期诊断，结肠癌是可以治愈的。由于新的、有效的筛查技术和治疗方法的改进，结肠癌的死亡率一直在下降。结肠癌发源于息肉的非癌性生长。在 10 ~ 20 年内，息肉在结肠内壁（由腺状上皮细胞组成）逐渐生长[38]。

腺瘤性息肉是最常见的结肠癌。它可能是某些后天遗传或表观遗传突变发展起来的。图 18.3 描述了晚期结直肠肿瘤特有的差异表达基因。大约 1/3 的人会有一个或多个腺瘤。来自结肠内层的癌症被称为腺癌，在所有结肠癌中占 96%[39]。

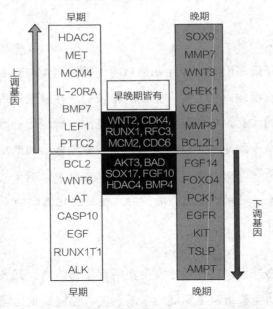

图18.3 结直肠癌晚期特有的差异表达基因

5.4.1 结肠癌的风险因素

与结肠癌相关的风险因素如图 18.4 所示，解释如下。

a. 年龄：年龄是结肠癌的风险因素之一。大约 90% 的结肠癌是在 50 岁以后诊断出来的。患结肠癌的中位年龄男性为 68 岁，女性为 72 岁。据报道，65 岁后的结肠癌发病率每年下降 4.6%，50~64 岁的每年下降 1.4%，但低于 50 岁的每年增加 1.6%[40]。

b. 饮食习惯和生活方式：饮食中营养不良，大量动物蛋白质、饱和脂肪，大量饮酒和缺乏体育活动的人容易患这种疾病。体育锻炼与降低结肠癌发病率密切相关。研究结果强烈表明，运动较少的人患结肠癌的风险比运动较多的人高 25%。饮食行为可对发病产生较大影响，这种影响既可直接通过特定的饮食成分影响，亦可间接地通过营养过剩和肥胖影响。膳食纤维能降低结肠癌的发病率。食用红肉和加工肉类会增加所有结肠癌的发病率。2015 年，国际癌症研究机构根据与结肠癌风险相关的证据[41]，将加工肉类和红肉分类为"致癌物质"和"可能致癌物质"。2009 年 11 月，国际研究机构提供了烟草和吸烟导致结肠癌的证据。与结肠癌相比，烟草、吸烟和饮酒与直肠癌的关系更密切[42-44]。

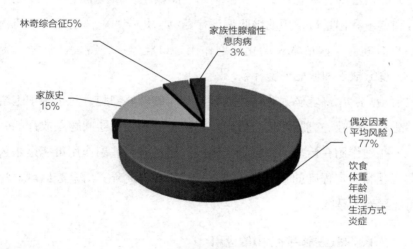

图18.4 结肠癌的风险因素

c. 炎症性肠病：慢性炎症性肠病是一种长期的结肠炎症，大大增加患结肠癌的风险。慢性溃疡性结肠炎会引起结肠内层的炎症，在结肠炎未治疗 8~10 年后，患结肠癌的风险开始增加。如果某人的患结肠癌的一级亲属在 55 岁之前被诊断为结肠癌，某人患结肠癌的风险大约会增加 1 倍。大约有 310 万美国人被诊断出患有炎症性肠病，这种疾病在教育水平低、生活贫困的地方尤为常见。

d. 家族性腺瘤性息肉病：第二常见的遗传综合征，占所有结肠癌的不到 1%。家族性腺瘤性息肉病表现为 10~12 岁开始的无数个结肠息肉。它可能是自发的，它可能不会影响没有该病家族史的其他人。轻表型家族性腺瘤性息肉病较温和，其结肠息肉数量少于 100 个 [46]。

5.4.2 结肠癌的诊断和治疗

结肠癌的治疗取决于分期、大小、息肉或肿瘤的位置，手段包括手术、药物、放疗和化疗。

a. 结肠镜检查：是美国最常用的结肠癌筛查技术。这项技术可以直接观察整个大肠。

b. 结肠镜手术：这是切除结肠息肉或受影响部分的最常见的外科技术。结肠镜手术的副作用包括疲劳、腹泻、便秘、排便频繁、嗳气和腹胀。

c. 化疗：治疗方案包括全身化疗和局部化疗。广泛用于结肠癌治疗的药物有 5-氟尿嘧啶、卡培他滨、伊立替康、奥沙利铂、曲氟尿苷和替吡嘧啶。5- 氟尿嘧啶、卡培他滨和奥沙利铂是最常用的结肠癌治疗药物。化疗的副作用取决于药物类型、剂量和治疗时间。一些最常见的化疗副作用是口腔疼痛、脱发、呕吐、疲劳、腹泻、恶心、食欲缺乏和低血细胞计数 [47]。

d. 放射治疗：用高能辐射束进行放射治疗，破坏癌细胞，防止癌细胞增殖。皮肤刺激、恶心、呕吐、直肠不适、肿痛、膀胱炎症和生殖器问题是放疗的一些常见副作用。一些副作用在治疗结束后就会消失，但也有一些副作用可能是永久性的，如生殖器问题和一定程度的直肠和（或）膀胱刺激。此外，对盆腔区域放疗会影响卵巢并可能导致不孕症。

5.4.3 干细胞在癌症治疗中的应用

肿瘤微环境在肿瘤的发展中起着至关重要的作用。研究表明，间充质干细胞可以控制促进肿瘤发展的细胞靶点，这是维持肿瘤微环境的一个重要方面 [48]。间充质干细胞是一种从骨髓、脂肪组织中分离出来的具有多能体外分化能力的梭形塑性贴壁细胞。间充质干细胞迁移到肿瘤微环境后分化为肿瘤相关成纤维细胞样细胞，这是一种主要影响结肠癌发展和生存的肿瘤启动子基质细胞，但目前仍存在争议。这一领域的潜在研究将集中在确定间充质干细胞的治疗效果和理解间充质干细胞的生理机制上 [49]。

由于间充质干细胞具有靶向性，可作为抗肿瘤药物传递的载体，在基于间充质干细胞的肿瘤治疗中具有重要意义。由于修饰的间充质干细胞被肿瘤基质所吸引，它们可以向特定的肿瘤部位输送特定的抗癌药物或制剂[50]。在最近的一项研究中，将体外脂肪来源间充质干细胞注入经 5-氟胞嘧啶处理的小鼠体内，导致肿瘤生长抑制，因此，脂肪来源间充质干细胞能够将 CD 基因转换到肿瘤部位，并诱导抗肿瘤活性。在另一项研究中，在 HCT-15 和 DLD-1 结肠癌细胞系中，TNF 相关凋亡诱导配体通过诱导细胞凋亡抑制结肠癌的进展[51]。以间充质干细胞为载体是一种很好的治疗结肠癌的方法。

5.5　皮肤癌

皮肤是人体最大、最复杂的结构。2012 年，美国癌症协会报告了 150 万皮肤癌病例和 12190 例与皮肤癌相关的死亡病例。2012 年，世界卫生组织报告了 20 多万例恶性黑色素瘤病例和 6500 例与恶性黑色素瘤相关的死亡病例。皮肤癌的类型有基底细胞癌、鳞状细胞癌和黑色素瘤。基底细胞癌更普遍，但可治愈。鳞状细胞癌比基底细胞癌少见，但可导致死亡。黑色素瘤是皮肤恶性肿瘤，比基底细胞癌和鳞状细胞癌发病率低，但死亡人数最多[52]。

5.5.1　皮肤癌的风险因素

各类皮肤癌都存在多种风险因素，包括外源性风险因素和内源性风险因素。外源性风险因素是紫外线辐射，它是皮肤癌的主要风险因素之一，至少占黑色素瘤的 65%。皮肤癌也归因于受伤部位出现的慢性损伤或无法愈合的创面。瘢痕组织中，皮肤恶性肿瘤的发生率为 0.1%～2.5%。

5.5.2　干细胞治疗在皮肤病上的应用

a. 白癜风：一种由于黑色素细胞缺失而引起的疾病。这些黑色素细胞可能在白癜风发生时死亡或失去功能。白癜风的色素重新沉着取决于黑色素细胞的可用性。黑色素细胞干细胞向漏斗迁移导致色素重新着色[53]。黑色素细胞有三个主要来源，即毛囊单位、白癜风病变边缘及脱色皮肤区域的未受影响的黑色素细胞。毛囊是色素细胞的主要来源。脂肪干细胞有一定的治疗白癜风的潜力。脂肪干细胞具有促进黑色素细胞迁移和增殖的潜能，同时会减少黑色素细胞分化。黑色素细胞很少进行有丝分裂，因此在移植治疗中需要有丝分裂因子[54]。与单独移植相比，脂肪干细胞与黑色素细胞联合移植可作为生长因子的良好来源。

　　b. 皮肤移植物抗宿主病：一种免疫介导反应，是异基因造血干细胞移植的主要并发症。它可影响 40%～60% 的患者，占造血干细胞移植后死亡率的 15%[55]。皮肤和胃肠道是急性移植物抗宿主病的主要影响器官。根据发病时间和病情严重程度将移植物抗宿主病分为两类，一是急性移植物抗宿主病，二是慢性移植物抗宿主病[56]。慢性皮肤移植物抗宿主病根据皮肤病变类型和发病阶段进一步分为硬化性移植物抗宿主病和苔藓样移植物抗宿主病。红斑性斑丘疹是急性皮肤移植物抗宿主病的第一个症状，可能是诊断移植物抗宿主病的一个有力的指标。持续性移植物抗宿主病发病初期会出现苔藓样移植物抗宿主病，形成扁平苔藓样皮肤炎症，再形成与硬皮病有强烈相似性的硬化性移植物抗宿主病。一般来说，最初的研究表明，T 细胞的增殖和分化可以有效地抑制间充质干细胞的各种直接和间接的机制，如细胞到细胞的直接接触，细胞周期阻滞的激活[57]，肝细胞生长因子、转化生长因子 β1[58]、前列腺素 E2 的分泌，并作为可溶性介质间接调节免疫细胞[59]。

　　c. 银屑病：一种慢性自身免疫性皮肤病，影响世界人口的 2%～4%。银屑病被认为是最常见的炎症性皮肤病。寻常型银屑病又称斑块型银屑病，是最常见的银屑病类型。最近的数据表明，异体间充质干细胞治疗银屑病可能是有效的，因为银屑病患者自身的间充质干细胞对辅助性干细胞的抗炎活性受损[60]。然而，很少有试验表明，间充质干细胞可以作为预防银屑病的药物。

　　d. 特应性皮炎 / 湿疹：特应性皮炎也称为特应性湿疹。异常的过敏免疫反应导致湿疹性皮肤损害，往往同时出现角膜的炎性变化。特应性皮炎的主要病理生理特征包括皮肤屏障功能受损和急性皮肤炎症。特应性皮炎的免疫途径通常被定义为 Th2 细胞介导的病理炎症反应及血清 IgE 和嗜酸性粒细胞升高[61]。急性特应性皮炎由 Th2 细胞和 Th22 细胞驱动的炎症反应引起，而 Th1 细胞调节慢性特应性皮炎[62]。针对中重度特应性皮炎患者的临床试验已经验证了人脐带血间充质干细胞的治疗效果：单次给药对特应性皮炎的治疗效果呈剂量依赖性；大剂量治疗组约 55% 的患者湿疹面积减少 50%，无明显副作用。

6. 衰老对基质细胞质量的影响

　　a. 细胞损伤和端粒缩短：各类衰老细胞的损伤累积都比较相似。这种损伤与化学诱变剂、电离辐射、活性氧及在祖细胞和基质细胞等大量繁殖的情况下 DNA 的重复复制有关。由于基质细胞能够在生物体的整个生命周期中产生新的细胞，因此可在所有细胞中观察到的 DNA 修复机制在这一细胞中尤为重要。端粒逐渐缩短是一种内在的改变，最终限制了细胞在其生命周期中所能分裂的次数。端粒酶是一种通过避免端粒缩短，增加端粒分裂能力，从而使端粒序列扩大的酶，有研究将基质细胞从老年小鼠的骨髓移植到年轻老鼠的骨髓，观察到与年龄相关的自我更新能力变化主要发生在细胞内。最近，利用有缺陷的转基因小鼠确定了 DNA 损伤和端粒缩短在这一过程中的作用[63]。综合所有这些数据表明，尽管 DNA 损伤和端粒缩短可能在基质细胞稳态中不起重要作用，但衰老过程可能对老化的基质细胞在失调或损伤后促进组织再生的能力方面有相当大的影响。

b. 细胞周期调节因子：多种证据表明，细胞内在的细胞周期调节因子在衰老过程中对调节基质细胞动力学有明显重要性。针对所有的增殖细胞，在细胞周期中紧凑组织的进展对于管理细胞分裂率至关重要。在这些调节机制中被研究最多的，是 G_1—S 细胞周期转化及其受 Rb 蛋白质家族控制的过程。在这一调控级联反应中，Rb 蛋白质家族的上游是周期蛋白依赖性激酶抑制因子 $p16^{Ink4a}$，它限制了造血干细胞[64]和神经干细胞[65]等衰老系统中基质细胞的自我更新。这表明，尽管 $p16^{Ink4a}$ 在年轻细胞中发挥的作用很小，但它在衰老细胞中起到抑制作用。这些证据表明，自我更新能力随着衰老而降低的原因是抑制级联的有效上调，而非允许级联的缺失。这些证据表明，基质细胞随着衰老而静止是一种完美的调节机制，对确保基质细胞不产生致瘤性很重要。究竟是哪些受到损伤或紊乱影响的因素改变了基质细胞增殖的内在调节因子？这仍然是一个问题。但很明显的是，人为降低老化基质细胞的自我更新能力可对基质细胞介导的组织再生产生极大影响。

c. 信号蛋白：与外部信号相比，基质细胞的作用在多大程度上是由内在机制控制的，且这些因素可分离到怎样的程度，目前还存在争议。这些改变可以看作是一枚硬币的两面，也就是说，基质细胞的内在改变提示了基质细胞对变化的生态位的反应，或者基质细胞的内在改变使基质细胞对未变化的生态位的反应发生改变。例如，后期的改变是在衰老的神经祖细胞群中发现的表皮生长因子受体下调，这一级联的信号传递对调节神经干细胞生态位中祖细胞的增殖至关重要。事实上，衰老过程中神经形成的减少与表达级联特异性信号分子的神经元祖细胞数量的减少是互补的。令人感兴趣的是，给中枢神经系统施用外源性表皮生长因子只会适量提高老年大脑中祖细胞的数量。有证据表明，老年脑内神经干细胞微环境降低了表皮生长因子受体的内源性配体TNF-α，进一步体现了外在线索和内在线索之间的相互作用[66]。

d. 表观遗传调控

a）DNA甲基化：在一些全基因组甲基化分析中，DNA甲基化被推荐为人类衰老的预测因子，但其相互作用是复杂的。年龄的增长与整体低甲基化相关，但有些位点也会像各类抑癌基因一样高甲基化。来自早衰症小鼠和患者的细胞也显示了甲基化模式，这反映了正常衰老过程中观察到的甲基化模式。一项对约13000名参与者的荟萃分析表明，DNA甲基化相关的生物标记物，也被称为表观遗传年龄，推测出全因死亡与年龄、种族和其他风险因素无关[67]。表观遗传年龄是Horvath[68]和Hannum[69]提出的序时年龄的一个有效预测因子，它与特定数量的CpG二核苷酸标记的甲基化程度有关[67]。

b）组蛋白修饰：组蛋白可通过可逆和共价的甲基化、SUMO化、乙酰化、ADP核糖化、磷酸化和泛素化等方式修饰。这将改变组蛋白氨基酸残基的电荷，使带负电荷的DNA结合变得疏松或紧密，产生转录沉默的紧密异染色质或转录活跃的疏松常染色质。这些表观遗传改变也会导致转录调控机制的功能改变。这些改变可以发生在组蛋白尾部的几个不同的位置，并受到不同的酶的调节，包括去甲基化酶、乙酰转移酶和甲基转移酶。这种调控是非常复杂的，包括几个不同的参与者，但各种分析将组蛋白改变与癌症和衰老相关联，关于能够阻断相关酶的药物的研究仍在进行中。衰老还与组蛋白和染色质分布的特殊复杂修饰相关，使结构性异染色质位点受到的抑制恶化，并辅助不同基因组区域获得兼性异染色质。

7. 老化干细胞的内在局限性

在不同的组织中，有效的干细胞在老年时仍然存在，但往往没有实现其功能的能力[70]。通过干预干细胞活性的内在变化，有望实现内源性干细胞参与再生功能的目的。在肌肉方面，目前的分析已经揭示了在肌肉再生过程中可以被刺激的正常不活跃的干细胞向完全衰老状态的转变，这种状态在老年动物中会阻碍刺激。干细胞无活性是一种严格受控的过程，确保祖细胞群在损伤反应中保持一种持久的快速刺激能力。在老年期，观察到不活跃的肌肉干细胞处于衰老前期状态，这与 INK4a 位点的表观遗传基因沉默恶化以及后续的细胞周期抑制剂 $p16^{INK4a}$ 的增加有关。这些细胞无法实现再生活动，并将在再生压力下耐受完全老化[71]。有趣的是，衰老和无活性之间的稳态依赖于避免细胞内损伤聚集的机制。无活性肌肉细胞表现出连续的高基础自噬水平，这对于去除受损蛋白质和细胞器至关重要。老卫星细胞自噬通量管理的恶化导致活性氧水平升高，INK4a 表达减少，肌肉干细胞最终进入老化阶段[72]。表观基因组中与年龄相关的改变也影响转录和染色质结构的调节，以此干扰干细胞的活性。来自老年人的间充质干细胞表现出异染色质相关的 $H3K9me3$ 标记广泛性降低，同时与异染色质维持相关的蛋白质受抑制[73]。通过对衰老造血干细胞的表观基因组进行分析发现，在与造血干细胞身份调节相关的基因中，$H3K4me3$ 的刺激性标记上调，而刺激分化的基因则随着年龄的增长而逐渐被抑制。然而，如果要将内源性干细胞用于老年患者的组织修复，就必须设法逆转一些与衰老相关的内在变化，以免这些变化损害再生潜力。据报道，通过沉默 $p16^{INK4a}$ 的表达在基因调控水平上进行干预，可有效改善老年小鼠的静息状态和肌肉干细胞活性[71]。

8. 基质细胞在衰老中的地位

基质细胞是来自各器官结缔组织（如骨髓、卵巢、子宫黏膜和前列腺）的细胞，它们支持特定器官的实质细胞的作用。周细胞和成纤维细胞在基质细胞中很常见。

基质细胞属于一类异质细胞，可以在健康和疾病中发挥极其重要的广泛作用。它们通过在不同组织中参与各种生物过程，在再生、发育、免疫反应、组织损伤、癌症和其他病理过程中发挥重要作用。基质细胞的表型和功能取决于特定组织的微环境，但它们也可以塑造其微环境的完整性、组织和动态。它们在器官和组织中的多种功能因其巧妙的研究设计和先进的研究方法而受到关注[74-77]。

在基质细胞中，研究最多的是间充质干细胞。骨髓和脂肪组织是间充质干细胞的主要来源，它们也存在于胎盘、脐带血、牙髓和其他胚胎外组织中，以及存在于非间充质血管来源和心脏组织中[78, 79]。

造血过程依赖于骨髓间充质干细胞的维持。因此，在衰老和发育过程中出现的造血细胞区室的变化显然与基质细胞微环境形成的变化相关。微环境可以维持对生理条件做出反应的血细胞的诱导性和组成性形成，但尚不清楚有利的造血微环境是通过基质细胞群的改变还是细胞活性的改变来调节的。基质细胞的活性可能是通过表达细胞外基质[80, 81]以及控制造血细胞分化和增殖的某些因素，从而与造血细胞进行细胞间接近的。间充质干细胞被定义为一组异质类型的细胞，它们的不同亚型可能具有不同的活性。据报道，除了形态上的异质性，基质细胞系在体外维持骨髓祖细胞方面显示出功能异质性。据 Obinata 等人[82]报道，已建立的骨髓衍生的基质细胞系对谱系限制性骨髓祖细胞的加速膨胀显示出明显的刺激功能，因此，这意味着骨髓中的每个基质细胞都可能为祖细胞提供理想的造血微环境。几种骨髓衍生的基质细胞系可明显地激活巨噬细胞、粒细胞和红细胞的大集落形成。除了需要用促红细胞生成素激活基质细胞层的红细胞，不需要用其他的外部细胞因子来激活巨噬细胞和粒细胞的大集落形成。因此，粒细胞生成的细胞因子非依赖性途径被认为发生在骨髓中，并且基质细胞可通过细胞与细胞的结合干预粒细胞扩增和分化激活所需的信息。

在高等生物中，正常体细胞在体外培养时只有有限的分裂能力[83]。培养中的细胞以受调节的、结构化的方式降低其分裂能力，就像分化分裂和增殖偏离系统中分化标记物的特征[84]，尽管仍不确定为什么祖细胞在继代培养过程中会减少。根据分化理论的思想，遗传程序中的错误和 DNA 复制或多或少都受到外源因素的轻度影响。淋巴造血系统的衰老相关改变，特别是其淋巴部分的改变已有大量报道。然而，这些改变的机制仍然不确定。一般来说，难点在于识别外因和内因，在衰老过程中调节淋巴和造血细胞的活性。间质组织似乎是外部信号的重要来源之一，它可以在淋巴造血中产生年龄依赖性的改变[85]。根据 Stephan 等人[86]的一项研究，基质细胞调节原始 B 细胞发育的能力也随着年龄的增长而降低。由于从原始 B 细胞到前 B 细胞阶段的进展特别依赖于基质细胞产生的成分，因此认为基质细胞是衰老过程中下调的主要靶点之一，它们在骨髓淋巴细胞生成减少中的作用应该被仔细研究。也有报道称，来自 B 淋巴细胞的长期骨髓培养系统的条件培养基中出现了与衰老相关的 IL-7 的数量减少。由于基质细胞是骨髓中 IL-7 的唯一来源，因此可以预测基质细胞 IL-7 数量减少是老年动物基质细胞活性降低的主要潜在机制，并在减少前 B 细胞数量中起主要作用。在针对不同组织的组织学研究中，细胞的组成会随着年龄而发生变化。众所周知，人体真皮的细胞数量会随着年龄的增长而减少。已有大鼠的口腔上皮和小鼠的十二指肠隐窝祖细胞数量减少的报道。在小鼠的远端肠道中观察到隐窝的减少，也与干细胞的退化有关。

一般来说，在细胞复制系统中，衰老伴随着组织构成的改变，导致祖细胞的减少，祖细胞负责替换没有分裂但具有功能活性的细胞。然而，祖细胞减少的原因尚不清楚。

9. 基质细胞治疗的优势和劣势

为了调查基于间充质干细胞的疗法的安全性，一些分析已经在监督下开展。临床试验报道，体外培养的人间充质干细胞不易发生不利的改变。研究人员还检查了间充质干细胞疗法在多发性硬化和肌萎缩侧索硬化中的安全性和效果。然而，关于使用间充质干细胞疗法安全性的更全面的分析和观察是必不可少的。一项分析表明，在患有慢性肾脏疾病的个体中使用自体脂肪组织来源的间充质干细胞，除了会促进肾脏活性，还会导致肾小管萎缩和间质组织纤维化瘢痕，这提示了应用的间充质干细胞的肾毒性 [87]。另一团队分析了向心脏手术后急性肾损伤患者的主动脉提供异体间充质干细胞治疗的疗效。对照组和治疗组在改善肾脏活性或不良事件发生方面没有发现区别。在临床领域使用间充质干细胞有很多缺点，为了成功利用间充质干细胞，仍需解决一些问题，其中就包括实现足够的细胞计数。不幸的是，在体外培养过程中，由于端粒酶活性降低，细胞在经历多次传代后会老化。此外，在长期体外培养过程中，间充质干细胞失去了分化能力并开始表现出形态学改变。更具体地说，长期体外培养可能会增加恶性转化的可能性 [88]。

但是，在使用基于干细胞的疗法时，应考虑到所有可能的不良影响。文献对在干细胞移植后肿瘤发生的相关威胁进行了广泛的回顾。一些因素可能会影响 间充质干细胞移植后肿瘤的发生，包括供体的年龄、宿主组织、在目标部位调节间充质干细胞性质的机制，以及受体组织表达的生长调节剂。此外，对间充质干细胞的操作和长期体外培养会导致染色体损伤和遗传不稳定性。各种聚集的成分可以产生本能的肿瘤转化形式的反应。移植干细胞的个体往往需要长期接受放疗或化疗，因此，免疫系统不能有效发挥作用，这也可能与肿瘤发生有关。

10. 干细胞再生和治疗衰老方面的缺陷

虽然再生疗法被证明对老年人群有效，但对衰老过程中出现的外在和内在变化规律的了解不足是再生疗法无法进步的重要原因之一。对脑卒中后神经再生的研究体现了其中一个缺陷——尽管脑卒中在老年患者中很常见，但大多数脑卒中研究是在幼龄动物身上进行的。各种研究表明，老年大脑在脑损伤后的再生能力会下降。与老年大鼠相比，幼鼠的恢复速度更快，即便在缺血性皮层损伤后也可以完全治愈，但老年大鼠只能恢复其脑卒中前运动功能的约 70%。

尽管不同系统之间控制干细胞老化的机制是共同的，但组织特异性干细胞之间的巨大差异必然会转化为它们老化方式的差异。我们对干细胞衰老的大部分认识源于造血系统，主要是因为造血干细胞是成体系统中最具特色的。在动物的整个生命周期中，神经干细胞和造血干细胞都以缓慢的速度分裂，经常产生后代来恢复缺失的细胞。目前正在分析一系列干细胞相关疗法以寻找替代细胞。在受损组织中，干细胞提供了巨大的生产能力，所以最常用的策略仍包含干细胞移植。对于任何与干细胞移植相关的方法，关键问题都是受体环境和供体组织的年龄。目前针对异龄异体共生（老年和年轻成年小鼠的循环系统相连）的分析表明，来自年轻成年小鼠的血液成分增强了老年小鼠的内源性造血干细胞的植入能力；此外，这一进程在衰老的造血干细胞生态位中由细胞调节 [89]。

长期以来，利用多能干细胞和靶向分化方法进行移植的策略一直是干细胞研究的目标。然而，围绕如何利用多能胚胎干细胞产生了广泛的伦理思考。针对排斥反应的研究已经推动了患者 - 组织相容性干细胞疗法应用的发展。目前，完全分化的细胞可以被诱导转化为具有多能性干细胞样特征的细胞，即诱导多能干细胞，这一发现极大地促进了该领域的进展。尽管这一领域还处于起步阶段，但将衰老的体细胞改造为诱导多能干细胞可能带来的困难超出了利用年轻体细胞时所面临的困难。因此，在考虑这些方法的成功时，更全面地了解细胞衰老期间出现的变化是至关重要的 [90]。

11. 利用干细胞来源的条件培养基进行治疗

衰老是一个过程，在这个过程中，内源成分和外源成分控制着生理结构和功能的持续丧失。由于皮肤的完整性下降，所以可在个体的皮肤中观察到衰老的显著迹象。衰老的主要症状是皮肤出现皱纹和失去弹性。然而，在光老化中，衰老还伴随着其他症状，如颜色改变、角化过度、不规则色素沉着及其他几种肿瘤。皮肤的成纤维细胞产生 MMP 和胶原蛋白，MMP 可以使皮肤细胞外基质的几乎所有成分退化，并在皮肤光老化方面发挥重要作用。此外，弹性蛋白是组织的关键蛋白质成分，可使皮肤在活动后恢复到其原始阶段。它有助于支持力量和弹性，这在身体组织的修复中起着至关重要的作用。因此，皮肤的抗衰老能力已成为主要研究焦点，包括用于抗衰老的医疗手段和药妆产品。

近年来，源自干细胞的条件培养基在再生医学领域受到越来越多的关注，这是因为条件培养基中存在多种药理活性因子。加强创面愈合活性的治疗是迫切需要的。图 18.5 描绘了干细胞来源的条件培养基的一些治疗潜力。最近的研究显示，脂肪组织可以形成最佳微环境来帮助创面愈合[91]，这与使用脂肪组织提取物显著提高创面愈合质量和速度的结果一致。此外，在 Campbell 等人[92] 所做的研究中，利用来自脂肪组织的条件培养基与角质形成细胞和成纤维细胞饲养细胞共培养，增加了培养的自体表皮移植物的产量。另一项体外研究报告称，条件培养基可以显著增加脂肪干细胞的发育和内皮细胞的增殖。更准确地说，在止血阶段，条件培养基中的 *PDGF*、*TGF-A1* 和 *TGF-2*、*EGF* 和 *IGF* 可以促使血小板和内皮细胞形成血凝块；同时，*TNF-α*、*TGF-β*、*FGF IL-1* 和 *FGF* 可以激活白细胞、角质形成细胞、巨噬细胞和中性粒细胞，以清除炎症期的外来颗粒和死细胞碎片[93]。此外，条件培养基的特点是含有干细胞，并在培养过程中释放可溶性因子，具有治疗和分化能力。因此，它可以使细胞分化成不同的谱系，并有助于受损细胞的恢复。几项研究探索了干细胞来源的条件培养基作为抗衰老和皮肤保湿的载体。保湿剂的作用不仅可以增加皮肤的含水量，还可以预防皮肤干燥。保湿剂为皮肤提供了维持屏障完整性和含水量的成分，并帮助细胞正常发挥其功能。值得注意的是，脂质是皮肤外表面保水活性和通透性屏障活性的重要成分。外层由密集的角蛋白网组成，可通过减少水分蒸发来帮助滋润皮肤。有趣的是，据报道，与 UVB 组相比，用间充质干细胞 条件培养基处理的小鼠组的角蛋白含量必然减少。因此，事实证明，间充质干细胞条件培养基的局部应用通过减少经皮水流失和增强皮肤水合作用来减少皮肤皱纹，从而显著保护皮肤屏障活性。因此，它可以作为一种有效的皮肤保护剂[94]。此外，组织学检查报告显示，UVB 暴露会导致皮肤出现与光老化相关的病理特征。用 UVB 照射的动物表现出真皮厚度、表皮厚度、角化过度和真皮中炎症细胞浸润的显著增加；在使用条件培养基制剂的动物中观察到表皮增生减少，表明真皮厚度、表皮厚度和角化过度的值较低，皮肤中炎症细胞的浸润量也处于中等水平。

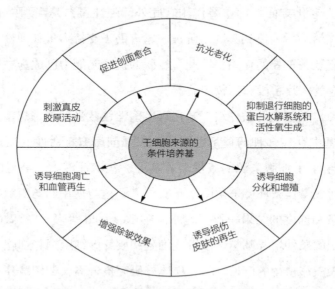

图18.5　干细胞来源的条件培养基潜在的治疗方向

Amirthalingam 等人于 2019 年进行的研究显示，从人骨髓间充质干细胞中获得的条件培养基可增强除皱效果和皮肤保湿能力。由于培养基中存在生长因子，来自骨髓间充质干细胞的条件培养基在皮肤年轻化和抗衰老方面发挥着至关重要的作用。此外，条件培养基还能够防止皮肤成纤维细胞受到叔丁基过氧化氢刺激的氧化应激和 UVB 辐射[95]。Sriramulu 等人[94]在 2020 年报道称，脐带来源的间充质干细胞的条件培养基可帮助皮肤对抗由 UVA 和 UVB 辐射引起的光老化，并且是皮肤抗光老化治疗的促进剂。

此外，源自人间充质干细胞的条件培养基可以触发真皮成纤维细胞的运动并提高创面愈合过程中基因的表达水平。因此，它可用作改善皮肤创面愈合的治疗方法[96]。有研究报道，脂肪来源间充质干细胞分泌因子可以通过刺激生长因子或真皮成纤维细胞，在创面愈合过程中促进胶原蛋白的形成和成纤维细胞的运动[97]。在细胞再生过程中，脂肪来源间充质干细胞条件培养基进一步实质上表现为 Gap1 期细胞数量增加，而合成期和 Gap2/ 有丝分裂期细胞数量减少。目前已知在体外，脂肪来源间充质干细胞通过改变细胞周期分布和促进细胞凋亡来限制黑色素瘤（皮肤癌）的生长。Wharton's Jelly 间充质干细胞分泌使创面愈合的离散细胞因子，如 *CTGF*、*TGF-β*、*VEGF*、*FGF2* 和 *HIF1α*，亦可作为抗衰老基因刺激胶原蛋白和 *SIRT1*，但细胞的传代可能会影响 *VEGF* 和细胞因子（*IL-1α*、*IL-6* 和 *IL-8*）的分泌 [95]。

研究提供的证据表明，干细胞衍生的条件培养基包含几种可能对皮肤健康有益的重要细胞因子和生长因子。这些源自干细胞的蛋白质适合开发稳定的护肤产品。由条件培养基制备的制剂对人类原代细胞无害，可防止原代细胞 DNA 形成环丁烯嘧啶二聚体。从几个干细胞获得的条件培养基可用于抗衰老治疗和促毛发生长的化妆品配方。此外，可以减少或逆转或阻止这种衰老进程的疗法和产品是进行研究和产品开发的非常重要的材料。条件培养基是一种无细胞生物活性底物，通过旁分泌/自分泌机制在离散的病理生理过程中发挥着重要作用，这一点已得到大量证实。各种研究报告了来自离散组织的条件培养基的众多潜在应用。与充足的资源和省时的流程相结合，条件培养基在生物医学中有广泛应用的巨大潜力。此外，因为条件培养基的形成很复杂，这一方向的关键一步是研究其各成分及其在特定条件下以及治疗和潜在的诊断应用中的基本机制。

12. 利用细胞外囊泡进行无细胞治疗

细胞外囊泡作为天然载体发挥作用，可将其内容物重新定位到其他组织和细胞。因此，利用细胞外囊泡是转移生物活性化合物以起到治疗效果的一种有前景的手段。无细胞策略避免了细胞无限生长和肿瘤形成的威胁，因为细胞外囊泡不会增殖。细胞外囊泡可能来自未改变或基因改变的人类干细胞，而不使用亲本干细胞。细胞外囊泡应用的主要障碍是冗长的分离过程、昂贵的设备和困难的富集流程。确实可以生产纯化的细胞外囊泡，但不足以广泛应用于临床。国际细胞外囊泡协会建议的分离细胞外囊泡的批准程序包括序贯沉降法和超速离心法。另一种分离细胞外囊泡的技术是流场流分离（FFFF）[98]，但该技术需要进一步完善，而且尚未广泛应用。目前，市售用于分离细胞外囊泡的试剂盒基于免疫磁性分离（IMS）技术 [99] 或以较低速度进一步离心使细胞外囊泡沉淀。用 IMS 技术分离的细胞外囊泡保证了高纯度，尽管有很大的区别，但成本很高。细胞外囊泡的沉淀过程解决了分离方法成本较高的限制。但这些方法都没有解决最小产量的主要限制。细胞外囊泡产量会因氧化损伤、缺氧环境、辐射和补体系统的活性不足而增加。为了提高细胞外囊泡的产量，建议将细胞暴露在这些条件下，但这些暴露会改变细胞外囊泡的分子结构，从而影响其生物学特性。

13. 组织微环境对无细胞治疗的线索和影响

无论使用诱导多能干细胞还是使用内源性成体干细胞，体细胞再生的能力都受到组织微环境或全身环境的影响。近年已逐渐明晰，在衰老或疾病条件下，调节组织微环境和全身参数可以特异性地影响再生过程。细胞外信号可以影响干细胞活动的所有特征，包括失活、增殖、多能性和分化。这些信号来自系统环境，通过脉管系统到达干细胞或局部环境——生态位。生态位可以被认为是组织、细胞外基质或任何存在于接近干细胞群体并影响干细胞生物学的细胞。生态位组件的例子包括其他免疫细胞、基质细胞和体细胞、支配神经元纤维、脉管系统和细胞外基质。但是，不同类型成体干细胞的结构生态位不同，说明宿主组织结构不同，宿主细胞和体细胞的生理需求也不同 [100]。影响干细胞活动的血液信号来源包括体内组织产生的可溶性分子，这些分子可以是生长因子、激素或任何其他信号分子，也可以是渗透免疫细胞产生的免疫来源信号。这些信号可能直接或通过调节局部环境影响干细胞活动。间接作用包括改变常驻免疫细胞群的组成，调节体细胞或基质细胞的活性，以及抑制这些细胞分泌表型 [101]。

微环境、全身环境，以及干细胞本身，都随着年龄的增长而改变，这些改变限制了再生过程。如果有方法可以提高特定干细胞疗法之间的相互协调作用，这种方法就有可能增加再生疗法的成功率。这可能涉及识别和利用免疫细胞获得的因子，这些因子激活再生过程的特定特征，或者利用指导性线索瞄准免疫细胞本身来调节再生。这些策略特别适用于免疫环境受损的情况，特别是与炎症相关的退行性疾病，以及经常表现出持续低水平炎症的老年患者。此外，有利的再生有助于根除随年龄增长而累积的破坏性局部或全身性线索。

14. 针对衰老和再生的细胞疗法

先前在对年轻成体干细胞进行具有治疗意义的操作方面取得的进展，证实了研究干细胞行为调节机制可能具有巨大潜力。此类方法有效的例子包括对过度表达同

源框基因 *HOXB4* 的造血干细胞进行移植分析，移植个体中的造血干细胞数量大幅增加，而肿瘤风险并未增加[102]。类似地，脑卒中后成年大鼠大脑神经干细胞生态位中被注入生长因子后，对应的神经再生和功能恢复增加，进一步证实了以干细胞为基础的疗法的发展前景[103]。如果我们能将我们的知识转化为对老年人的治疗，那这些成就将在本质上奠定下一代再生疗法的基础。因此，尽管我们目前对干细胞衰老的理解并没有停滞不前，但为了推进老年再生疗法的第一步，需要更好地去了解衰老过程。

15. 结论和展望

目前正在进行关于再生医学和干细胞治疗方法的临床试验，这一工作的推进可能会阐明目前使用干细胞治疗疾病的障碍。老年人有更大可能罹患持续的退行性疾病，而这些疾病可通过再生疗法进行治疗，因此，有必要关注衰老对基于干细胞的治疗产生的问题。我们对生物体衰老主要机制的深入了解揭示了老化组织修复潜力的关键障碍，并强调了将干细胞干预与生态位相协调的必要性，以提高再生疗法的成功率。

在这里，我们强调了在临床前分析中取得明显成功的干预措施。这些措施包括抑制炎症信号、免疫细胞表型变化、衰老细胞切除，以及抑制在衰老过程中各种细胞内信号的级联反应。但是，到目前为止，这些先前分析要转化为成果还需要处理两个主要问题：第一，这些干预措施所针对的级联通常是生理再生的关键调节剂，它们的急性刺激对再生过程至关重要。因此，治疗方法应该针对的是调节级联活性，而不是完全抑制。第二，效应分子的局部和全身转移可能同时对几种细胞类型产生影响，有时会产生相反的结果。明确每个干预的目的，这是一项关键步骤，可以确保无细胞疗法的临床转化已考虑到可能的不良影响。因此，对特定模型系统的进一步深入分析将有助于解决这些疑惑。

扫码查询
原文文献

第十九章

干细胞治疗在延缓朊病毒病中的作用

Sanjay Kisan Metkar, Koyeli Girigoswami, Agnishwar Girigoswami

1. 简介

朊病毒病是一种致命的神经退行性变性疾病，由朊病毒蛋白（PrP）在错误折叠后沉积引起[1]。受感染的个体可在大脑和中枢神经系统中发生海绵状病变。这类疾病临床表现多样化，例如，可导致牛群发生传染性海绵样脑病，即疯牛病。在人类中，它也有不同形式，如家族性致死性失眠症、格斯特曼－施特劳斯勒尔－沙因克尔综合征、库鲁病和克－雅病[2]。PrP^{Sc} 名称来源于绵羊所患的一种疾病，称为痒病，这些患病动物可出现与患有疯牛病的病牛相似的症状。PrP^{C} 是一种正常的宿主编码的糖蛋白，可执行许多细胞功能，但其可以被 PrP^{Sc} 改造修饰，由此在宿主体内导致疾病的发生[3, 4]。

2. 朊病毒蛋白的发现

克－雅病的病因多年来难以明确。该疾病在发病后进展迅速，在几个月内就可导致死亡，但整个患病过程中并无免疫反应出现。值得注意的是，痒病和克－雅病的病原体对电离损伤和紫外线辐射具有很强的抵抗能力[5]。上述发现表明，这些致病因子具有特殊的生物学特性。在当时，蛋白质被认为是一种功能独立单一的生物效应分子，其在细胞生物功能过程中行使的具体作用也早在 18 世纪就被广泛接受[6]。1 个世纪之后，荷兰化学家 Gerhardus Johannes Mulder 和 Jons Jakob Berzelius 才对这种"基本物质"进行了生物化学鉴定，并将其命名为蛋白质[5]。美利奴羊是一种西班牙血统的羊，时常表现出一些不寻常的行为，如过度舔舐、改变步态、过度瘙痒，这些行为迫使它们在围栏上蹭来蹭去，后来，这些临床症状被统称为痒病[5]。在 20 世纪中期，病理学家 Creutzfeldt 和 Jakob 描述了一种神经退行性变性疾病，其症状与痒病相似，称为传染性海绵样脑病[7]。1952 年 Hershey 和 Chase[8] 的实验证明，病毒复制需要遗传物质，即核酸的参与。1 年后，Watson 和 Crick 解释了遗传密码，并明确了 DNA 的具体结构[9]。1953 年，Crick 进一步阐述了蛋白质的合成过程，并定义了术语"分子生物学中心法则"，即 DNA 中编码的信息可以被合成、存储，并被生物体用于自我复制[10]。传统海绵样脑病是分子生物学中心法则的一个例外情况，因为朊病毒蛋白无须整合遗传密码，就可进行自我复制，这被 J.S.Griffith 提出的理论机制所证明[11]。Prusiner 在 1982 年预测，这种蛋白样的传染性病原体为朊病毒[1]。图 19.1 展示了朊病毒发现的时间轴，该过程始于 18 世纪初。

1920 年，Hans Gerhard Creutzfeldt 和 Alfons Maria Jakob 描述了一种病因不明的人类神经系统疾病，在之后长达 60 年的时间里，该病一直困扰着相关研究人员[12]。先是在 1938 年，科学家 Cuille 和 Chelle 将痒病描述为一种慢病毒相关疾病[13]。后来，科学家们在巴布亚新几内亚的 Fore 部落发现了另一种类似于克 - 雅病和痒病的人类神经系统疾病，并称之为库鲁病[14-17]。

1944 年，兽医 W.S.Gordon 等人[15, 18] 使用福尔马林灭活了从被感染动物的大脑和脾脏中发现的病原体。在此基础上，他们利用这些处理过的组织来免疫健康的动物。然而，福尔马林能够灭活病毒，却不能灭活痒病的病原体。因此，接种了痒病病原体的动物在 2 年内陆续死于此病。Hadlow 认为，库鲁病的传播类似于痒病，该观点在 1954 年由 Sigurdsson 通过实验得以证实，他同时还认为库鲁病病情与痒病相比为中等程度[19]。A.G. Dickinson 认为核酸在痒病的感染性致病过程中发挥重要作用，他在一些小鼠种系中发现了控制痒病潜伏期的基因[20]。在 Gordon 用福尔马林杀灭痒病病原体失败之后，来自不同研究领域的许多科学家试图通过电离辐射、紫外线照射、高温高压等方法来杀灭该病原体[18, 21, 22]。一些敏锐的科学家，包括 Alper、I.H. Pattison 和 J.S Griffith 都提出以下假说：痒病的病原体有可能是蛋白质类物质[5, 23]。这样的假设与分子生物学中心法则原理背道而驰。1966 年，Tikvah Alper 等人[24] 尝试确定痒病的基因组大小，并尝试通过电离辐射的方式使其灭活。

在这项研究中，她得出的结论是该病原体在被紫外线照射后并不能直接失活。因此，病原体应该可以脱离核酸影响而独立完成复制[24]。1967 年，Pattison[25] 基于他本人的研究证明了痒病在本质上是由蛋白质物质感染引起的。作为首席研究者，Griffith 大胆地提出，痒病完全由蛋白质引起，并提出了蛋白质具有极强传染性的三种可能机制[26]。

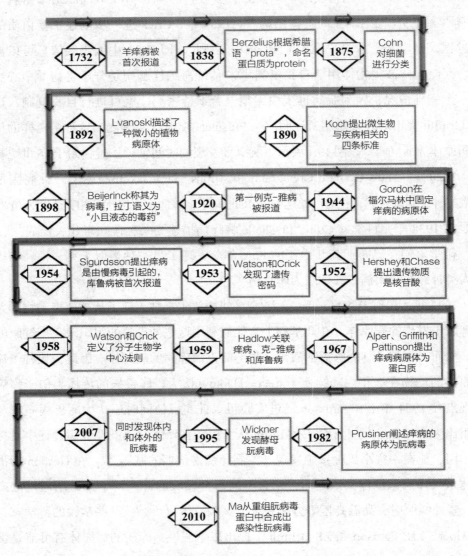

图 19.1　朊病毒蛋白发现过程中的重要历史事件[5]

一些科学家的观点与 Griffith 提出的观点相同，并继续收集信息进行佐证，他们坚持认为痒病的病原基础为蛋白质 [5]。Prusiner[1] 在 1982 年创造了"朊病毒"一词，这是一种难以控制的蛋白质分子，他因此获得了 1998 年的诺贝尔奖。Prusiner 等人成功地从患病动物中分离出朊病毒淀粉样蛋白，据此提出了"纯蛋白假说"，并开发了一种灭活该病原体的方法。几年后，科学界普遍接受了 Prusiner 的纯蛋白假说 [27]。

引起痒病的病原体被证实为朊病毒，但这种蛋白性病原体的来源当时还没有被证实。此外，Prusiner 还从朊病毒基因编码 PrP27—30 序列的 mRNA 转录子中艰难地分离出了朊病毒粒子 [5]。这个序列在感染个体和健康个体中都存在，这为纯蛋白假说提供了支持证据。此外，Ma 利用一种细菌表达系统生产了重组感染性朊病毒蛋白，此项工作有力地支持了朊病毒假说。科学界已普遍接受了这样的事实，那就是普通的由宿主编码的 PrP^C 可以转化为传染性 PrP^{Sc}，而 PrP^{Sc} 正是朊病毒病的主要病原体 [27]。

3. 朊病毒病的治疗方法

朊病毒病由一种极其特殊的蛋白质诱导发病，可导致罕见且致命的神经退行性变性疾病。目前治疗朊病毒病的主要策略是：① 小分子 PrP^{Sc} 抑制剂；② 抗朊病毒蛋白的抗体；③ 调控朊病毒基因；④ 调控未折叠蛋白质的应答；⑤ 靶向作用于异源朊病毒蛋白；⑥ 干细胞治疗。

体外和体内的多种实验都展示了如何使用丝氨酸蛋白酶家族、蚓激酶和沙雷菌蛋白酶来分离朊病毒肽 PrP106—126 产生的朊病毒淀粉样蛋白 [28]。从温泉中分离的极溶菌在体外分离 PrP106—126 淀粉样蛋白的过程中发挥着一定作用 [29]。蚓激酶和沙雷菌蛋白酶也在体内和体外分离胰岛素淀粉样蛋白中发挥着一定作用 [30-32]。氧化锌纳米花结构已经显示出降解胰岛素淀粉样蛋白的治疗潜力 [33]。由于传统海绵样脑病难以早期诊断，因此其治疗棘手，且极难治愈。该病常在确诊时已出现严重脑损伤，从而减少了治疗时间窗。最近的治疗策略以抑制 PrP^{Sc} 的聚集和减少 PrP^C 向 PrP^{Sc} 的转化为目标，但无法逆转已经形成的脑组织损伤。基于现状，有必要制定更有效的治疗策略，通过细胞置换的方式来促进受损脑组织的功能恢复。通过细胞置换的方式，干细胞治疗和再生医学在治疗许多神经退行性变性疾病方面具有广阔前景[34, 35]。用于移植的不同类型干细胞中，有来自多能干细胞的神经干细胞、胚胎神经干细胞、胚胎干细胞或诱导多能干细胞、神经前体细胞、间充质干细胞和小胶质细胞，如图 19.2 所示。干细胞如其在体内环境中一样，在体外也可根据其分化成各种细胞的能力进行分类。

在本章中，我们将讨论不同种类干细胞在朊病毒相关疾病中的治疗作用。

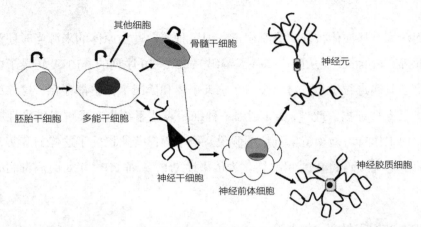

图19.2　神经细胞的分化。胚胎干细胞可以分化成全身几乎所有类型的细胞，特别是能向神经前体细胞分化。神经未分化细胞的分化能力则局限于神经元和神经胶质细胞。骨髓干细胞也可以转化为神经干细胞。

4. 成体神经干细胞在朊病毒病治疗中的作用

与其他神经退行性变性疾病相比，人们对朊病毒病导致成人神经系统病理生理的改变知之甚少。在小鼠中，PrP^C 优势控制脑室下区和齿状回的内源性神经修复过程。尽管没有在神经胶质细胞中明确检测到 PrP^C，但体内和体外研究均表明 PrP^C 在多能神经前体细胞和成熟神经元中都有表达[36]。成体神经形成过程也可促进嗅觉感觉神经元的耐力和轴突聚集[37]。神经干细胞具有向星形胶质细胞、神经元和少突胶质细胞分化的自我更新能力，这表明它具有作为神经退行性变性疾病的治疗药物的潜力。干细胞移植的治疗方法在治疗神经退行性变性疾病如侧索硬化症和亨廷顿病等方面显示了良好的结果[38, 39]。成年人大脑中的内源性神经干细胞可以产生神经元和胶质细胞，这使得研究人员对受损细胞进行替代治疗成为可能。为了达到这一目的，需要在组织原位对内源性前体细胞进行一定刺激。此外，它们还可以在体内进行基因改造，进而传递抗朊病毒分子[40]。在传统海绵样脑病中，情况可能比生理条件下更为复杂。可能存在两个原因：第一，在神经元分离过程中，PrP^C 的表达增加，继而转化为 PrP^{Sc}，导致朊病毒在大脑中进一步传播。第二，PrP^C 在胚胎和成体的神经生长发育过程中，进入神经前体细胞的增殖阶段，与神经元的存活相关 [41]。因此，PrP^C 向 PrP^{Sc} 的转化可能会中止神经的发生过程，导致神经退行性改变 [42]。由于仅有一小部分新细胞参与修复并成功存活，因此大脑本身的自我修复能力不足以改善神经元工作网络。结果表明，神经干细胞在朊病毒复制过程中发挥重要作用，其功能失调将加速朊病毒的致病进程 [43]。此外，该研究还表明，神经干细胞在朊病毒的复制过程中不但发挥积极作用，而且可以调节神经元密度。在体外环境中，这种作用也可以从被朊病毒感染的成年神经干细胞中观察到。中止朊病毒在这些细胞中的传播可以改善内源性神经再生过程，并且可以修复受损的神经系统 [44]。朊病毒病促进成体神经发生发展的机制尚不清楚，但有趣的是，在神经干细胞中，PrP^{Sc} 增殖水平的下降可能通过 PrP^C 行使了神经元保护作用或执行了神经源性功能，从而减缓了疾病的进程，这是通过利用可以表达抗朊病毒分子的重组病毒载体的基因工程方式实现的，如抗体、显性 PrP 阴性突变体和用于 RNA 干扰的抗 PrP 寡核苷酸片段 [45-47]。内源性神经干细胞产生的神经元的有效性仅在朊病毒病的早期阶段存在，并随着疾病进展而逐渐消失 [48]。此外，如果在起始阶段，给予成熟神经一个外界刺激，则会刺激新的神经元形成，从而替代失去或损坏的细胞，但这些新的神经元处于自身的婴儿阶段，并不能最终成熟。因此，最后的结局是大多数神经元死亡，且无法发挥有效的损伤修复作用 [43, 44, 49]。为了更好地研究 NEIL3（一种 DNA 修复糖苷酶）在神经发育和朊病毒病传播中的作用，研究者将其在小鼠中进行敲除。结果表明，缺乏 NEIL3 的小鼠表现出朊病毒传播临床时间缩短和成年期神经形成的变化，但生存时间不受影响。本研究提示，成年期神经系统的发生发展虽然难以改变朊病毒病的致死性后果，但可以推迟临床症状的出现 [49]。遗憾的是，NEIL3 参与朊病毒病相关的神经保护机制尚未阐明。

RNA 干扰（RNAi）作为朊病毒病治疗方法的一个主要优势在于，它可以适用于所有已知的朊病毒病菌株。在任何物种内部，PrP^C 和 PrP^{Sc} 的重要组分几乎相同，因此，RNAi 有望成为治疗所有朊病毒变异的积极手段。White 等人 [50] 首次报道了关于天然朊病毒蛋白的慢病毒介导 RNAi 在小鼠中的治疗应用，该方法可实现神经元修复，预防临床症状，并提高患朊病毒病的小鼠的存活率。他们设计了一种表达短发夹 RNA（shRNA）序列的病毒载体，由 Dicer 处理。同时，将反义链或引导链装载到 RISC 中，RISC 可以靶向特定的 mRNA 并将其降解，如图 19.3[50]。对于上述方法是否可以抑制朊病毒积聚、保存和维持神经再生能力、形成足够的细胞支撑系统，上述关系的确认意义重大。

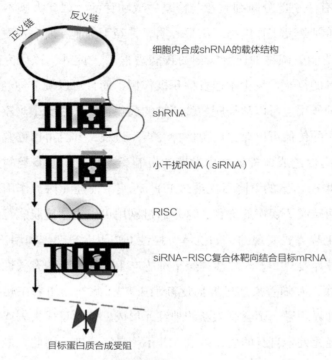

图19.3　RNAi作为朊病毒病的治疗方法

5. 胚胎神经干细胞在朊病毒病中的治疗应用

由于干细胞移植技术才被用于分析和解决朊病毒病相关的病理生理机制问题，故仅有少数研究详细介绍了干细胞在该疾病中的治疗应用[51]。一项研究将从抗朊病毒敲除（koPrP）小鼠胚胎中提取的神经干细胞进行移植，以延长小鼠模型的海马锥体细胞的生存时间——该模型是痒病感染（C57Bl6/VM）野生型（wt）小鼠，但不伴随相关疾病症状，感染 150 天后注射神经干细胞进行治疗。与对照组小鼠相比，移植后 21 天及研究结束时（第 250 天），其锥体细胞层的功能性神经元增加了近 1.5 倍。然而，在 250 天的孵育期中，180 天以后，海马 CA1 区锥体细胞的死亡比例达到 50%。该研究使用了图像分析系统，对神经元的数量和 CA1 区的深度进行定量分析。与对照组相比，移植组获得了更多的 CA1 区神经元。此外，与仅给予培养基的对照组相比，移植组的 CA1 区深度更高。这项研究为传统海绵样脑病的晚期治疗提供了新的参考。然而，本研究并未提供任何证据证明胚胎神经干细胞移植可以成为治疗朊病毒病的一个真正有前景的治疗选择 [52]。在另一项研究中，神经干细胞来源于 3 种类型的小鼠，在朊病毒感染的小鼠中，神经干细胞移植物能显著延长孵育时间达 20%，并延长生存时间可达 13% [53-55]。如果在患鼠出现临床症状之前就成功移植了神经干细胞，则可获得令人满意的效果，这表明治疗成功与否和治疗是否发生在有效时间窗内关系密切。对于所有类型的神经干细胞，无论其来源为何，孵育时间和存活率都有明显的改善。这一发现是出乎意料的，因为在体外环境中，朊病毒仅能感染野生型小鼠神经干细胞并进行复制 [53, 54]。

研究人员在转基因小鼠中进行了一种以自体和异体神经前体细胞为中心的治疗研究，这种小鼠模型模拟了人类 E200K PrP 基因的突变，该基因可导致一种遗传性克 - 雅病。这些转基因小鼠表现出随着年龄增长的神经功能恶化，因此在新生小鼠中进行了神经前体细胞移植，神经前体细胞来源于两种小鼠胚胎的大脑。随访 10 个月后，与非移植小鼠相比，移植小鼠的疾病进展均明显延迟。两种神经前体细胞均能延长 35% 的潜伏期。此外，移植动物大脑中的内源性神经干细胞数量也有所增加，提示移植物细胞具有神经源性作用，但不引起 PrP^{Sc} 在转基因小鼠内源性神经干细胞中积累。此外，将转基因小鼠的神经干细胞移植到野生型小鼠中时，未发现有朊病毒传播 [56]。

6. 胚胎干细胞和诱导多能干细胞

胚胎干细胞来源于囊胚期的内细胞群，在细胞替代治疗方面具有巨大潜力。事实上，它们可以在体外进行非确定性增殖，同时保持多能干性以产生不同类型的细胞。小鼠胚胎干细胞在体外能熟练分化产生神经前体，这些前体进一步分化产生功能性星形胶质细胞、神经元和少突胶质细胞 [57, 58]。目前，一些国家已经开始进行针对人胚胎干细胞的研究，他们将人胚胎干细胞分化后植入啮齿动物的大脑中。近年来，有关细胞发育的关键期，已有以下 3 个进展诞生：① 细胞周期的控制；② 干细胞命运的调控；③ 神经元早期分化的控制 [59]。

PrP^{C} 是正常的细胞亚型，其表达在对朊病毒易感性中起重要作用。这种细胞亚型的表达并不局限于神经系统，而是存在于具有不同功能的其他细胞和组织中。PrP^{C}也有助于造血干细胞的长期再聚集能力[60, 61]，并且与正处于生长阶段的人胚胎干细胞的更新与分化调节有关[62]。在一项使用7种人胚胎干细胞系进行研究的项目中，研究者培养细胞，并筛选朊蛋白基因密码子129的基因表达。PrP^{C}的mRNA在普通人胚胎干细胞中正常表达，但在自我更新的细胞群体中，其积累量却很低。当这些人胚胎干细胞被调整为无定向分化时，PrP^{C}蛋白表达量在主要的胚胎谱系中上调。此外，自我更新的人胚胎干细胞群存在于人类和动物的传染性朊病毒蛋白中。在接触到受感染的朊病毒后，细胞迅速消耗了这些物质。当感染源从培养基中被移除后，细胞内感染性朊病毒蛋白的浓度迅速下降。本研究结果表明，人胚胎干细胞能够识别并快速摄取异常朊病毒蛋白，并立即对其进行清除。这是一个颇有前景的发现[63]。

与之前的研究相比，近年来，细胞替代疗法领域的重大技术突破显得更加有吸引力。Shinya Yamanaka团队通过将4种翻译因子Sox2、Oct4、Klf4和c-Myc诱导入成纤维细胞，从小鼠体细胞中获得多能细胞[64]。这些转化的细胞被称为诱导多能干细胞，它们对胚胎干细胞表现出自我恢复和多能特性[65, 66]。因此，组织相容细胞的产生成为再生医学领域的重要工具[67]。来自人类诱导多能干细胞的人类大脑类器官作为感染性朊病毒蛋白传播的模型系统，两种散发的克-雅病朊病毒亚型在类器官中被感染，以模拟朊病毒感染的情况。人们发现，这些器官最初吸收这些感染性蛋白，随后将其清除。朊病毒蛋白的自播活性重新出现，形成不溶性蛋白聚集物，这表明病毒可增殖。基于上述现象，可知人类大脑类器官可以作为研究朊病毒病和检测治疗方法有效性的器官模型系统[68]。此外，亦有已被用于朊病毒病研究的体外系统，如来自人类诱导多能干细胞[69]和永生化小鼠神经元星形胶质细胞系（C8D1A）的星形胶质细胞等[70]。

尽管胚胎干细胞和诱导多能干细胞都是细胞治疗的决定性工具，但判断移植是否成功仍然存在一些问题，包括可能的核型变异，因为它们增加了增殖限度和基因组的不稳定性；细胞存活率降低；即使大脑具有特殊的免疫特性，可使异种移植物存活更长时间，但难免会出现因免疫反应而导致的排斥反应[71]，以及畸胎瘤发生的可能性。研究人员已经证明，通过去除主要组织相容性复合体、去除与免疫反应有关的成分或用环孢素预先处理，可以降低移植细胞的免疫原性。重要的是，在移植入脑组织前需要将细胞进行预分化，以增强细胞生存能力和消除未分化的胚胎干细胞，或任何仍处于分裂状态的前体细胞，这些细胞如在体内增殖，会增加罹患肿瘤的风险[72]。

7. 间充质干细胞

间充质干细胞来源于脐带、骨髓、脂肪组织等，可用于神经退行性变性疾病和中枢神经系统相关疾病动物模型的细胞治疗。细胞输送的方式有通过静脉、侧脑室内、颈动脉内等给药[73]。本文综述了间充质干细胞在朊病毒病治疗中的应用[74, 75]。

尽管许多研究人员利用间充质干细胞治疗不同的神经退行性变性疾病，但只有少数人研究了人间充质干细胞移植在朊病毒感染小鼠中的结果。将来源于骨髓、表达 LacZ 基因的永生化人间充质干细胞移植到被 Chandler 或 Obihiro 菌株感染产生朊病毒病的野生型小鼠体内，即使在注射后 3 周，依然能检测到人间充质干细胞的存在。这些细胞不仅出现在病变部位，还迁移到对侧。研究发现，朊病毒感染小鼠脑提取物能有效促进移植的人间充质干细胞体外趋化，并能在感染小鼠脑损伤部位的体内识别人间充质干细胞。少量移植的人间充质干细胞可分化为表达神经元、少突胶质细胞和星形胶质细胞标记物的细胞。另一方面，在被 Obihiro 菌株感染的小鼠中，PrP^{Sc} 的积累、神经元破坏导致的海绵状病变和星形细胞增多的情况更为严重。在这些小鼠中，人间充质干细胞的迁移和病变的严重程度呈正相关。与感染小鼠相比，未感染小鼠只保留了很少的人间充质干细胞，这表明移植的人间充质干细胞在感染小鼠中保存良好，并被吸引到脑部病变区域；而人间充质干细胞在未感染小鼠中则不被需要，因此大部分被清除。在朊病毒感染小鼠的微环境中，迁移的人间充质干细胞产生的不同营养因子（血管内皮生长因子、脑源性神经营养因子、神经生长因子、神经营养因子 3、睫状神经营养因子）因脑损伤刺激而表达。这些因子在朊病毒感染小鼠中高于模拟感染小鼠。虽然我们已经知道人间充质干细胞在一定条件下可以分化为神经谱系，但研究工作持续 3 周以上，以期监测移植的人间充质干细胞是否能产生星形胶质细胞和神经元。极少的 LacZ 阳性细胞被发现可表达微管相关蛋白质 2（MAP-2），这表明移植的人间充质干细胞可以整合并进一步分化为神经谱系。感染 Chandler 的小鼠在第 90 天时被延长了存活时间，研究人员为它们移植了人间充质干细胞，但与未移植的小鼠相比，存活时间增幅很小（5.3%）。

因此，以上机制归纳起来，人间充质干细胞可以促使寿命延长，但不能阻止疾病的进展 [76, 77]。同时，研究团队也发现，一些趋化因子受体是导致人间充质干细胞向脑损伤迁移的原因 [78]。

在另一项研究中，研究人员在朊病毒小鼠模型中进行了致密骨髓源性间充质干细胞的自体移植，并评估了治疗效果。致密骨髓源性间充质干细胞是从感染了 Chandler 朊病毒菌株的小鼠股骨和胫骨中进行分离而得到的。移植是在海马进行的，在第 120 天时，虽然存活率仅有轻微提高（＞5%），但很有意义。体外细胞迁移实验证明了致密骨髓源性间充质干细胞向朊病毒感染小鼠脑提取物的迁移能力。这种移植促进了小胶质细胞的激活，如可使编码小胶质细胞 IBA-1 蛋白的 Aif1 基因表达上调，但对 PrP^{Sc} 在受感染小鼠大脑中的积累速率并无影响 [79]。

8. 小胶质细胞

小胶质细胞被认为是大脑的固有免疫细胞，在大脑的病理状态下会增殖并被激活。小胶质细胞可维持组织稳态，并调节突触可塑性以维持神经炎症反应能力。它们具有神经保护作用，在减轻炎症、修复神经元损伤和帮助其再生过程中发挥重要作用。但是，小胶质细胞也可启动神经毒性通路，导致神经变性。由于小胶质细胞的这种双重作用，许多研究者试图研究它们在疾病发生早期的作用机制 [80-83]。为研究朊病毒病中小胶质细胞的生成，小鼠先被注射朊病毒株，然后为它们植入骨髓细胞，此类细胞由以小鼠干细胞病毒为基础的逆转录病毒载体转导，该载体编码绿色荧光蛋白增强。在出现朊病毒病的临床表现之前，50% 的小胶质细胞被来自骨髓的绿色荧光蛋白阳性小胶质细胞取代。有关痒病朊病毒的发病机制并没有得到进一步阐明，该研究仅表明朊病毒不能在绿色荧光蛋白阳性的小胶质细胞中复制，这提示这些细胞可以作为载体来运送抗朊病毒分子 [84]。研究人员曾使用表达抗朊病毒单链抗体的小鼠 Ra2 来源的小胶质细胞作为移植细胞。这些细胞在第 7 周（无症状期）移植到接种了 22 L 痒病菌株的 wt 小鼠的大脑中。与移植绿色荧光蛋白细胞的动物相比，小鼠的存活率有显著提高 [45, 85]。结果表明，直接注射抗朊病毒蛋白抗体并不能延长小鼠的生存时间，同时，感染 22 L 朊病毒后，Ra2 小胶质细胞移植小鼠的存活率反而增加，提示小胶质细胞可向远离注射部位的区域迁移，这可能是偶发事件。只有在疾病出现之前即第 7 周时进行移植，才能观察到生存率的提高。在 22 L

痒病朊病毒感染后第 13 周临床阶段进行移植，或者是用 Chandler 痒病菌株接种的小鼠，存活时间没有变化 [86]。

9. 讨论

干细胞生物学的研究一直以来都备受关注，原因在于它给破译大脑和脊髓相关疾病的有效治疗方面带来希望。一些研究人员进行了深入的研究，揭示了干细胞及其祖细胞在修复各种神经退行性变性疾病引起的脑损伤方面的治疗潜力。再生医学在朊病毒病的治疗中具有广阔的前景，然而，只有少数研究揭示了干细胞移植在延缓朊病毒病或提高生存率方面的功效。引发疾病的朊病毒的不同菌株对干细胞移植治疗也有不同的预后反应。此外，注射移植干细胞的时间也决定了治疗的有效性。由于朊病毒病的发病机制和治疗非常复杂，尚缺乏再生医学领域相关的临床前试验。再生医学投入临床使用之前，仍有许多问题亟待解决，如移植细胞的来源、伦理问题、细胞运输等物流条件、供体细胞的反应等。有些种类的干细胞系可能已经有内源性病毒，或者可能有外源性病毒的污染，这些干细胞本身可能分泌病毒颗粒或在细胞表面表达病毒抗原；另一些生物产品如小鼠饲养细胞、胎牛血清等也可能含有高风险的朊病毒 [87]。这些都可能将严重的疾病传染给接受干细胞治疗的患者，所以干细胞库应该确保产品安全。

现有的干细胞治疗研究表明，对于减轻朊病毒病症状或修复疾病造成的损伤而言，仅以细胞为基础的治疗尚不足以对抗这种疾病。更重要的是，早期诊断、尽早治疗以预防脑组织损伤，若已发生则尽早修复。针对该疾病，多管齐下的治疗方式非常必要。这些方法包括使用药物、免疫调节减轻炎症、基因疗法、干细胞或多种细胞治疗，以及其他可以刺激启动内源性神经修复的药物。

扫码查询
原文文献

第二十章

衰老相关疾病的传统医学：
药物发现的意义

Antara Banerjee, M.S. Pavane, L. Husaina Banu, A. Sai Rishika Gopikar,

K. Roshini Elizabeth, Surajit Pathak

1. 简介

衰老是一种与时间相关的复杂过程，它具体表现在系统对内源性因素、外源性因素造成的应激能力的下降，这些因素可能是物理因素、化学因素或生物因素。

传统医学包括在现代医学出现之前代代相传的传统医学知识。在当今时代背景下，它已成为一种替代医学。传统医学不仅包括可食用和不可食用的材料，还包括各种治疗方法和手段。传统医学有时也被称为本土医学或民族医学，它运用了传统知识，这些传统知识包含区域、地方和具有共同规范、宗教、价值观和共同身份的社会单元。美学，一个与美有关的通用术语，现在已经跨越了化妆品的界限，成为医学领域不可分割的一部分，被称为医学美学。医疗美学已成为治疗学中可迅速改善外貌的标准化部分，患者可以采用相应有创或无创的方法进行治疗。高级美容医学包括外科手术，如面部整容、射频消融术、吸脂术和隆胸术，以及非手术治疗，如化学剥脱术、非手术吸脂和射频紧肤。

通过对 Scopus、PubMed/MEDLINE、Science 谷歌进行详细的文献调查，我们回顾了包括世界范围内，特别是印度的传统医学应用情况。本章简要评述了传统医学在衰老相关疾病和干细胞再生方面的潜在优势。

印度传统医学根据用途分为以下类型。

1.1 悉达

悉达（Siddha）是印度的一种传统医学方法，阿加斯提亚被认为是悉达医学之父，悉达医学独特的特点是药物配方一直保密至今。悉达医学凝结了古代医学经验、灵性训练、神秘力量和神秘主义，这些实践者被称为 Siddhars（成就者）。悉达医学兴盛于印度河流域文明时期，它的许多古代哲学理论与现代实践相关。后来，印度河流域的德拉威人迁移到印度南部时把悉达医学带到了那里 [1]。悉达医学主要致力于精神疗法，其主要目标是维持和延长个体寿命。它认为，外部的宏观世界与物质存在的微观世界之间存在着强烈的相互联系。Vata（空气）、Pita（火）和 Kapha（水）三个元素统称为体液，是人体构成基础。Vata 是指人体收缩、扩张和运动，Pita 是指饥饿、干渴、睡眠和美丽，Kapha 指的是血液、胆汁、精液、汗液和其他腺体分泌物。当它们之间失衡时，身体就会出现病理反应。含硫和汞的制剂很受欢迎，但正如一些报道所述，它们是有毒性的。

1.1.1 悉达医学中的矿物药和金属药物

悉达医学也使用草药制剂，可分为 Thadhu（无机材料）、Thavaram（草药产品）和 Jangamam（动物产品）[2]。无机材料分类如表 20.1 所示。

表20.1 Thadhu制剂及其有益证据			
序号	Thadhu制剂	自然特性	有益证据
1	Uppu	水溶性无机材料，燃烧后会释放蒸汽	Sirucini uppu（一种从紫穗槐中提取的草本盐），统计信息表明，它可用于缓解消化道溃疡的症状，如舌头疼痛和肠胃胀气 Moongil uppu，一种含有豆蔻、胡椒和丁香的配方，用于治疗炎症、支气管疾病、月经不调、癣等真菌感染、关节疼痛、发热和腹泻等 Gunma uppu chooranam，一种经典的粉末状药物，有效治疗月经紊乱、气胀、胃炎、痛经、贫血、胃痛和排尿痛
2	Pashanam	不溶于水，但燃烧后可释放蒸汽的药物	Navapashanam bead 是可用的，由于其重要且效力强大，被认为是一种治疗疾病的有效方法。它实际上是由9种有毒的草药制成的[3]

序号	Thadhu制剂	自然特性	有益证据
3	Uparasam	与 pashanam 相似，但作用不同	Annabethi是一种常见的化学药物，俗称绿硫酸（化学名称为硫酸铁），天然的Annabethi是在山上采集的，但它也可合成，呈绿色晶体状，味苦涩，易溶于水。它是将铁丝与硫酸混合并蒸发溶液结晶而合成的，常用于治疗贫血、发热和痢疾[4]
4	Loham	不溶于水，但可熔化	Loham指作为传统药物的金属，包括铜、锌、金、汞、铅和银。Rajata bhasma成本较低，易获得，因此可以替代传统疗法中的黄金。摄入Ashudh rajatha会导致体温升高、不孕、便秘和身体疼痛[5]。因此，它必须通过金属纯化或焚烧处理[6]。这类药可用于治疗神经系统疾病、心理疾病、记忆力丧失、干咳、消化系统疾病、皮肤病和其他感染性疾病，如尿路感染[7]
5	Rasam	质地柔软的物质	Pudina rasam治疗呕吐、厌食、消化不良、感冒、咳嗽、肝功能不全和胆囊疾病 Sata pushpa rasam可用于治疗身体疼痛、肿胀、食欲不振、便秘、发烧和胃病 给受试大鼠口服Rasa chendooram，按100mg/kg推荐剂量[8]，未观察到明显的毒性作用
6	Ghandhagam	不溶于水的物质，如硫磺	Ghandhagam是悉达药物中的一种成分，如用于治疗骨关节炎的Gowri chinthamani chendooram。它在治疗白癜风、呼吸系统疾病、肠胃胀气、腹泻、风湿热、咬伤中毒发作、眼部疾病、肝大、胃溃疡和腹水等方面发挥着重要作用[9, 10]

1.1.2　悉达医药的临床应用

皮肤有时可以反映生物健康状况，大量皮肤病与肝脏、免疫系统、肠道、肾脏和神经器官等重要器官的内在病理改变有关。据追溯，皮肤、免疫系统、情绪健康和肠道之间的联系是由微生物组建立的。例如，银屑病或特应性皮炎与人类的肠道和情绪状态有关。悉达药物起效迅速，尽管它们是天然的治疗方法。悉达药物是治疗银屑病的著名药物。Vetapalai thailam 是一种由金缕梅叶子充分晒干后制成的润滑剂（金缕梅的叶子在当地被称为 Vetpalilai[11]）。据报道，患有湿疹的成年人在治疗的初始阶段先服用泻药3天，从第4天开始服用特殊的草本矿物药是有效的。Rasaganthi mezhuku 被大量用作草本矿物药[12]。Milakai thailam 外用治疗疥疮。Pinda thailam 用在鱼鳞病（因为皮肤上有干燥的鱼鳞状皮损而得名）患者的皮肤上，可以缓解病情。痤疮患者口服含有芝麻油和罗布斯塔树胶的 Kunkiliya vennai。

Puzhu vettu 用于斑秃患者的脱发处。悉达医学甚至选择手术治疗脱发，尽管这在当代没有实际应用[13]。

1.2 尤纳尼

尤纳尼（Unani）是另一种传统医学形式，在印度被纳入替代治疗。这种阿拉伯风格的医疗体系起源于希腊，并于 10 世纪在印度流行。Unani 是阿拉伯语，含义是"希腊"。尤纳尼主要基于希波克拉底、盖伦和其他波斯和阿拉伯学者制定的原则。尤纳尼医学从业者坚定地指出，个体的生物状态是体内 4 种主要体液即血液、痰、黄胆汁和黑胆汁的累积平衡[14]。传统观点认为，某些环境条件，如水质差和空气中气体成分不当，是造成健康问题的一些因素。在尤纳尼医学中也可以看到相同的概念。尤纳尼医学常用独特的草药，最著名的配方之一是"Khamira abresham hakim arshad wala"。这种草药配方的主要成分是豆蔻、香橼、西红花和印度月桂叶。该配方可以控制血压，缓解心绞痛，因此在治疗心血管疾病中发挥关键作用。该配方还可通过保护大脑免受自由基的侵害来保持大脑的健康状态。其他草药配方包括治疗类风湿关节炎的 Majoon suranjan 和用于治疗糖尿病患者白内障的 Kohl chikni dawa。

1.2.1 口面部疾病管理

Usool-e-Ilaj 提到了"尤纳尼治疗原则"，尤纳尼医生遵循其中的草药配方来预防牙齿疾病和管理口面部疾病。口面部疾病治疗中的抗菌、镇痛和抗炎特性源于一些著名的草药配方的作用[15]。表 20.2 中描述了在口面部疾病治疗中起关键作用的 4 种草药。

表20.2　用于治疗口面部疾病的草药

序号	草药产品（通用名称）	标准名称	成分	药物特点
1	Miswak	桃花新木	异硫氰酸苄酯、氯化物、氟化物、鞣酸、维生素、生物碱、精油和二氧化硅	杀菌剂，防止龋齿[16]，有助于牙釉质的再矿化[17]

序号	草药产品（通用名称）	标准名称	成分	药物特点
2	Haldi	姜黄	姜黄素、去甲氧基姜黄素和双去甲氧基姜黄素，统称为类姜黄素（酚类化合物）	皮肤病，如痤疮、特应性皮炎、面部光老化、日光性皮炎、口腔扁平苔藓、瘙痒、银屑病和白癜风[18] 姜黄可消除牙齿相关疼痛和肿胀[19]，治疗牙周炎、牙龈炎[20]
3	Pomegranate	石榴	果汁：花青素；果皮：酚类石榴素、没食子酸等脂肪酸、儿茶素；叶：鞣酸（石榴素和石榴黄素）和黄酮苷；花：没食子酸、熊果酸、三萜；根和树皮：鞣酸，包括紫荆碱和紫荆碱以及许多哌啶生物碱	由于其抗炎特性，可用作漱口水；由于其具有抗菌特性，可用于控制口腔病原体[21]
4	Clove	丁香	丁香酚油	由于其对口腔的抗菌活性，可用于预防感染性疾病，如牙周病（丁香也可作为天然添加剂或防腐剂用于食品加工，以延长保质期，因为丁香对某些食源性病原体具有抗性[22]）

1.3 阿育吠陀

阿育吠陀（Ayurveda）起源于《吠陀经》，Charaka Samhita 被认为是阿育吠陀之父。Ayurveda 一词意味着"对生命的了解"。Ayu 和 Veda 是梵文术语，指的是"生命、知识或科学"。它不仅涉及治疗，还包括致病原因、诊断、生活方式调理和疾病预防[23]。优先考虑使用草药治疗，然而，瑜伽和冥想也包含在该领域中。阿育吠陀认为，Kapam（水）在儿童时期占主导地位，Vatham（空气）在老年时期占主导地位，Pitham（火）在成年时期占主导地位。它主要关注 20 种粒子或人类生活的品质，包括用于去除角质和排毒的 Panchkarma 方法[24]。阿育吠陀药物对解决疾病有很大帮助。表 20.3 列出了一些阿育吠陀药物。

表20.3　阿育吠陀药物治疗的各种疾病及主要治疗方法

序号	草药及其起源	主流医疗选择	文献报道中用于治疗的疾病	药效或适应证
1	姜黄素	顺铂在化疗中的应用	血液毒性、皮肤病、肝胆疾病、胃肠道疾病、肝毒性、神经毒性和上呼吸道疾病[25]	在某些情况下，姜黄素可以取代顺铂作为化疗药物[26]
2	Rasayana acaleha：一种阿育吠陀制剂，其组成有余甘果、睡茄、心叶青牛胆、甘草、吉万提、圣罗勒和荜茇[27]	放疗	急性不良反应主要有恶心、呕吐、皮肤反应、黏膜炎和疲劳等；长期慢性影响中，可能会出现口干、无味、水肿及其他器官损伤	抗衰老，恢复体力，提高活力和其他特性，为所有组织细胞提供所需的营养，并恢复身体基本的平衡
3	石榴籽油和巴豆树脂提取物[28]	怀孕、体重变化或皮肤缺乏弹性	萎缩纹	抗炎活性
4	金盏花或万寿菊中的三萜	剖宫产	剖宫产切口	抗炎、抗病毒、抗菌和抗真菌、抗癌、抗氧化和愈合功能[29] 外科创面的上皮重建加速了创面愈合过程
5	芦荟凝胶	抗生素软膏	剖宫产切口	高稳定性、无毒性、亲水性、生物降解性、凝胶形成性、易于化学改性[30]
6	贯叶连翘和金盏花油提取物[31]	类固醇	剖宫产切口	抗菌、抗炎、抗氧化活性
7	大黄和罗望子	由于手术或糖尿病导致的创面	瘢痕	抗瘢痕活性，抗瘢痕过度增生[32]

1.3.1　当代背景下的阿育吠陀方法分析

尽管公众和医学界已广泛接受阿育吠陀可作为保护人类健康的有效、合理的方法，但社会对现代药物和疗法的需求已经提高：当代医学需要安全、快速、有效和高质量的药物和疗法。遗憾的是，一些研究人员发现，阿育吠陀可能无法满足当代医学的要求，并且获得重视的机会较少，因此，阿育吠陀研究需要单独的方法论。通过增强数据分析技术来揭示与阿育吠陀药物化学作用、副作用和疗效相关的不透明信息，可以帮助阿育吠陀和传统医学方法成为"循证医学"。调查和分析表明，75% 的印度人使用阿育吠陀作为单独治疗方法或与传统药物一起作为附加治疗。对单个群体的大数据分析表明，86% 的慢性病患者中，有 76% 的患者获得了完全或部分缓解，0.9% 的患者症状加重。在这项研究中，300 名阿育吠陀从业者通过电话和面对面咨询，获取了 353000 名患者的数据[14]。

阿育吠陀不能被轻易归纳为有效的治疗手段，尤其是对于进展期、晚期疾病的治疗。虽然它在治疗神经疾病、肌肉疾病等方面有效，但在某些情况下也观察到了副作用。由于它是一种自然疗法，因此治愈疾病需要更多的时间。

2. 衰老

变老的过程被称为衰老，它包括心理和社会属性的变化。衰老是人类患病的最重要的风险因素之一。衰老的原因可能是 DNA 损伤，DNA 氧化或甲基化造成 DNA 损伤。细胞衰老是导致细胞增殖永久停滞的过程，它在衰老和与年龄相关的疾病中起重要作用，细胞过早老化会导致衰老的提前到来。当细胞内和细胞外机制由于突变或环境因素导致错误而发生改变时，过早衰老便会出现。衰老分 3 种类型，包括激素老化、基因老化和环境老化。基因老化与基因改变有关。环境老化是环境因素加速衰老过程。激素老化是指激素水平下降，并随着年龄的增长而出现不平衡。一些基因和转录因子与衰老有关。例如，长寿基因 *SIRT6* 在衰老、端粒维持和 DNA 修复等过程中发挥着多重作用[33]。*DAF-16* 是控制与衰老相关基因表达的转录因子。通过控制基因表达，这种转录因子或者缩短寿命，或者延长寿命。内分泌腺功能的逐渐下降与衰老有关，生长激素和 *IGF1* 的分泌减少，从而加速衰老过程。基因组位置发生变化的趋势称为基因组不稳定性，外源性因素和内源性因素引起了 DNA 损伤，进而导致了基因组不稳定性，引起了细胞周期压力和基因调控的变化，可能导致过早衰老。染色体的末端有端粒，端粒紧密地连接在染色体上，是防止 DNA 损伤的保护涂层，它是衰老的时间标记物，当细胞反复分裂时，细胞的端粒逐渐缩短。压力、吸烟、肥胖和缺乏体力活动都会影响端粒的长度。由于表观遗传改变、基因表达变化、广泛基因组序列紊乱及表观基因组紊乱，衰老过程加速。表观遗传改变会影响 DNA 的结构，从而导致基因组表达发生变化，这与衰老有关[34]。人们已经认识到，线粒体在衰老过程中也起着重要作用，它不仅参与能量的产生，而且在钙平衡、细胞代谢、膳食底物的相互转换等方面起着至关重要的作用。线粒体功能障碍影响上述所有过程，线粒体 DNA 突变会导致线粒体功能障碍，线粒体 DNA 显示出比核 DNA 高 10 倍的突变率和更低的修复能力 [35]。

3. 衰老相关疾病

衰老导致人体生理和生化机制的改变，这为大多数疾病的发生埋下了伏笔，并增加了疾病表型表达的易感性。与衰老直接或间接相关的疾病很多，其中就包括以下疾病。

3.1 结直肠癌

结直肠癌是发生在结肠或直肠的癌症，占最常见的癌症的第三位，在美国、澳大利亚及欧洲的多个国家发生率较高，也可见于中国和印度等亚洲国家。许多癌症患者死亡的事实表明，医学研究必须高度重视结直肠癌的风险因素和治疗方法。许多分析表明，结直肠癌多见于 40 岁以上的人群，而 50 岁以上的人群患病风险更高，90% 的结直肠癌病例发生在 50~70 岁的人群中，以上数据清楚地表明年龄是结直肠癌发生发展的一个风险因素 [36]。随着年龄的增长，生物学机制的改变和结直肠癌的发生有明显的关系，其中包括细胞衰老、长期暴露于氧化应激环境和表观遗传改变增加。这些改变会干扰正常结直肠细胞的生化活动。Wnt 信号失常就是一个典型的例子，因为在肿瘤发生中起重要作用的年龄因素导致细胞中的 DNA 甲基化 [37]。因此强烈建议在治疗老年癌症患者时结合老年医学评估。癌症的发生也扰乱了表观遗传维持系统，改变了表观遗传时钟的模式。一项分析发现，在所有表观遗传时钟中，Haworth 是预测正常结肠年龄最准确的时钟。在治疗结直肠癌时，必须牢记这种组织的特性，它与肠道微生物组和消化代谢产物作用密切，因此建议积极开发组织特异性表观遗传时钟，以便更好地评估结直肠癌。化疗药物如帕博利珠单抗、纳武单抗和其他对抗疗法通常用于治疗结肠癌。在疾病晚期，手术切除是唯一选择。除常规治疗外，还推荐使用辅助疗法来控制疾病。

植物药对控制结肠癌的发展有很大帮助，已报道其在对抗 DNA 氧化减少、诱导超氧化物歧化酶、阻止细胞周期进入 S 期导致细胞凋亡等方面有明显改善，还可降低 PI3K、p-Akt 蛋白和 MMP 的表达，减少抗凋亡 Bcl-2 和 Bcl-xL 蛋白。此外，还有学者研究了植物或其产物的活性成分对减少增殖细胞核抗原、细胞周期蛋白 A、细胞周期蛋白 D1、细胞周期蛋白 B1、细胞周期蛋白 E 的影响。植物化合物还增加了细胞周期抑制剂 p53、p21 和 p27 的表达，以及 Bax、caspase3、caspase7、caspase8 和 caspase9 蛋白水平的表达 [38]。

3.2　神经退行性变性疾病

神经退行性变性疾病的主要特征是神经元 DNA 损伤的增加，表明神经变性和过早衰老均与 DNA 修复机制受损有关。分子研究表明：DNA 损伤和细胞增殖下降是早衰症的发病原因。许多研究表明，与年龄相关的神经退行性变性疾病，如帕金森病、亨廷顿病、阿尔茨海默病和肌萎缩侧索硬化，是由于 DNA 修复机制受损，这主要由碱基切除修复途径受损所致。与年龄相关的神经退行性变性疾病很可能是由有氧代谢产生的内源性活性氧引起的。有害的 O_2^- 和 OH 自由基与年龄相关性疾病、糖尿病和其他疾病（如动脉粥样硬化和癌症）相关，导致脂质过氧化、蛋白质非特异性糖基化和蛋白质交联，最终影响细胞器功能并导致细胞死亡。我们的生物系统具有去除活性氧的修复能力。人脑容易受到氧化应激的影响，这与年龄相关性脑功能障碍有关，其原因是氧化损伤所需的关键化合物的积累和抗氧化防御系统功能的下降。蛋白质氧化导致功能紊乱，这不但与特定蛋白质的氧化增强有关，而且与年龄相关性神经退行性变性疾病（如帕金森病和阿尔茨海默病等）的发生有关。

衰老不仅使人易患与年龄相关的神经退行性变性疾病，如阿尔茨海默病和帕金森病，而且会造成线粒体功能障碍和影响 ATP 生成机制。这些机制应该是平衡的，这种平衡是通过线粒体自噬和蛋白质水解来维持的。线粒体自噬是一种独特的自噬过程，它控制异常线粒体和细胞器的循环，这些线粒体和细胞器协助合成细胞的能量之源——ATP。衰老会逐渐影响线粒体自噬和其他自噬类型的消耗，从而导致体内失去平衡。因此，神经退行性变性疾病的治疗也应关注线粒体自噬途径。在诊断线粒体自噬功能下降和调节线粒体自噬功能的改变程度时可以作为辅助治疗。

膳食和营养也和加速衰老及导致早衰症的发生相关。例如，饮食中摄入的晚期糖基化终产物会加速自然衰老、炎症、糖尿病、神经退行性变性疾病和其他相关并发症 [39]。

3.3　面部皱纹

皮肤老化是皮肤细胞内源性老化和外源性老化的结果。内源性老化是系统中的分子随着时间推移发生了变化；外源性老化是在环境因素作用下，系统中的分子发生了变化。在内源性老化过程中，会出现真皮和表皮萎缩，成纤维细胞、弹力蛋白和Ⅰ型胶原蛋白、Ⅲ型胶原蛋白、Ⅳ型胶原蛋白减少，肥大细胞数量也减少等表现。在外源性老化过程中，上肢伸侧、前胸和面部的皮肤表面对长期紫外线照射更为敏感。弹力蛋白网结构被破坏，大量无定形断裂的弹力蛋白纤维堆积。在真皮表皮交界处，富含纤维蛋白的微纤维水平降低。原纤维蛋白 -1 是一种富含纤维蛋白的微纤维，为系统中的非弹力纤维和弹性结缔组织提供物理支持[40]。内源性老化皮肤和外源性老化皮肤都会变得紧绷和出现皱纹。在内源性老化过程中，不仅弹性蛋白、原纤维蛋白和Ⅰ型、Ⅲ型、Ⅳ型胶原的水平下降，寡糖部分的水平也会下降，导致皮肤失去了水合的能力[41]。内源性老化可以由以下情况导致：① 真皮基质水平下降；② 基质金属蛋白酶表达水平升高；③ 皮肤细胞增殖能力下降。外源性老化涉及三个组成部分，即糖胺聚糖、胶原纤维和弹力纤维。糖胺聚糖比例降低导致皮肤脱水，这可能是皱纹形成的原因之一。Ⅶ型胶原在保护真皮表皮连接方面也起着重要作用，如果它受损，就会对皮肤产生不良影响。基质金属蛋白酶的诱导和活性氧的形成是皮肤老化的基础。活性氧主要来源于线粒体，线粒体 DNA 的突变会导致大量的活性氧自由基产生，进而导致皮肤老化。基质金属蛋白酶是细胞外基质的主要结构蛋白，在不同类型的基质金属蛋白酶中，*MMP-1* 会引起Ⅰ型胶原的分解，进而降解细胞外基质。

3.4　头发变白

头发变白是一种自然而普遍的衰老现象。头发变白有多种机制和原因：黑色素细胞的数量减少、功能障碍和分化缺陷均会导致头发变白。紫外线引起的氧化应激会损害毛囊的黑色素细胞。紫外线可导致破坏分子的活性氧释放，导致核酸突变。活性氧被认为是人逐渐衰老的根本原因。已经证明，*BCL-2* 基因最早是在滤泡性淋巴瘤缺陷的染色体易位中发现的，可导致头发变白。衰老也受线粒体的影响，随着年龄的增长，线粒体突变增加，导致呼吸功能丧失。这些线粒体突变可增加活性氧生成，从而导致多种老化表现，如皮肤皱纹、头发变白、生育能力下降。

最近的研究主要集中在遗传易感因素和各种其他因素（包括甲状腺功能减退、贫血和维生素 B_{12} 缺乏）导致的头发过早变白。过早白发与氧化应激、情绪压力、吸烟、饮酒等有关，可通过改变生活方式（如调整饮食、多锻炼、控制体重和少饮酒）加以控制。

4. 临床应用

运用传统医学不仅是为了塑造具有吸引力的外表，还是为了实现健康和长寿。传统医学的疗效取决于产品的成分及其应用形式。传统药物是安全的，它们以整体调节而闻名。各种阿育吠陀药物可用于嫩肤、抗衰老、滋养肌肤、恢复外貌。据报道，传统医学可以稳定激素代谢和新陈代谢。传统医学比现代医学更经济实惠。衰老的主要原因是 DNA 损伤，传统药物可以逆转部分受损的 DNA。来自传统药物的天然成分，如精油、葡聚糖、类胡萝卜素、谷胱甘肽和生物碱，具有清除自由基的能力。例如，天竺葵提取物富含多酚化合物，已知这些多酚化合物具有抗突变和清除自由基的能力；生姜精油可作为抗氧化剂。大多数抗氧化剂参与 DNA 修复机制。传统药物的副作用较小[42, 43]，抗衰老与传统医学（如阿育吠陀、悉达和尤纳尼）在美学和健康医学领域日益发展。众所周知，悉达医学在抗衰老方面也有其自身的特色。Sukkilam（七种体液之一）具有恢复活力和抗衰老的作用。尤纳尼医学认为，衰老是一个自然且不可避免的过程，涉及饮食、生活方式、药物和养生法调养。因此，传统医学在抗衰老等方面具有很大的潜力。据报道，一些阿育吠陀草药可以延缓衰老，包括姜黄、人参和南非醉茄。

普遍的生理衰老过程一直是研究的重点，抗衰老的目标现在已经成为所有研究的最新趋势。随着各种传统方法和技术的使用，各种延长寿命的技术、原则和方法目前正在被应用。

5. 传统医学在美学中的应用

美容医学通常被描述为医学的一个分支，其目的是构建和重建外貌。美容医学的一些应用包含抗衰老的美容皮肤病学。抗衰老药物具有提供营养、补充维生素、抗氧化等功效，可用于治疗其他与年龄有关的疾病。草药产品的一些应用如下。

5.1 罗勒

罗勒是唇形科多年生植物，原产于南亚次大陆，作为一种栽培植物广泛分布于东南亚热带地区。罗勒是一种抗氧化剂，有助于预防衰老。罗勒可以防止氧化损伤，减少自由基并平衡抗氧化酶。叶提取物的成分包括齐墩果酸、熊果酸、迷迭香酸、丁香酚、芳樟醇等。罗勒的应用涉及保持皮肤水分，减少皮肤粗糙度和脱屑，防止皱纹，使皮肤光滑。罗勒在阿育吠陀和悉达医学应用中发挥着重要作用，可用于治疗炎症性疾病[44]。

5.2 心叶铁线蕨

心叶铁线蕨是一种属于北豆科的抗衰老草本植物，分布于印度热带地区，是一种攀缘灌木，叶子直径为 10 ~ 20cm。心叶铁线蕨含有抗老化特性，可减少色素沉着、粉刺、皱纹、细纹等老化迹象。心叶铁线蕨的成分属于不同的类别，如生物碱、二萜内酯、糖苷、甾体、脂肪族化合物和多糖。心叶铁线蕨的活性成分包括11-羟基麝香酮、N-甲基-2-吡咯烷酮、N-甲基甘氨酸、心叶苷 A、木兰素和丁香苷。心叶铁线蕨有解毒的作用，可以治疗痤疮、湿疹等皮肤病。

5.3 积雪草

积雪草是属于伞形科的一种热带药用植物，分布在东南亚国家。该植物生长于八九月，颜色呈紫色，有烟草的香气，高度在 5 ~ 15cm，可用于治疗各种皮肤病。叶提取物可用于治疗痢疾和改善记忆力，而积雪草活性成分包括积雪草酸、羟基积雪草酸、积雪草苷酸、积雪草苷 A 和积雪草苷 B。据报道，积雪草可促进静脉和受损毛细血管修复，甚至通过收缩与皮下脂肪细胞结合的结缔组织来促进脂肪分解。积雪草具有减少炎症和促进胶原蛋白生成的能力。2012 年对大鼠的一项研究明确了积雪草对创面愈合的影响。后来的结果表明，接受积雪草提取物治疗的大鼠能实现充分的角质化和上皮化[45]。

5.4 人参

人参是一种多年生伞形花序植物。人参在日本、韩国、中国、俄罗斯和加拿大种植。它在抗衰老方面发挥着重要作用。人参茎叶具有抗炎、抗氧化、抗肿瘤、抗疲劳、保护皮肤和免疫调节等作用。人参根是植物中在抗衰老方面应用最广泛的部位，通常在 4 ~ 6 年后的秋季采收，其主要生物活性成分为人参皂苷。人参有助于保持皮肤的弹性，延长皮肤细胞的寿命，活化皮肤，防止皮肤细胞老化。季节性变化、地域差异和年份不同可能会影响人参叶中人参皂苷的含量[46]。

5.5 枸杞子

枸杞子是中国等许多亚洲国家常用的草药之一，它对眼睛和肝脏有益，被认为是一种副作用小、疗效好的草药。许多研究表明，枸杞子具有抗衰老的作用，枸杞子含有多种成分，如玉米黄质、胡萝卜素、多糖、小分子甜菜碱和各种维生素。枸杞子因其增加胰岛素样生长因子数量和抑制氧化应激等特性而得到重视。枸杞多糖是其活性成分。枸杞子通过降低甘油三酯水平，提高环磷酸腺苷和 SOD 水平来保持身体健康[47]。

5.6 紫花蓟

紫花蓟通常被称为大牛蒡，属于菊科的欧亚种。这种植物的根在传统医学的各个方面被用作利尿剂、发汗剂和血液净化剂。从牛蒡中分离出的种子鉴定出了各种化合物，如牛蒡苷、牛蒡苷元、罗汉松树脂酚和二氢牛蒡苷元配体。这种植物提取物对减少皱纹生成很重要，牛蒡子苷可明显抑制前胶原和 MMP-1 活性，有助于治疗皱纹，同时它有助于真皮基质的再生，为抗衰老提供治疗方案。这种植物含有透明质酸合成酶 2 基因表达，可决定前胶原和透明质酸的合成，从而减少皱纹数量，同时这些次级代谢物产生配体有广泛的生物活性[48]。

5.7 洋甘菊

洋甘菊属于菊科植物，有德国洋甘菊和罗马洋甘菊两种。洋甘菊被用于治疗各种皮肤病，可抗过敏、抗氧化和止痛。洋甘菊的活性成分包括萜类化合物（比索洛尔、苦参素和洋甘菊素）、黄酮类化合物（木樨草素、芦丁和芹菜素）、羟基香豆素和黏液。它有抗炎、促创面愈合的作用，因此被广泛应用于化妆品中，如舒缓保湿剂、清洁剂和增色美发产品，也常被用作各种芳香疗法和头发护理的成分[49]。

5.8 大豆

大豆属于豆类植物，常见于东亚，它有很多益处。大豆在抗氧化、抗肿瘤和抗增殖活性方面有重要应用，它还有助于减少色素沉着、改善皮肤弹性，此外它还有很多好处，如控油、皮肤保湿和控制头发生长。大豆中的异黄酮可以控制各种生理过程，如抗肿瘤、减轻更年期症状、预防骨质疏松症和抗衰老；它还含有其他成分，如皂苷、必需氨基酸、植物甾醇、钙、钾和铁。染料木黄酮是一种大豆异黄酮，可上调抗氧化基因的表达，从而改善皮肤外观，减少皱纹。大豆蛋白酶有助于皮肤美白，减少多余的体毛和面部毛发，因此，已成为一种广受欢迎的护肤品[50]。

5.9 植物提取物对疾病的治疗

植物提取物及其生物活性成分可调节由衰老引起的遗传和生化机制障碍，这是许多疾病（如癌症、糖尿病和神经病变）不可避免的风险因素。

一项研究表明，从苦瓜中提取的富含皂苷的乙醇提取物可削弱线虫（秀丽隐杆线虫）中的脂肪积累。同时，这些研究还指出，苦瓜提取物可有效保护线虫的神经，缓解与年龄相关的色素沉着并增强生理机制，最终延长线虫的寿命。生理分析显示，脂质氧化和活性氧水平下降。遗传学研究表明，这些提取物上调了 $sod-3$、$sod-5$、$clt-1$、$clt-2$、$hsp-16.1$ 和 $hsp-16.2$ 基因的表达，这些基因具有延长寿命的特性和增强寿命所需的 skn-1 活性的作用[51]。所有生物标记物表明，苦瓜提取物的抗衰老和抗应激机制源自其稳定的抗氧化特性，这些提取物显示出较强的抗应激作用，可能成为老年医学研究中的主要营养药物。在一项对四氧嘧啶诱导的高血糖小鼠的研究中，给予从苦瓜中提取的皂苷部分（500mg/kg），可观察到小鼠血糖降低（$P<0.05$），胰岛素分泌和糖原合成水平升高（$P<0.05$，$P<0.01$）[52]。因此，这些提取物可用于治疗糖尿病和降血糖。凤梨和辣木是很好的抗氧化剂，也是有助于健康的植物，具有抗炎、抗肿瘤和抗衰老的特点。菠萝中的生物活性化合物菠萝蛋白酶可促进创面愈合，而且由于其抗炎特性，可作为手术后应用的一种成分。72 只雄性 Wistar 白化大鼠在 8 周内口服阿魏根提取物，在分析其抗炎、治疗糖尿病和抗氧化特性的研究中取得了积极结果[53]。

维生素 C 对动脉粥样硬化、癌症、糖尿病、金属中毒和神经退行性变性疾病有治疗作用。尽管大多数维生素 C 在小肠中被完全吸收，但吸收量随着肠腔内的维生素 C 浓度增加而减少[54]。黄酮类化合物对体内维生素 C 摄取的影响尚不明确。黄酮类化合物与维生素 C 的相互作用有可能会发生在肠道中，以利于主动吸收。猕猴桃是维生素 E 的丰富来源，一项动物模型研究表明，维生素 E 能够在体内保存维生素 C[55]。洋葱和茶是黄酮和黄酮醇的重要膳食来源，据报道，黄酮类化合物具有抗氧化作用和其他生化作用，可辅助治疗许多疾病（如阿尔茨海默病、癌症和动脉粥样硬化），也可辅助治疗糖尿病、炎症、内皮功能障碍和血脂异常。

EGb 761 是一种标准化的银杏叶提取物，具有保护血管和修复神经损伤的特性。一项针对成年痴呆患者进行的随机、安慰剂对照临床试验和荟萃分析显示，该提取物对患者认知、整体变化和行为等方面有积极影响，这一结果优于安慰剂组 [56]。

淫羊藿属植物的主要提取物是黄酮类化合物，其中包括黄酮醇 3-O- 糖苷、鞣酸（大环鞣花素 A 和大环鞣花素 B）、少量甾醇和一些脂肪酸，以及包含樟脑甾醇、β- 谷甾醇、芸苔甾醇和豆甾醇的籽油，在解决男性前列腺增生和男性泌尿系统问题方面显示出重要作用 [57]。

来自西伯利亚冷杉属植物的萜类化合物针对大肠腺癌细胞系 Caco-2 和人胰腺癌细胞系 AsPC-1 上的作用表明，*GADD45B/G* 基因的表达水平提高了 2 倍，*GADD45A*（生长停滞和 DNA 损伤诱导基因）的表达水平提高了 1.5 倍。MAPK 信号级联 *DUSP5*、*DUSP1*、*DUSP6*、神经生长因子受体、*CTGF* 和 *GDF15* 基因表达的肿瘤抑制调节因子，在给予西伯利亚冷杉萜类后其致癌作用不会增加 [58]。

在体内和体外的试验证实，大豆、葡萄、绿茶、橄榄、石榴、大蒜是对抗结直肠癌最有效的植物。

据报道，三七花提取物可诱导人结直肠癌细胞 HCT-116 凋亡，从而证实该提取物具有抗增殖作用和抗癌作用 [59]。

6. 传统医学在转化干细胞研究中的启示

具有药用价值的草药制剂会通过鉴定其化合物及分子效应来评估疗效。许多临床试验是针对草本植物提取物的，从而产生了价格合理、毒性较小的替代疗法。有研究表明，阿育吠陀配方可提高干细胞的产量和质量。许多种类的草药（如人参和银杏）粗提取物被单独或混合作用于间充质干细胞，以研究这些提取物对干细胞生长和分化的影响和作用机制 [60]。这一领域需要"标准化"，为干细胞的生长、增殖和分化制定一套科学的研究方案。据报道，草药联合干细胞疗法对帕金森病、心肌梗死、血管狭窄、骨质疏松症等疾病的治疗有效 [61]。如今，草药的可重复性、质量、安全性和功效评估是主要关注点，这将保证草药产品在全球市场的安全性[62]。传统药物中的草药提取物因高获得性、性价比高而成为全球治疗应用的替代品。但是，由于缺乏分子证据，许多科学家不允许将草药用于临床。因此，需要强有力的证据支持草药提取物和草药在临床治疗和生物制药生产中的应用。

6.1 间充质干细胞在衰老中的作用及传统药物的作用

间充质干细胞在细胞环境和体内发挥多种作用。间充质干细胞具有自我更新和分化能力，以及免疫调节功能，可保护其他细胞。间充质干细胞具有多向分化潜能、高扩增能力和最重要的免疫调节功能。这些特性使其成为细胞治疗应用的理想选择[63]。间充质干细胞在皮肤修复中，尤其是慢性创面和糖尿病创面的修复中发挥着重要作用；同时，它们也能防治炎症反应[64, 65]。间充质干细胞通过分泌生长因子和基质蛋白来修复慢性创面、外伤创面和糖尿病创面。最近的研究发现，人胎盘膜是间充质干细胞的丰富来源，可用于组织的再生和修复[66]。然而，随着年龄的增长，间充质干细胞可能失去修复创面的特性和能力，或者骨髓中的间充质干细胞数量减少。间充质干细胞衰老是由氧化应激、端粒缩短等引起的[67]。间充质干细胞的衰老可通过多种标记物来检测。最常使用的标记物是 SA-β-gal。在衰老的过程中，细胞质 pH 值发生改变，溶酶体活性也增加，导致 SA-β-gal 含量增加[67, 68]。最近有研究表明，与衰老相关的溶酶体 α-L-岩藻糖苷酶（SA-α-Fuc）是间充质干细胞衰老的新标记物，它比 SA-β-gal 更稳定和准确。衰老间充质干细胞的其他特征是细胞形态扁平或扩大，G_1 期生长停滞[67, 69]。由于衰老的影响，间充质干细胞发生线粒体融合，因此不能用于细胞治疗。间充质干细胞的衰老可以通过服用一些传统药物来减缓或恢复，如阿育吠陀中的 Dhanwantharam kashayam。这种阿育吠陀药物是利用植物的根、叶、果实等提取物制成的，含有超过 40～45 种成分，其中主要的成分是心叶黄花稔（根）、大麦（大麦粒）、白藜芦等。在间充质干细胞（体外）中对这种药物进行了试验，证实它可以促进间充质干细胞的生长，提高增殖率和延缓衰老，并且不会对间充质干细胞产生毒性[70]。心叶青牛胆和睡茄是被广泛使用的两种阿育吠陀草本植物，具有抗衰老和恢复体力的潜力。取心叶青牛胆叶提取物和睡茄根提取物进行体外衰老间充质干细胞试验，以测定这些植物提取物能否延缓间充质干细胞的衰老并提高其增殖潜力。研究结果显示，这些植物提取物有效地提高了增殖潜力并延缓了衰老[71]。随着年龄的增长，氧化应激是诱导间充质干细胞衰老的因素之一，使用大蓟提取物可减少氧化应激。已知苏木提取物由于黄酮类化合物的存在而具有很高的抗氧化活性，可以延缓人间充质干细胞的衰老。

6.2 草药在干细胞治疗中的潜在作用：增殖和分化

草药疗法是指从草药的果实、叶子和根等不同部位提取物质，用于干细胞治疗，尤其是增殖和分化的有效疗法。众所周知，和其他合成药物相比，草药的副作用和毒性最小。据报道，诱导增殖和分化的潜在草药提取物存在于以下植物的不同部位。

6.2.1 丹参

从丹参的根中提取出的有效成分，可以治疗心血管疾病。丹参提取物中的活性成分有黄酮类化合物、萜类化合物和丹酚酸，可提高间充质干细胞的活力。浓度为 0.0001 ~ 100 μg/mL 的丹参提取物可提高缺血性脑卒中患者的间充质干细胞活力，从而降低疾病的严重程度[72]。丹参提取物具有促进干细胞分化的特性。同样，当丹参提取物用于人间充质干细胞时，人间充质干细胞形态发生明显变化，分化为神经样细胞。通过测定从人间充质干细胞分化而来的神经细胞的神经元标记物，证实了丹参的积极作用。在分化细胞中观察到 β 微管蛋白、神经上皮干细胞蛋白、胶原纤维酸性蛋白和神经丝，这些都是神经细胞的强阳性标记物。当用丹参提取物诱导人间充质干细胞时，神经突生长促进蛋白表达的神经细胞标记物显著增加[73]。5 μg/mL 的丹参提取物用于促进诱导多能干细胞向神经细胞分化。这一想法在缺血性脑卒中患者的诱导多能干细胞中得到了证实，丹参提取物在体外显著增加神经标记物如神经上皮干细胞蛋白和 MAP-2 的水平。即使移植到用丹参治疗的大鼠体内，MAP-2 的水平也升高了。

6.2.2 姜黄素

姜黄是开花植物，其中的姜黄素是天然多酚化合物，具有抗炎和抗氧化作用。姜黄素通过改变几个靶点发挥作用[74]。干细胞的生存和细胞修复需要广泛的抗氧化机制。姜黄素由于其抗氧化特性，是干细胞治疗研究的潜在草药提取物[73]。人间充质干细胞向成骨细胞分化的过程被过氧化氢阻断，同时也被活性氧和 Wnt/β 联蛋白通路抑制，这些都可以通过姜黄素治疗来减少和削弱。血红素加氧酶 -1 是一种酶，对间充质干细胞向成骨细胞分化起积极作用。ALP 活性和 *Runx* 基因表达也与血红素加氧酶 -1 刺激间充质干细胞向成骨细胞分化有关。姜黄素可增强血红素加氧酶 -1、ALP 和 *Runx* 基因表达的活性 [75]。将干燥姜黄素根茎的乙醇提取物引入人间充质干细胞中，以测定姜黄素在促进增殖和分化方面的作用，结果显示，人间充质干细胞增殖并分化为内皮祖细胞，这一点通过检测细胞表面标记物如 *VEGFR-2*、CD33 和 CD134 的水平得到证实。当人间充质干细胞在姜黄素的作用下分化并增殖为内皮祖细胞时，这些标记物的水平增加 [73]。

6.2.3 柚皮苷

柚皮苷是柑橘类水果和葡萄中的活性成分。柚皮苷是一种黄酮类化合物。有报道称其有抗癌和抗氧化的作用，它被广泛用于治疗骨关节炎和骨质疏松症等疾病。柚皮苷是一种通过诱导促成骨作用而增强干细胞增殖的草药成分。在体外对人骨髓基质细胞进行了测定，$1 \sim 100 \mu g/mL$ 的柚皮苷能促进人骨髓基质细胞的增殖。同时，据报道，$200 \mu g/mL$ 的柚皮苷对人骨髓基质细胞有毒性作用，导致细胞数量减少。当浓度为 $100 \mu g/mL$ 时，ALP 的活性增加。当用浓度 $100 \mu g/mL$ 的柚皮苷处理人骨髓基质细胞时，成骨分化标记物如骨钙素、骨桥蛋白、胶原蛋白 -1 和 ALP 的水平增加 [76]。柚皮苷在人羊水源性干细胞中的诱导分化潜能也得到了证实。当使用 $100 \mu g/mL$ 柚皮苷时，人羊水源性干细胞分化为成骨细胞。通过测定可知，ALP、细胞周期蛋白 1 和增殖蛋白 β 联蛋白等成骨分化标记物水平升高，证实了人羊水源性干细胞的成骨分化。

7. 结论

本章主要关注衰老、干细胞疗法，以及传统药物作为年龄相关性疾病替代疗法的作用。衰老的重要性不仅体现在美学上，而且它是引发多种疾病的风险因素。由于衰老，人体内的生化机制发生改变，影响正常生理功能，从而诱发疾病。因此，治疗年龄相关性疾病时，应主要关注机制和突变。悉达、尤纳尼和阿育吠陀药物可作为替代或辅助疗法来调节随衰老而变化的生化特征。对于多个靶点，患者会消耗各类药物，而这些药物不但有副作用，而且会产生毒性。在植物中发现的化学物质可以作用于广泛的靶点，从而产生多靶点活性，将副作用忽略或最小化。正确分析草药成分的各个方面，如与剂量相关的药物不良反应、市场研究和生物相容性等，对于规范草药产品在医药领域的影响方面起至关重要的作用，甚至有必要分析草药配方和药物干预。

间充质干细胞广泛用于创面愈合。随着年龄的增长，间充质干细胞促进创面愈合的能力会下降。间充质干细胞中的显著衰老标记物，如 SA-β-gal 和 SA-α-Fuc、CD90 和 CD105 水平的升高，使得间充质干细胞在治疗中的使用量减少。传统药物提取物通过多种机制延缓间充质干细胞的衰老，促进间充质干细胞的增殖和分化，这已经通过测定各种细胞表面标记物和基因表达水平得到了证实。这增加了未来使用间充质干细胞治疗创面愈合和其他干细胞疗法的机会。尽管草药治疗有积极的效果，但也存在一些问题，草药的粗提物可以具备最好的效果，但当草药提取物与其他成分混合制成药物时，其功效可能会有所不同。

8. 未来展望

现代分子医学将科学原理与传统经验配方的某些想法相结合，可能有利于转化医学。应适当尝试明确植物中包含生物活性化合物的特定部分。这最终给出了关于所需植物材料剂量的清晰概念，该部分可单独用于分离技术，以获得最大提取量。最近的研究重点是控制端粒长度减少的各种草药及其生物活性成分，以及延缓干细胞衰老的抗氧化应激制剂。需要记录更多有效草药的研究，这些草药具有延缓间充质干细胞衰老和诱导干细胞增殖和分化的作用。在制备药物之前，这些草药提取物可以在啮齿动物、果蝇和秀丽隐杆线虫等动物模型中进行试验，以确定在体内的效果。

9. 发现药物的途径

尽管如此，在发现新药的过程中，本土做法至关重要。遗憾的是，传统从业者面临各种困难和挑战。尽管有很多物质是从草药中分离出来的，或者是在天然先导化合物的基础上合成的。一般来说，单一草药或配方可能含有许多植物化学成分，如萜类化合物、黄酮类化合物、生物碱等。但有些报道强调，这些化合物可能单独发挥作用，或相互协同发挥作用，以产生所需的药理作用，建议使用前予以考虑。

传统医学中积累的知识对于提高从草药中发现药物的成功率发挥着重要作用。虽然许多古老传统治疗各种疾病可能反映了非常仔细的试验和观察，但容易因不可靠的传播和轶事报道而出错。因此，随着技术的进步，从天然产物中发现药物的研究需要开发出强大且可行的先导分子，并且可以通过高压液相色谱法、磁共振波谱和气相层析－质谱联用等技术对其进行进一步验证，以阐明其结构成分，这一点至关重要。这表明多学科合作研究，在网络和大数据的协同作用下，将有可能解释传统医学在阻止许多疾病方面的有益效果。然而，在开发自然资源用于药物发现的同时应该坚持生态伦理原则，以保护生物多样性。

扫码查询
原文文献

缩略语表

ABBREVIATIONS

A

ATP结合盒（ABC）转运体［ATP-binding cassette（ABC）transporter, ABCG2］

Axis抑制蛋白（axis inhibition protein, Axin）

B

BARX同源框2（BARX homeobox 2, BARX2）

Bcl-2相关的X蛋白（Bcl-2-associated X protein, BAX）

β-半乳糖苷酶（β-galactosidase, SA-β-gal）

八聚体结合转录因子4（octamer-binding transcription factor 4, OCT4, 又称POU5F1）

白细胞介素（interleukin, IL）

白血病抑制因子（leukemia inhibitory factor, LIF）

胞外信号调节激酶（extracellular signal-regulated kinase, ERK）

表皮生长因子（epidermal growth factor, EGF）

丙酮酸脱氢酶（pyruvate dehydrogenase, PDH）

哺乳动物雷帕霉素靶蛋白（mammalian target of rapamycin, mTOR）

C

CCAAT增强子结合蛋白（CCAAT enhancer-binding protein, CEBP）

c-Jun氨基端激酶（c-Jun N-terminal kinase, JNK）

c-srk酪氨酸激酶（c-srk tyrosine kinase, Csk）

CXC趋化因子受体4（C-X-C chemokine receptor type 4, CXCR4）

叉头盒蛋白（forkhead box, Fox）

超氧化物歧化酶（superoxide dismutase, SOD）

沉默信息调节因子（silence information regulator, SIRT）

成肌蛋白（myogenin, Myog）

成肌蛋白因子（myogenic factor, Myf）

成纤维细胞生长因子（fibroblast growth factor, FGF）

雌激素相关受体β（estrogen-related receptor beta, ESRRβ）

促分裂原活化的蛋白质激酶（mitogen-activated protein kinase, MAPK）

D

DNA甲基化时钟（DNA methylation clock, DMC）

DNA甲基转移酶（DNA methyltransferase, DNMT）

dsRNA核糖核酸酶（dsRNA endoribonuclease, DICER1）

δ样经典notch配体（delta-like canonical notch ligand, DLL）

单核细胞趋化蛋白（monocyte chemoattractant protein, MCP）

蛋白激酶C（protein kinase C, PKC）

低密度脂蛋白受体相关蛋白（low-density lipoprotein receptor-related protein, LRP）

第10号染色体上缺失与张力蛋白同源的磷酸酶（phosphatase and tensin homologue deleted on chromosome ten, PTEN）

端粒酶逆转录酶（telomerase reverse transcriptase, TERT）

端粒锌指相关蛋白（telomere zinc-finger associated protein, TZAP）

端粒重复结合因子（telomeric repeat binding factor, TRF）

多梳抑制复合物2（polycomb repressive complex 2, PRC2）

多腺苷二磷酸核糖聚合酶1［poly（ADP-ribose）polymerase, PARP］

F

FMS样酪氨酸激酶3（FMS-like tyrosine kinase 3, Flt3）

发育多能相关蛋白（developmental pluripotency associated, DPPA）

分化抑制因子（inhibitor of differentiation, ID）

G

GATA结合蛋白4转录因子（GATA binding protein 4 transcription factor, GATA4）

GATA结合蛋白6（GATA binding factor 6, GATA6）

肝细胞生长因子（hepatocyte growth factor, HGF）

干扰素（interferon, IFN）

干细胞抗原（stem cell antigen, Sca）

高迁移率族蛋白（high mobility group box, HMGB）

共济失调毛细血管扩张Rad 3相关蛋白（ataxia telangiectasia mutated and rad 3 related, ATR）

共济失调毛细血管扩张突变蛋白（ataxia telangiectasia mutated, ATM）

骨髓基质抗原1（bone stromal antigen 1, BST1）

骨形态生成蛋白（bone morphogenic protein, BMP）

过氧化物酶体增殖物激活受体（peroxisome proliferator-activated receptor, PPAR）

过氧化物酶体增殖物激活受体γ共激活物1-α（peroxisome proliferator-activated receptor gamma coactivator 1-alpha, PGC-1α）

H

还原型烟酰胺腺嘌呤二核苷酸（reduced nicotinamide adenine dinucleotide, NADH）

还原型烟酰胺腺嘌呤二核苷酸磷酸（reduced nicotinamide adenine dinucleotide phosphate, NADPH）

含Src同源2结构域蛋白酪氨酸磷酸酶2（Src homology 2 domain-containing protein tyrosine phosphatase 2, SHP2）

核苷酸切除修复（nucleotide excision repair, NER）

核因子κB（nuclear factor kappalight-chain-enhancer of activated B cell, NF-κB）

核转录因子红系2相关因子2（nuclear factor erythroid 2-related factor 2, Nrf2）

红色荧光蛋白（red fluorescent protein, RFP）

环磷酸腺苷反应元件结合蛋白（cAMP response element binding protein, CREB）

I

IGF结合蛋白（IGF-binding protein, IGFBP）

J

Janus激酶（Janus kinase, JAK）

肌球蛋白重链（myosin heavy chain, MYH）

肌细胞决定蛋白（myogenic differentiation, MyoD）

肌细胞增强因子（myocyte enhancer factor, MEF）

肌源性调节因子（myogenic regulatory factor, MRF）

基质金属蛋白酶（matrix metalloproteinase, MMP）

基质细胞衍生因子1（stromal cell-derived factor 1, SDF-1）

激活素样激酶（activin like kinase, ALK）

碱性成纤维细胞生长因子（basic fibroblast growth factor, bFGF）

碱性磷酸酶（alkaline phosphatase, ALP）

阶段特异性胚胎抗原（stage specific embryonic antigen, SSEA）

结缔组织生长因子（connective tissue growth factor, CTGF）

解偶联蛋白（uncoupling protein, UCP）

巨噬细胞集落刺激因子（macrophage colony stimulating factor, M-CSF）

具有PDZ结合基序的转录辅激活因子（transcriptional coactivator with PDZ-binding motif, TAZ）

卷曲蛋白（frizzled, Fzd）

K

Krüppel样因子（Krüppel-like factor, KLF）

克隆性造血（clonal hematopoiesis, CH）

L

LIM同源框蛋白2（LIM homeobox protein 2, LHX2）

酪蛋白激酶1（casein kinase 1, CK1）

淋巴增强因子（lymphoid enhancer-binding factor, LEF）

磷脂酰肌醇 3 激酶（phosphoinositide 3-kinase, PI3K）

流场流分离（flow field-flow fractionation, FFFF）

硫氧还蛋白互作蛋白（thioredoxin-interacting protein, TXNIP）

M

免疫磁性分离（immunomagnetic separation, IMS）

N

NF-κB 受体激活蛋白配体（receptor activator of NF-κB ligand, RANKL）

Numb 家族蛋白（numb family proteins, NFP）

黏着斑激酶（focal adhesion kinase, FAK）

鸟嘌呤核苷酸交换因子（guanine nucleotide exchange factor, GEF）

P

PR 结构域锌指蛋白（PR-domain zinc-finger protein, PRDM）

配对框（paired box, Pax）

葡萄糖调节蛋白（glucose-regulated protein, GRP）

Q

羟基类固醇脱氢酶（hydroxysteroid dehydrogenase, HSD）

趋化因子配体（chemokine ligand, CCL）

缺氧诱导因子（hypoxia-inducible factor, HIF）

R

RNA 诱导沉默复合物（RNA-induced silencing complex, RISC）

runt 相关转录因子（runt related transcription factor, Runx）

染色质免疫沉淀（chromatin immuno-precipitation, ChIP）

热激蛋白质（heat shock protein, HSP）

朊病毒蛋白（prion protein, PrP）

乳酸脱氢酶（lactate dehydrogenase, LDH）

S

Sma 和 Mad 相关蛋白（Sma and Mad-related protein, SMAD）

SNF2 相关 CBP 激活蛋白（SNF2-related CBP activator protein, SRCAP）

S–腺苷基甲硫氨酸（S-adenosylmethionine, SAM）

三肽基肽酶 1（tripeptidyl peptidase 1, TPP1）

神经调节蛋白（neuregulin, NRG）

神经上皮干细胞蛋白（nestin, NES）

肾素-血管紧张素系统（renin-angiotensin system, RAS）

生长分化因子（growth differentiation factor, GDF）

生长因子受体结合蛋白2（growth factor receptor-bound protein 2, GRB2）

视网膜母细胞瘤（retinoblastoma, Rb）

受体型酪氨酸激酶（receptor tyrosine kinase, RTK）

衰老相关分泌表型（senescence-associated secretory phenotype, SASP）

双特异性磷酸酶（dual-specificity phosphatase, DUSP）

顺子端粒结合蛋白1（homeobox telomere-binding protein 1, HOT1）

T

Toll样受体（Toll-like receptor, TLR）

TRF1相互作用核因子2（TRF1-interacting nuclear protein 2, TIN2）

T框蛋白3（t-box protein, TBX3）

T细胞激活性低分泌因子（regulated upon activation, normal T cell expressed and secreted factor, RANTES）

T细胞受体α（T cell receptor alpha, TRA）

T细胞因子（T cell factor, TCF）

糖蛋白130（glycoprotein 130, gp130）

糖原合成酶激酶（glycogen synthase kinase, GSK）

特异AT序列结合蛋白（special AT-rich sequence binding protein, Satb）

W

晚期糖基化终产物（advanced glycation end product, AGE）

微管相关蛋白质2（microtubule-associated protein 2, MAP-2）

未折叠蛋白质反应（unfolded protein response, UPR）

X

X染色体失活特异转录因子（X-inactive specific transcript, XIST）

细胞间黏附分子（intercellular adhesion molecule, ICAM）

细胞因子信号传送阻抑物（suppressor of cytokine signaling, SOCS）

纤溶酶原激活物抑制物（plasminogen activator inhibitor, PAI）

线粒体未折叠蛋白质反应（mitochondrial unfolded protein response, UPR^{mt}）

腺苷三磷酸（adenosine triphosphate, ATP）

腺苷一磷酸（adenosine monophosphate, AMP）

腺苷一磷酸活化的蛋白质激酶（AMP-activated protein kinase, AMPK）

腺瘤性结肠息肉（adenomatous polyposis coli, APC）

心肌肌钙蛋白T（cardiac muscle troponin T type 2, TNNT2）

锌指蛋白42（zinc-finger protein 42, ZFP42，又称Rex1）

信号转导及转录激活蛋白（signal transducer and activator of transcription, STAT）

血管内皮生长因子（vascular endothelial growth factor, VEGF）

血管细胞黏附分子1（vascular cell adhesion molecule 1, VCAM1）

血小板衍生生长因子（platelet-derived growth factor, PDGF）

Y

yes相关蛋白（yes-associated protein, YAP）

Y染色体性别决定区高迁移率族蛋白（sex determining region Y related high mobility group-box, SOX）

烟酰胺腺嘌呤二核苷酸（nicotinamide adenine dinucleotide, NAD）

胰岛素–IGF信号（insulin-IGF signaling, IIS）

胰岛素样生长因子（insulin-like growth factor, IGF）

胰腺/十二指肠同源框蛋白1（pancreas/ duodenum homeobox protein 1, PDX1）

乙酰胆碱酯酶（acetyl cholinesterase, AChE）

硬化蛋白（sclerostin, SOST）

原肠胚脑同源框2（gastrulation brain homeobox 2, Gbx2）

Z

Zeste同源物增强子2（enhancer of zeste homolog 2, EZH2）

正齿同源框2（orthodenticle homeobox 2, OTX2）

肿瘤坏死因子 α（tumor necrosis factor alpha, TNF- α）

周期蛋白依赖性激酶（cyclin-dependent kinase, Cdk）

转化生成因子 β 活化激酶1（TGF beta-activated kinase 1, TAK1）

转化生长因子（transforming growth factor, TGF）

转录因子AP-2 γ（transcription factor AP-2-gamma, TFAP2C）

转录因子CP2样蛋白1（transcription factor CP2-like protein 1, TFCP2L1）

锥杆同源框蛋白（cone-rod homeobox, CRX）

自噬相关基因（autophagy-related gene, ATG）

阻遏/激活蛋白1（repressor/activator protein 1, RAP1）

组蛋白脱乙酰酶（histone deacetylase, HDAC）

组蛋白乙酰转移酶（histone acetyltransferase, HAT）

左右决定因子（left-right determination factor, LEFTY）

贡献者名单

CONTRIBUTORS

M. Akila, College of Nursing, JIPMER, Puducherry, India

Aamina Ali, Wake Forest Institute for Regenerative Medicine, Wake Forest University School of Medicine, Winston-Salem, NC, United States

Muralidharan Anbalagan, Department of Structural and Cellular Biology, Tulane University School of Medicine, New Orleans, LA, United States

Nataly Arias, California State University Dominguez Hills, Los Angeles, CA, United States

Antonio Ayala, Department of Molecular Biochemistry and Biology, University of Seville, Seville, Spain

Anandan Balakrishnan, Department of Genetics, Dr. ALM PG Institute of Basic Medical Sciences, University of Madras, Taramani Campus, Chennai, Tamil Nadu, India

Baskar Balakrishnan, Department of Immunology, Mayo Clinic, Rochester, MN, United States

Sundaravadivel Balasubramanian, Department of Radiation Oncology, Hollings Cancer Center, Medical University of South Carolina, Charleston, SC, United States

Antara Banerjee, Department of Medical Biotechnology, Faculty of Allied Health Sciences, Chettinad Academy of Research and Education (CARE), Chettinad Hospital and Research Institute (CHRI), Chennai, India

L. Husaina Banu, Department of Medical Biotechnology, Faculty of Allied Health Sciences, Chettinad Academy of Research and Education (CARE), Chettinad Hospital and Research Institute (CHRI), Chennai, India

Albert Barrios, California State University Dominguez Hills, Los Angeles, CA, United States

Natarajan Bhaskaran, Department of Biomedical Sciences, Sri Ramachandra Institute of Higher Education and Research, SRMC, Chennai, Tamil Nadu, India

Meenu Bhatiya, Department of Medical Biotechnology, Faculty of Allied Health Sciences, Chettinad Academy of Research and Education (CARE), Chettinad Hospital and Research Institute (CHRI), Chennai, India

Sinjini Bhattacharyya, National Centre for Cell Science; Savitribai Phule Pune University, Pune, India

Atil Bisgin, Cukurova University, Faculty of Medicine, Medical Genetics Department of Balcali Hospital and Clinics; Cukurova University AGENTEM (Adana Genetic Diseases Diagnosis and Treatment Center), Adana, Turkey

Debora Bizzaro, Department of Surgery, Oncology and Gastroenterology, Gastroenterology/ Multivisceral Transplant Section, University Hospital Padova, Padova, Italy

Patrizia Burra, Department of Surgery, Oncology and Gastroenterology, Gastroenterology/ Multivisceral Transplant Section, University Hospital Padova, Padova, Italy

Roberto Catanzaro, Department of Clinical and Experimental Medicine, Section of Gastroenterology, University of Catania, Catania, Italy

Shouvik Chakravarty, Department of Genetic Engineering, School of Bio-Engineering, SRM Institute of Science and Technology, Kanchipuram, Tamil Nadu, India

Bhaswati Chatterjee, National Institute of Pharmaceutical Education and Research, Hyderabad, India

Alakesh Das, Department of Medical Biotechnology, Faculty of Allied Health Sciences, Chettinad Academy of Research and Education (CARE), Chettinad Hospital and Research Institute (CHRI), Chennai, India

Sreemanti Das, West Bengal State Health & Family Welfare, Krishnanagar, India

Dikshita Deka, Department of Medical Biotechnology, Faculty of Allied Health Sciences, Chettinad Academy of Research and Education (CARE), Chettinad Hospital and Research Institute (CHRI), Chennai, India

Ezhilarasan Devaraj, Department of Pharmacology, Biomedical Research Unit and Laboratory Animal Center, Saveetha Dental College and Hospital, Saveetha Institute of Medical and Technical Sciences, Chennai, Tamil Nadu, India

Arikketh Devi, Stem Cell Biology Lab, Department of Genetic Engineering, School of Bioengineering, Faculty of Engineering and Technology, SRM Institute of Science and Technology, Chennai, Tamil Nadu, India

K. Roshini Elizabeth, Department of Medical Biotechnology, Faculty of Allied Health Sciences, Chettinad Academy of Research and Education (CARE), Chettinad Hospital and Research Institute (CHRI), Chennai, India

Agnishwar Girigoswami, Medical Bionanotechnology, Faculty of Allied Health Sciences, Chettinad Hospital and Research Institute (CHRI), Chettinad Academy of Research and Education (CARE), Kelambakkam, Tamil Nadu, India

Koyeli Girigoswami, Medical Bionanotechnology, Faculty of Allied Health Sciences, Chettinad Hospital and Research Institute (CHRI), Chettinad Academy of Research and Education (CARE), Kelambakkam, Tamil Nadu, India

A. Sai Rishika Gopikar, Department of Medical Biotechnology, Faculty of Allied Health Sciences, Chettinad Academy of Research and Education (CARE), Chettinad Hospital and Research Institute (CHRI), Chennai, India

Yander Grajeda, California State University Dominguez Hills, Los Angeles, CA, United States

Fang He, Department of Nutrition, Food Safety and Toxicology, West China School of Public Health, Sichuan University, Chengdu, People's Republic of China

R. Ileng Kumaran, Biology Department, Farmingdale State College, Farmingdale, NY, United States

Mayur Vilas Jain, Department of Molecular Medicine and Gene Therapy, Lund Stem Cell Center,

Lund University, Lund, Sweden

Jaganmohan R. Jangamreddy, UR Advanced Therapeutics Private Limited, Aspire-BioNEST, University of Hyderabad, Hyderabad, India

Selvaraj Jayaraman, Department of Biochemistry, Saveetha Dental College & Hospitals, Saveetha Institute of Medical and Technical Sciences (SIMATS), Chennai, Tamil Nadu, India

Joel P. Joseph, Stem Cell Biology Lab, Department of Genetic Engineering, School of Bioengineering, Faculty of Engineering and Technology, SRM Institute of Science and Technology, Chennai, Tamil Nadu, India

Anisur Rahman Khuda-Bukhsh, Formerly at Cytogenetics and Molecular Biology Lab., Department of Zoology, University of Kalyani, Kalyani, India

D. Macrin, Stem Cell Biology Lab, Department of Genetic Engineering, School of Bioengineering, Faculty of Engineering and Technology, SRM Institute of Science and Technology, Chennai, Tamil Nadu; Department of Bioinformatics, Saveetha School of Engineering, Saveetha Institute of Medical and Technical Services, Saveetha Nagar, Chennai, India

Francesco Marotta, ReGenera R&D International for Aging Intervention and Vitality & Longevity Medical Science Commission, Femtec, Milano, Italy

Sanjay Kisan Metkar, Medical Bionanotechnology, Faculty of Allied Health Sciences, Chettinad Hospital and Research Institute (CHRI), Chettinad Academy of Research and Education (CARE), Kelambakkam, Tamil Nadu, India

Manju Mohan, Department of Endocrinology, Dr. ALM PG Institute of Basic Medical Sciences, University of Madras, Taramani Campus, Chennai, Tamil Nadu, India

Sridhar Muthusami, Department of Biochemistry, Karpagam Academy of Higher Education; Karpagam Cancer Research Centre, Karpagam Academy of Higher Education, Coimbatore, Tamil Nadu, India

Srinivasan Narasimhan, Department of Allied Health Sciences, Chettinad Hospital & Research Institute, Chettinad Academy of Research and Education, Kelambakkam, Chennai, Tamil Nadu, India

Emmanuel C. Opara, Wake Forest Institute for Regenerative Medicine, Wake Forest University School of Medicine, Winston-Salem, NC, United States

Kanagaraj Palaniyandi, Department of Biotechnology, School of Bioengineering, Cancer Science Laboratory, SRM Institute of Science and Technology, Chennai, Tamil Nadu, India

Surajit Pathak, Chettinad Hospital and Research Institute, Chettinad Academy of Research and Education, Kelambakkam, Tamil Nadu; Department of Medical Biotechnology, Faculty of Allied Health Sciences, Chettinad Academy of Research and Education (CARE), Chettinad Hospital and Research Institute (CHRI), Chennai, India

Anjali P. Patni (9), Stem Cell Biology Lab, Department of Genetic Engineering, School of Bioengineering, Faculty of Engineering and Technology, SRM Institute of Science and Technology, Chennai, Tamil Nadu, India

M.S. Pavane, Department of Medical Biotechnology, Faculty of Allied Health Sciences, Chettinad Academy of Research and Education (CARE), Chettinad Hospital and Research Institute (CHRI), Chennai, India

Vijayalakshmi Periyasamy, Department of Biotechnology & Bioinformatics, Holy Cross College (Autonomous), Trichy, Tamil Nadu, India

Shehla Pervin, Department of Biology, California State University; Division of Endocrinology and Metabolism, Charles R. Drew University of Medicine and Science; Department of Obstetrics and Gynecology, UCLA School of Medicine; Johnson Comprehensive Cancer Center, UCLA School of Medicine, Los Angeles, CA, United States

Shabana Thabassum Mohammed Rafi, Department of Endocrinology, Dr. ALM PG Institute of Basic Medical Sciences, University of Madras, Taramani Campus, Chennai, Tamil Nadu, India

Ponnulakshmi Rajagopal, Central Research Laboratory, Meenakshi Academy of Higher Education and Research, Chennai, Tamil Nadu, India

Johnson Rajasingh, Bioscience Research, Medicine-Cardiology, University of Tennessee Health Science Center, Memphis, TN, United States

Vijayalakshmi Rajendran, Division of Ophthalmology, Department of Clinical Sciences, Lund University, Lund, Sweden

Ilangovan Ramachandran, Department of Endocrinology, Dr. ALM PG Institute of Basic Medical Sciences, University of Madras, Taramani Campus, Chennai, Tamil Nadu, India

Vinu Ramachandran, Department of Genetics, Dr. ALM PG Institute of Basic Medical Sciences, University of Madras, Taramani Campus, Chennai, Tamil Nadu, India

Satish Ramalingam, Department of Genetic Engineering, School of Bio-Engineering, SRM Institute of Science and Technology, Kanchipuram, Tamil Nadu, India

Sakamuri V. Reddy, Darby Children's Research Institute, Department of Pediatrics, Medical University of South Carolina, Charleston, SC, United States

Francesco Paolo Russo, Department of Surgery, Oncology and Gastroenterology, Gastroenterology/Multivisceral Transplant Section, University Hospital Padova, Padova, Italy

Asmita Samadder, Cytogenetics and Molecular Biology Lab., Department of Zoology, University of Kalyani, Kalyani, India

Yuvaraj Sambandam, Department of Surgery, Comprehensive Transplant Center, Northwestern University, Feinberg School of Medicine, Chicago, IL, United States

Nagarajan Selvamurugan, Department of Biotechnology, College of Engineering and Technology, SRM Institute of Science and Technology, Kattankulathur, Tamil Nadu, India

Sumit Sharma, Division of Molecular Medicine and Virology, Department of Biomedical and Clinical Sciences, Linköping University, Linköping, Sweden

Rajan Singh, Division of Endocrinology and Metabolism, Charles R. Drew University of Medicine and Science; Department of Obstetrics and Gynecology, UCLA School of Medicine; Johnson Comprehensive Cancer Center, UCLA School of Medicine, Los Angeles, CA; Research Program in Men's Health: Aging and Metsabolism, Brigham and Women's Hospital, Harvard Medical School, Boston, MA, United States

Sivanandane Sittadjody, Wake Forest Institute for Regenerative Medicine, Wake Forest University School of Medicine, Winston-Salem, NC, United States

Deepa Subramanyam, National Centre for Cell Science, Pune, India

Suman S. Thakur, Centre for Cellular and Molecular Biology, Hyderabad, India

Thilakavathy Thangasamy, Department of Human Biology, Forsyth Tech Community College, Winston-Salem, NC, United States

Neethi Chandra Thathapudi, L V Prasad Eye Institute, Hyderabad, India

Mahak Tiwari, National Centre for Cell Science; Savitribai Phule Pune University, Pune, India

Azam Yazdani, Department of Anesthesiology, Perioperative and Pain Medicine, Brigham and Women's Hospital, Harvard Medical School, Boston, MA, United States